周　期　表

10	11	12	13	14	15	16	17	18	族／周期
								4.003 2 **He** ヘリウム 24.59	**1**
			10.81 5 **B** ホウ素 8.30 2.0	12.01 6 **C** 炭素 11.26 2.5	14.01 7 **N** 窒素 14.53 3.0	16.00 8 **O** 酸素 13.62 3.5	19.00 9 **F** フッ素 17.42 4.0	20.18 10 **Ne** ネオン 21.56	**2**
			26.98 13 **Al** アルミニウム 5.99 1.5	28.09 14 **Si** ケイ素 8.15 1.8	30.97 15 **P** リン 10.49 2.1	32.07 16 **S** 硫黄 10.36 2.5	35.45 17 **Cl** 塩素 12.97 3.0	39.95 18 **Ar** アルゴン 15.76	**3**
58.69 28 **Ni** ニッケル 7.64 1.8	63.55 29 **Cu** 銅 7.73 1.9	65.38 30 **Zn** 亜鉛 9.39 1.6	69.72 31 **Ga** ガリウム 6.00 1.6	72.63 32 **Ge** ゲルマニウム 7.90 1.8	74.92 33 **As** ヒ素 9.81 2.0	78.96 34 **Se** セレン 9.75 2.4	79.90 35 **Br** 臭素 11.81 2.8	83.80 36 **Kr** クリプトン 14.00 3.0	**4**
106.4 46 **Pd** パラジウム 8.34 2.2	107.9 47 **Ag** 銀 7.58 1.9	112.4 48 **Cd** カドミウム 8.99 1.7	114.8 49 **In** インジウム 5.79 1.7	118.7 50 **Sn** スズ 7.34 1.8	121.8 51 **Sb** アンチモン 8.64 1.9	127.6 52 **Te** テルル 9.01 2.1	126.9 53 **I** ヨウ素 10.45 2.5	131.3 54 **Xe** キセノン 12.13 2.7	**5**
195.1 78 **Pt** 白金 8.61 2.2	197.0 79 **Au** 金 9.23 2.4	200.6 80 **Hg** 水銀 10.44 1.9	204.4 81 **Tl** タリウム 6.11 1.8	207.2 82 **Pb** 鉛 7.42 1.8	209.0 83 **Bi** ビスマス 7.29 1.9	(210) 84 **Po** ポロニウム 8.42 2.0	(210) 85 **At** アスタチン 9.5 2.2	(222) 86 **Rn** ラドン 10.75	**6**

□ 非金属元素
■ 金属元素

152.0 63 **Eu** ユウロピウム 5.67 1.2	157.3 64 **Gd** ガドリニウム 6.15 1.2	158.9 65 **Tb** テルビウム 5.86 1.2	162.5 66 **Dy** ジスプロシウム 5.94 1.2	164.9 67 **Ho** ホルミウム 6.02 1.2	167.3 68 **Er** エルビウム 6.11 1.2	168.9 69 **Tm** ツリウム 6.18 1.2	173.1 70 **Yb** イッテルビウム 6.25 1.1	175.0 71 **Lu** ルテチウム 5.43 1.2	ランタノイド
(243) 95 **Am** アメリシウム 5.97 1.3	(247) 96 **Cm** キュリウム 6.09 1.3	(247) 97 **Bk** バークリウム 6.30 1.3	(252) 98 **Cf** カリホルニウム 6.30 1.3	(252) 99 **Es** アインスタイニウム 6.52 1.3	(257) 100 **Fm** フェルミウム 6.64 1.3	(258) 101 **Md** メンデレビウム 6.74 1.3	(259) 102 **No** ノーベリウム 6.84 1.3	(262) 103 **Lr** ローレンシウム	アクチノイド

エッセンシャル
化学

尾崎幸洋・佐藤春実・勝本之晶・森田成昭
森澤勇介・山本茂樹
共著

培風館

まえがき

本書は，化学，応用化学並びにその周辺の諸科学 (物理学，生命科学，医歯薬学，農芸化学など) を学ぶ大学 1 年生向けの化学の教科書として，年間 30 回の授業を想定して書かれたものである．おもに物理化学的な内容となっているが，無機化学や分析化学に関係した内容もかなり含んでいる．本書を通じて化学結合，化学平衡，化学反応など化学の基礎を十分に学ぶことができる．

本書では化学を**ミクロの視点からみた化学**と**マクロの視点からみた化学**に分けて解説している．ミクロな視点でみるときによく用いられるのは量子力学である．もう一方のマクロな視点からみた化学は熱力学が土台となる．量子力学と熱力学をしっかり勉強し，ミクロな化学とマクロな化学の両方の眼をもつことが大切である．その基礎を与えるのも本書の目的の 1 つである．本書は，1 章の化学入門に続き，2 章と 3 章では量子力学の基礎，化学結合論などミクロの化学を解説する．4 章から 6 章まではマクロな化学に関係するもので，熱力学の基礎とその応用が中心である．6 章は化学平衡に関するもので，分析化学の基礎となる．7 章では化学反応について学ぶ．

化学は決してとっつきにくい学問ではない．ほとんどすべての学生が高校で化学を学んできているので，化学の基礎はある程度できているはずである．しかし，大学の化学を学ぶためには，ある程度の物理の知識が必要となる．そこで，高校で物理を習っていない人のために，必要最低限な物理の解説を付録として掲載した．これだけでは決して十分ではないが，物理を学ぶきっかけとなればと思う．さらに，数学の知識も必要となる．本書には遠慮なく偏微分方程式も登場する．ぜひ大学の数学と並行して学んでもらいたい．このように，化学は物理や数学を基礎として成り立つ学問であって，化学が化学だけで存在しているわけではない．

化学は面白く楽しい学問である．化学はまた幅広い分野において中核となる学問であり，材料，エネルギー，環境，生命など現代社会の重要な課題を解決するカギとなる．若手の斬新なアイデアとベテランの経験が融合してつくられた本書により，少しでも化学が大好きだという若者が増えてくれれば望外の喜びである．

本書の企画並びにご助力いただいた培風館の斉藤淳氏，江連千賀子さんに感謝します．

2014 年 10 月

著　者

目　次

1

化 学 入 門

1.1　化学とは何か

化学を学ぶにあたって，まず “化学とは何か” について考えてみよう．自然科学は物理科学，生物科学，地球科学の 3 つに分けることができるが，化学は物理学とともに物理科学に属する．“物” の世界を研究するには必ず物理学と化学が必要となる．化学とは何かということを物理学と対比させて考えるとわかりやすい．物理学とは物の理 (ことわり) を研究する学問であるから，自然界に存在するさまざまな現象 (“物” だけでなく，時間や空間なども重要な研究課題となる) を統一的に理解することを目指す．原理の追求の学問といってもよい．一方，化学の “化” は変化の “化” であって，化学は変化を学ぶ学問といえる．変化の中にはいろいろある．まさに “化ける” と表現できるような変化もあるかもしれない．しかし，単に変化を追求するだけでなく，変化の結果として現れる多様性について研究するのも化学の重要な役割である．そこで，化学は「**物質の変化と多様性**」を研究する学問といえよう．

物質には一般の無機化合物，有機化合物から生体物質，宇宙空間に存在する物質などいろいろな物質がある．物理学ではこれらの物質を構成する究極的な基本粒子である素粒子についても学ぶ．したがって，原子核の内部，陽子，中性子，クオークまでが重要になってくる．一方，化学においては普通，原子核の内部は重要ではなく，むしろ原子核と電子の関係，特にそれが生み出す多様性が重要になってくる．周期表に示された元素の多様性こそが，物質の多様性の根源である (2 章).

物理学ではまた磁性，超電導性などの原理について研究する．化学では，どのような物質がどのような物理的性質を示すのかを調べ，また興味深い物理的性質を示す物質を新たに合成する．もちろん，特定の物理的性質を示す物質の多様性を調べ，同時にその多様性を統一的に理解することを試みるわけであるから，物理と化学の境界が曖昧になってくる部分もある．

化学は，アルカン，芳香族化合物，配位化合物などさまざまな分子を扱う．

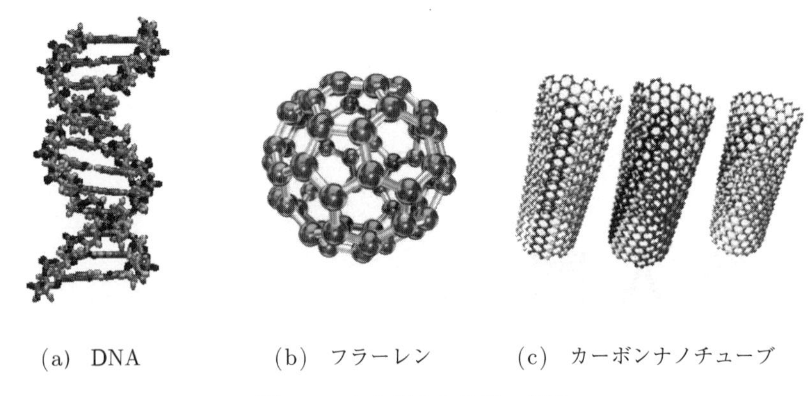

(a) DNA　(b) フラーレン　(c) カーボンナノチューブ

図 1.1　さまざまな分子の構造

個々の分子は特有の**構造**をもつ．例えば，メタンは四面体構造，ベンゼンは平面六角形の構造をもつ．もっと複雑な分子では，例えば，DNA は二重らせん構造を，C_{60} はサッカーボールのような構造，カーボンナノチューブはチューブ型の構造をもつ (図 1.1).

分子はまたそれぞれ特有の**機能** (**物性**)，**反応性**をもつ．例えば，DNA は遺伝情報を担っている．分子の構造と機能，反応性は互いに密接な関係がある．例えば，酵素分子はその機能 (酸化，還元など) と反応性に適した構造をもつ (7 章)．したがって，化学は「**いろいろな物質の構造，機能，反応を研究する学問**」ということもできる (図 1.2).

多様性を示す構造，機能，反応を理解するためには物理学の助けが不可欠である．化学結合の本質を理解するには**量子力学** (2 章，3 章) が必要となる．同様に，系の状態の変化を学ぶには**熱力学** (4 章) が必要となる．量子力学と熱力学が化学を学ぶ土台となると考えてよいであろう (図 1.2)．大学で化学を学ぶには物理学の素養と知識が欠かせない．

また，化学は**ミクロの視点からみた化学**と**マクロの視点からみた化学**に分けることができる．ミクロの視点でみるときによく用いられるのは量子力学であ

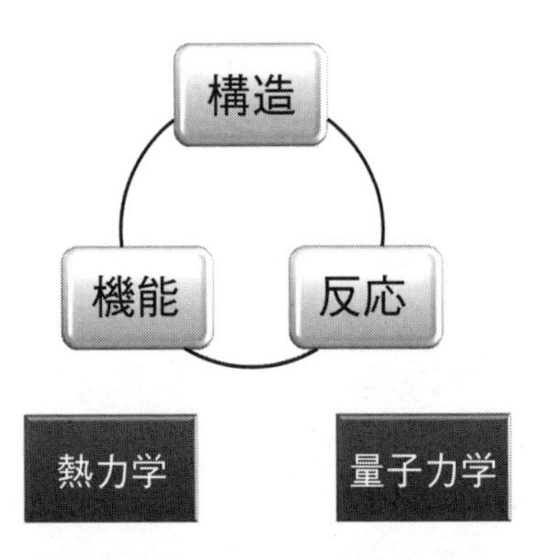

図 1.2　化学の構造，機能，反応の関係と化学を支える熱力学，量子力学

る．構造，機能，反応を分子を構成する電子の動きでとらえていく．もう一方のマクロの視点でみるときは熱力学が土台となる．例えば，化学反応の方向性は化学熱力学が教えてくれる．量子力学と熱力学をしっかり勉強し，ミクロな化学とマクロな化学の両方の眼をもつことが大切である．

一般的に，化学は**物理化学**，**分析化学**，**無機化学**，**有機化学**に分けられる (図 1.3)．物理化学は日本語だけをみると，一見化学と物理の合いの子のようにみえるが，決してそうではない．英語では Physical Chemistry と書くので，少しわかりやすくなるが，物理化学＝物理的化学というわけではなく，正しくは Chemical Research Based on Physics である．分析化学は物質の分離同定，定性分析と定量分析を研究するとともにそれを可能とする化学的基礎，科学的根拠を調べる学問である．分析化学においてはいろいろな化学平衡が出てくるので，やはり熱力学が重要となる．無機化学，有機化学はそれぞれ無機物質，有機物質の構造，機能，反応を研究する学問である．同時に合成が非常に重要な研究課題となる．化学の重要な分野の 1 つに**高分子化学**がある．言うまでもなく，天然高分子，合成高分子を扱う学問であるが，低分子と高分子では構造や機能が大きく異なるので，高分子物理学と高分子化学からなる高分子学という考え方もある．この他に**生物化学** (**生化学**)，**医化学**，**地球化学**，**宇宙化学**，**農芸化学**，**環境化学**など，化学はいろいろな学問分野と境界領域を形成する．

化学ほど幅広い学問はないといってよい．化学はまた，**材料**，**生命**，**環境**，**エネルギーの学問**ともいえる (図 1.3)．これらの今日的重要な問題は，化学の基礎的研究課題であると同時にまた化学の応用のテーマである．

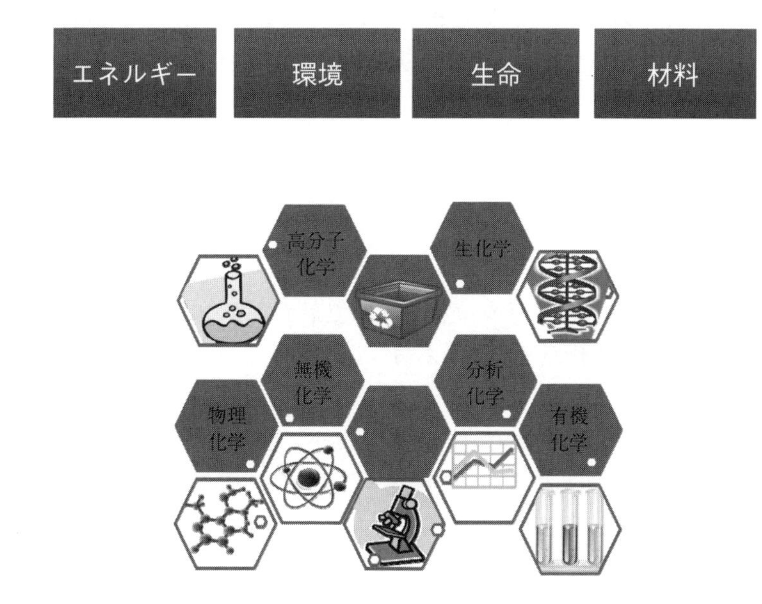

図 1.3　化学の領域とその応用

化学を学ぶと—化学を学んだ人の将来

大学では化学科，応用化学科の学生だけでなく，物理学科，生命科学科，農芸化学科などいろいろな学科の学生が化学を学ぶであろう．これら化学を学んだ人がどのような職場で働いているのかみてみよう．おおざっぱに職業を分けると，教育，研究，技術，営業，行政などに分けることができよう．教育者としての職場は，大学，高専，高校，中学がおもなものである．大学と高専では教育と研究の両方が仕事となる．研究者のおもな仕事場は，大学，高専，国公立の研究機関，企業となる．基礎研究から応用研究，開発研究に至るまで研究職の幅は広い．研究内容からみても合成研究，機能や構造の解析，装置開発などさまざまである．技術者の活躍の場も幅広い．企業での開発技術者，分析担当者，工場技術者などである．官公庁の環境技術者や衛生技術者，病院の検査技師，科学捜査研究所の研究員などにも化学系の出身者が大勢いる．資源，エネルギー探索などにも化学系技術者が活躍する．企業では技術系の営業担当として多くの化学系の出身者が活躍している．専門知識を生かして営業と技術をまたにかけて仕事をする人もいる．単に営業だけでなく，地財特許などでも化学系卒業者の活躍の場がある．これらさまざまな職種は大学4年で卒業するか，修士まで進学するか，博士まで進学するかによってある程度，決まってくるが，修士を出て営業につく人 (高度な化学的知識を生かした特殊な素材，材料の営業など)，学士卒で研究職に就く人など例外的な人もいる．

1.2 化学の歴史

1.2.1 古代の化学

化学について学ぶとき，その歴史を学ぶことが重要になってくる．特に原子，分子の概念の確立や周期律表が生まれる過程を理解することは非常に大切である．

原子の概念の出発点は古代ギリシャの哲学者による「始原的な物質」の概念である．もちろんこれらは哲学であって科学ではないが，科学的知見や観察がまったく入っていないわけではない．タレス (B.C. 624-546) は水が固体 ⇄ 液体 ⇄ 気体と変化することから万物の変転を連想し，万物の根源を「水」とした．化学にとって古代ギリシャ哲学の中で最も重要なのは，デモクリトス (B.C.460-370) の「**古代原子論**」であろう．彼は「この世はそれ以上分割できない atoma (原子) と空虚な空間からなる」と考え，「古代原子論」を提唱した．彼は「元素」とよべるものが存在し，それは小さな粒子 (原子) からできていると考えた．atom は“不可分の”を意味するギリシャ語の atomos から来ている．「古代原子論」は実験的事実に基づくものではなく，決して科学ではないが，万物の根源としての原子という考え方は近代の自然科学の発展に大きく影響を及ぼした．

ギリシャ哲学には「万物は流転する」という考えのように「変化」を考えた

ものは多い．アリストテレス (B.C. 384–322) は「四元素間の変換説」を唱えた．彼は四元素として「水」,「土」,「火」,「空気」を考え，さらにこれらは4つの性質「冷」,「熱」,「乾」,「湿」の2つが組み合わさってできると考えた．例えば,「冷」と「湿」が組み合わされると「水」ができる．また「水」は熱せられることにより「空気」となり,「空気」は冷やされることにより「水」となるというような考え方である．

アリストテレスは元素や変化などの考え方を提供しているものの，一方においては感覚的な性質から物事を思考する思弁的方法をとった．彼の考え方は古代から中世にかけてはわかりやすいものとしてとらえられたが，物質的なものと感覚的なものの区別がつかず，結局，科学的な考え方を遠ざける結果になった．

1.2.2　錬金術の時代 (中世の化学)

化学の歴史においてもう1つ重要なことは**錬金術**である．狭い意味での錬金術はまさに卑金属を金に変えるということであるが，広い意味では「病人を治す薬を探す」,「不老長寿の万能薬を見つけ出す」ということも錬金術の中に入る．「不完全なものをより完全なものに変換する」というのが，より一般的な錬金術の考え方である．錬金術の科学的根拠は甚だ不十分であったとはいえ，いろいろな物質を扱って，目的とするものを作り出そうとするわけであるから，化学的研究のめばえであったことは間違いない．錬金術が生み出した化学的成果は極めて多く，いろいろな液体の蒸留法，金属の精製法，酸，アルカリ，アルコールなどの調製法などが発展した．

空海が錬金術に深く関与じていたということを記述した文献は数多い．空海が高野山を聖地に選んだのも，錬金術のための資源 (水銀など) 採取の適地であるためという説もある．

錬金術は人の欲望，願望から出てきているが，同時に好奇心や探究心にも支えられたといえる．もともとアリストテレスの四元素説の影響から出発した錬金術であるが，約2000年にわたり，世の中を支配してきたアリストテレスの四元素説に疑いを与えたのも錬金術である．中世の時代，イスラム世界においても錬金術の研究は活発であった．それは英語で錬金術のことをalchemyということからも想像される．また，alcohol，alkaliなど中世アラビアに由来する接頭語alを用いた科学の単語も数多くある．

1.2.3　近代化学の発展

17世紀に近代化学の幕を開いたのはボイル (1627–1691) である．彼は徹底して実験を重要視した．特に，気体の性質と挙動について厳密な実験を行い，物質が原子からできている証拠を示した．また，彼は「化学的にそれ以上分割できない物質」として元素に対する基本的な定義を与えた．18世紀に入ると化学が大いに発展した．その中心となったのはラボアジェ (1743–1794) で，彼は燃焼の実験を綿密に行い「燃焼とは物質と酸素との反応である」と結論した．また密閉した容器の中で燃焼実験を行い，燃焼によって生成した物質の質量は，出発物質の質量と完全に等しいことを証明した．これにより化学反応の前後において質量が増えたり，減ったりすることはないという**質量保存の法則**を打ち立てた．

その後，プルースト (1754-1826) は「ある特定の化合物において元素の質量比は常に一定である」という重要な原理を発見した (**定比例の法則**)．例えば，H_2O では H と O の質量比は常に 2 : 8 である．ほぼ同じ頃ドルトン (1766-1844) は今日，**倍数比例の法則**とよばれる法則を提唱した．この法則は「2 種類の元素 A，B が結合するとき，元素 A の一定量とそれと結合する元素 B の質量の間には簡単な整数比が成り立つ」と表現できる．例をあげると C と O は CO と CO_2 の 2 種類の化合物をつくるが，CO の C と O の質量比は 6 : 8，CO_2 ではそれは 6 : 16 となる．CO_2 における C : O の質量比と CO における C : O の質量比を比べると 2 となる．

1.2.4 ドルトンの原子説とアボガドロの分子説

1803 年ドルトンは「質量保存の法則」，「定比例の法則」，「倍数比例の法則」をまとめ「**原子説**」を提唱した．彼の原子説はデモクリトスの古代原子論とラボアジェの元素の考え方にその基本をおいている．ドルトンの原子説は次のような内容である．「**各元素はそれぞれ固有の原子からなり，各原子は固有の質量をもつ**」．定比例の法則によれば，1 つの化合物において元素は常に一定の質量比で結合するので，元素を区別する特徴は質量であるとドルトンは考えた．また，質量保存の法則から，化学反応では原子の結合の方法が変わるのであり，原子そのものが変化したり破壊されるものではないと考えた．**ドルトンの原子説**は現代化学の基礎をつくることになったが，彼の考え方すべてが正しかったわけではない．彼は「複合原子」という考え方で分子という概念を提案しているが，単体分子に対しては単原子分子にこだわった．H_2 や O_2 のような二原子分子の考え方を受け入れることができなかった．結局，ドルトンはゲイ・リュサック (1778-1850) の**気体反応の法則**「気体が関係する反応では同温・同圧において，反応する気体の体積と生成する気体の体積は簡単な整数比をなす」に正しい解釈を与えることができなかった．

このドルトンの後に登場したのがアボガドロ (1776-1856) である．アボガドロは分子説を提唱した (1811 年)．彼は「**同温，同圧のもとでは，同じ体積の気体中には気体の種類に関係なく，同数の分子が含まれている**」という**アボガドロの分子説**を発表した．O_2，H_2 などの二原子分子の考え方を導入することによって気体反応の法則を見事に証明した．

彼の考え方によれば $2H_2 + O_2 = 2H_2O$ ということになるが，電気的に中性な同じ原子同士が結合し，H_2，O_2 のような二原子分子をつくることは当時としては受け入れ難かった．アボガドロの分子説が受け入れられるようになったのは，彼の死後まもなくしてからである (1860 年).

1.2.5　周期表の歴史

元素の周期性の研究が大きく発展したのは，アボガドロの分子説が定着した 1860 年代である．1862 年シャンクルトワ (1820–1886) は元素を順番にらせん状に並べると，性質が似ている元素が垂直に並ぶことを見いだした．続いて，ニューランズ (1838–1898) は，最初の元素から 8 番目の元素が最初の元素に似ている**オクターブの法則**を提唱した．これら 2 つの考え方は不十分であったが，元素が並ぶ法則性に近づいた．メンデレーエフ (1834–1907) が有名な周期表を発表したのはそれからまもなく，1869 年のことである (マイヤー (1830–1895) は同様の周期表を 1870 年に発見)．このように，1860 年代に元素の周期表の研究は一気に進展した．

メンデレーエフは元素を並べるには原子量が大切だと考え，似た性質をもつ元素のグループごとに原子量が大きくなる順に元素を並べた．彼の周期表は，7 つの元素を含む周期 (図 1.4 の第 2，3，5，7 周期など，当時希ガスは未発見であったため 7 つの元素で 1 周期をつくった) と，7 つ以上の元素を含む長い周期 (第 4，6，10 周期など) からなるものであった．

	I	II	III	IV	V	VI	VII	VIII
1	H							
2	Li	Be	B	C	N	O	F	
3	Na	Mg	Al	Si	P	S	Cl	
4	K	Ca	[1]	Ti	V	Cr	Mn	Fe Co Ni Cu
5	(Cu)	Zn	[2]	[3]	As	Se	Br	
6	Rb	Sr	Yt ?	Zr	Nb	Mo	[4]	Ru Rh Pd Ag
7	(Ag)	Cd	In	Sn	Sb	Te	I	
8	Cs	Ba	Di ?	Ce ?				
9						[5]		
10			Er ?	La ?	Ta	W	[6]	Os Ir Pt Au
11	(Au)	Hg	Tl	Pb	Bi			
12				Th		U		

図 1.4　メンデレーエフの周期表 (1871 年)
[1]～[6]は当時未発見の元素で，メンデレーエフが存在を予言したもの．

彼の周期表が成功したのは，適当な元素が存在しないと思われる部分は，わざと空欄にしておいて，将来新しい元素が発見されるであろうことを予言した点にある．実際この予言に基づいて，1875 年にガリウムが，1886 年にはゲルマニウムが発見された．メンデレーエフは，まだ「電子」という考え方がなかった当時に，現在の周期表と驚くほど似ている周期表を作り上げたのである．その後，19 世紀末には分光学の発展などもあり，多くの元素が周期表の中に新たに組み込まれた．19 世紀には多くのなぞが残っていた周期表であったが，20 世紀に入って量子力学が誕生し，電子の配置という考え方によって周期表が完全に理解されるようになった (2 章，3 章)．現在の周期表は原子を原子番号の順に並べている．

日本における化学の発展—江戸時代から近年のノーベル賞ラッシュまで

日本の化学は宇田川榕菴 (1798–1846) によって開かれたと言ってもよい．榕菴は，薬学研究の中で，日本人として初めて化学という学問の存在とその重要性に気づき，全 21 巻からなる大著「舎密開宗」(舎密はオランダ語の chemie に漢字をあてたもの) を著した．榕菴に続いて日本の化学を発展させたのは，三田藩 (兵庫県) 出身の川本幸民 (1810–1871) である．彼は「化学新書」3 巻を著したが，この中で「化学」という言葉を初めて用いている．彼はまたマッチの試作，ビールの製造，銀版写真の実施なども行った．

明治に入り，明治 2 年に大阪に舎密局が開設された．舎密局には初めての外国人化学教師ハラタマがオランダから着任した．大阪にあった適塾の出身者らも教師を務め，聴講生には高峰譲吉らもいた．その後の明治時代の化学研究は，高峰譲吉 (世界で初めてホルモンを結晶として分離)，池田菊苗 (うまみの化学成分 “味の素” の発見)，鈴木梅太郎 (最初のビタミンの発見) らの研究に代表されるように大きく発展した．化学に近い医学の分野でも北里柴三郎や野口英世らによる世界的な研究が次々と出た．明治期には繊維，製薬，セメント，ソーダなどありとあらゆる化学工業が急速に発展した．世界遺産，富岡製糸場ができたのは明治 5 年のことである．このように，日本の化学研究，化学工業は第二次大戦以前から十分に世界レベルに達していたのである．

しかし，日本の化学研究が真に世界に認められたのは 1970 年代からであろう．1981 年に福井謙一が化学反応過程の理論化学研究で日本人として初めてノーベル化学賞を受賞した．その後しばらく受賞者が出なかったが，2000 年以降，白川英樹 (導電性高分子の発見と発展)，野依良治 (2001 年，触媒による不斉水素化反応の研究)，田中耕一 (2002 年，生体高分子の質量分析法のための穏和な脱着イオン化法の開発)，下村脩 (2008 年，緑色蛍光タンパク質 GFP の発見と開発)，根岸栄一，鈴木章 (2010 年，有機合成におけるパラジウム触媒クロスカップリング) と続いた．この他に，日本人の母をもつチャールズ (良夫)・ペダーセンが 1987 年クラウン化合物の開発と研究でノーベル賞を受けている．2000 年以降の化学賞に限れば，日本はアメリカに次いで 2 位となっている．これからも日本の化学研究が世界に大きく貢献することが求められている．

1.3 物質の科学

化学は**物質の科学**といわれるように，化学はありとあらゆる物質を扱う．物質の科学について考える手始めとして，**物質**と物体を区別しておく必要がある．机，コンピュータ，ボールペンなどは物体であって物質ではない．物質とはある一定不変の性質をもつものである．物質は水のように固体，液体，気体の 3 つの状態で存在し，決まった融点，沸点をもつ．

1.3.1 人体を構成する物体，物質，元素

人体を構成する物質として最も量が多いのは水である．重量でいうと約 70 %が水となる．それぞれの組織や臓器は多くの水分を含む．また，血液は水分からなる物の代表的なものである．水の他に，タンパク質，脂質，核酸など多くの物質が人体を構成している．人体を構成するタンパク質は，コラーゲン，ケラチンのような構造タンパク質，ヘモグロビンやアルブミンのような輸送タンパク質，免疫機能に関与するグロブリンのような防御タンパク質，チトクロムオキシダーゼやカタラーゼなどの酵素タンパク質などに分けられる．人体を構成するものは有機物質が非常に多いが，無機物質も重要な役割を果たしている．例えば，骨にはI型コラーゲンの他にリン酸カルシウムや炭酸カルシウムなどが含まれる．

元素の視点から人体をみると，酵素，炭素，水素，窒素，カルシウム，リンの 6 元素が人体の元素の 98.5%を占める．微量元素，超微量元素としては，ストロンチウム，ルビジウム，カドミウム，水銀，モリブデンなども人体に含まれる．

【例題 1.1】 地球を構成する元素を多いものから 6 つ並べよ．

解 地球全体を考えると，鉄，酸素，ケイ素，マグネシウム，硫黄，ニッケルの順，上位 4 つで約 90%を占める．地殻では，酸素とケイ素で約 75%となり，以下，アルミニウム，鉄，カルシウム，ナトリウムの順となる．

1.3.2 物質の分類

物質は**純物質**と**混合物**に分けられる．純物質は一定の組成と固有の性質 (融点，沸点など) をもつ．身近な純物質の例としては，水，酸素，塩化ナトリウム．ドライアイスなどがある．混合物は 2 種類以上の純物質が混ざってできた物質である．混合物中では，純物質はそれぞれの性質を保持している．身のまわりで混合物を探すと，酒，牛乳，空気などが見つかる．混合物は純物質とは異なり，一定の組成をもつとは限らない．例えば，酒は造られた場所によってその組成は少しずつ異なる．

純物質から混合物をつくることができる．一方，物理的方法によって混合物から純物質を分離することができる．例えば，混合物である食塩水を加熱し，水を沸騰，蒸発させれば，純物質である塩 (NaCl) と水に分離することができる．空気も酸素，窒素などに分けることができる．混合物から純物質を分離するとき，混合物を構成する成分の性質は変化しない．

純物質はさらに**化合物**と**単体**，混合物は**均一混合物**と**不均一混合物**に分類することができる．単体は 1 種類の元素からできている純物質であり，化学的手段によって，さらに簡単な純物質に分離することはできない．一方，化合物は 2 種類以上の元素から形成される純物質であって，これらの元素は必ず一定の比率で化学的に結合している．酸素と水素は単体であるが，それらから生成する水は化合物である．化合物は化学的方法によって単体に分離できる．均一混合物と不均一混合物の違いは，組成がその混合物中で一様であるかないかという点である．酒や牛乳は均一混合物であるが，水に油を加えたものは不均一混合物である．

1.3.3 物質の性質

物質はそれぞれ特有の性質をもつが，この性質は**物理的性質**と**化学的性質**に分けられる．これら 2 つの性質はその性質を観測するときに化学変化を伴うか否かによって分けられる．温度，色，量，融点，密度などはすべて物理的性質である．化学的性質としては，燃焼，硬化，変性などがある．

物質の性質はさらにその性質が試料の量によって変化するか否かによって，**示強的性質**と**示量的性質**とに分けられる (4 章)．示強的性質は，融点，密度，温度など量によらない性質をいう．示量的性質は，質量，長さ，体積のように量によって変化する性質をいう．

1.3.4 原子量，物質量，分子量

原子量は，質量数 12 の炭素同位体 $^{12}_{6}\mathrm{C}$ の質量を 12 としたときの相対質量と定義される．炭素の原子量は炭素の 2 種類の同位体の相対質量 ($^{12}_{6}\mathrm{C}$ と $^{13}_{6}\mathrm{C}$ で，それぞれ 12 と 13.0034) と存在比 (それぞれ 0.9893 と 0.0107) から次のように計算できる．

$$\mathrm{C}\text{の原子量} = 12 \times 0.9893 + 13.0034 \times 0.0107 = 12.011$$

原子量は単位をもたない．

【例題 1.2】 塩素 Cl の原子量を計算せよ．ただし，塩素の 2 種類の同位体 $^{35}_{17}\mathrm{Cl}$ と $^{37}_{17}\mathrm{Cl}$ の相対質量を 34.969 と 36.966，それらの存在比を 0.7576 と 0.2424 とせよ．

解 原子量 $= 34.969 \times 0.7576 + 36.966 \times 0.2424 = 35.45$ **答**．35.45

原子 1 個の質量は非常に小さく (10^{-22}〜10^{-25}g 程度)，数値として扱うには不便なので，**統一原子質量単位** (unified atomic mass unit; 単位 u) を用いる．1 u は $^{12}_{6}$C 原子 1 個の質量の 1/12 と定義されている．すなわち

$$1 \text{ u} = {}^{12}_{6}\text{C 原子 1 個の質量}/12$$

である．$^{12}_{6}$C 原子 1 個の質量は 12.00000 g をアボガドロ定数 (6.02214×10^{23} mol^{-1}) で割ったものなので

$$\begin{aligned} 1 \text{ u} &= 12.00000 \text{ g mol}^{-1} \div 6.02214 \times 10^{23} \text{ mol}^{-1} \\ &= 1.66054 \times 10^{-24} \text{ g} \end{aligned}$$

となる．

大方の元素は同位体の混合物なので，ある元素の**原子質量**は天然に存在する同位体の質量を加重平均したものである．例えば，炭素の原子質量は

$$\begin{aligned} \text{C の原子質量} &= ({}^{12}_{6}\text{C の質量})({}^{12}_{6}\text{C の存在比}) + ({}^{13}_{6}\text{C の質量})({}^{13}_{6}\text{C の存在比}) \\ &= 12 \text{ u} \times 0.9893 + 13.0034 \text{ u} \times 0.0107 \\ &= 12.011 \text{ u} \end{aligned}$$

となる．炭素の原子質量は 12.011 u，原子量は 12.011 となり，数値としては同じである．

分子量は，物質 1 分子の質量の統一原子質量単位に対する比であり，分子を構成する原子量の総和である．

1.3.5 モルとアボガドロ定数

物質は非常に多くの原子からできている．例えば，1 g の金貨は 3.057×10^{21} 個の金原子からできている．このように大きな数字を扱うのは大変不便である．したがって，わかりやすい単位を導入し，非常に大きな原子数を示すことができれば便利だろう．そこで**モル**という単位を用いる．モル (mol) とは，ラテン語の「ひとかたまり = mass」という意味である．molecule も同じ語源である．モルは**基本物理量**の 1 つである**物質量**の単位で，質量数に炭素の ^{12}C の 12 g に存在する原子の数と等しい粒子数を含む数である．例えば，ある試料が N 個の構成物を含んでいるとき，その試料が含む物質量は N/N_{A} である．ここで，N_{A} は**アボガドロ定数**で，注意しなければならないのは，アボガドロ定数は単なる数字ではなく，単位をもつという点である．

「モル」という言葉は触媒反応で有名なオストワルドが初めて用いた．物質量の正式単位となったのは，1960 年の国際度量衡会議でのことである．

モル質量は，原子，分子などの構成粒子 1 mol を含む物質の質量であり，g あるいは kg 単位で表される．例えば，ケイ素 Si の原子量は 28.09 であり，そのモル質量は 28.09 g mol^{-1} である．モル質量と単体の質量がわかれば，次の例題のように単体の物質量 (mol) を計算できる．

【例題 1.3】 561.8 g のケイ素がある．物質量はいくらか．

解 561.8 g ÷ 28.09 g mol^{-1} = 20.00 mol 　**答**．20.00 mol

物質の質量 m，モル質量 M，物質量 n との間には

$$n = m/M,$$
$$m = nM$$

の関係がある．

逆に，物質の物質量とモル質量がわかれば物質の質量を計算できる．

【例題 1.4】 0.581 mol の Au がある．この質量を計算せよ．また 1 個の Au 原子の質量は何 g か．

解 Au のモル質量は 197.0 g mol^{-1} であるから，0.581 mol × 197.0 g mol^{-1} = 114.5 g となる．1 個の Au 原子の質量は

$$\frac{197.0\ \mathrm{g}}{6.022 \times 10^{23}} = 3.271 \times 10^{-22}\ \mathrm{g}$$

答．114.5 g，3.271×10^{-22} g

ここでは原子の例をあげたが，もちろん分子の場合も同様に，モル質量を用いて物質量や質量を計算できる．

モルの考え方は化学反応で，A + B → C + D などの量的関係 (化学量論) を考えるうえで非常に重要である．

1.4 物理量と単位

長さ，質量，時間などの物理量には互いに独立な 7 つの**基本物理量**がある (見返しの表 1)．化学で特に重要な物質量も基本物理量の 1 つで，その基本単位は mol (モル) である．7 つの基本物理量以外は，複数の基本物理量から導かれる**組立物理量**である．例えば，速度は基本物理量でなく，長さを時間で割った組立物理量である．物理量を表す単位は伝統的にそれぞれの国によって異なるが，それでは自然科学の研究を行ううえで大変不便である．そこで，国境を越えかつ分野を越えて用いることができる単位系として，今日では，1960 年に国際度量衡会議で採用された **SI 単位系**を用いることが推奨されている．SI 単位系は，7 個の**基本単位** (表 1) と，その組合せで表すことができる多くの**組立単位** (表 2) からなる．基本物理量と組立物理量の関係がそのまま基本単位と組立単位の関係になる．組立単位の例をあげると，圧力の単位は m^{-1} kg s^{-2} であり，エネルギーの単位は m^{2} kg s^{-2} である．いくつかの単位に対しては **SI 誘導単位** (表 2) という単位記号が与えられている．圧力とエネルギーの SI 誘導単位は，それぞれ Pa (パスカル) と J (ジュール) である．すべての物理量は基本物理量の積または商の形で表すことができるが，それらの表れ方を**次元**という．例えば，圧力の次元は [長さ]$^{-1}$[質量] [時間]$^{-2}$ であり，エネルギーの次元は [長さ]^{2}[質量] [時間]$^{-2}$ となる．物理量を具体的に表すときは，必ず "物理量 = 数値 × 単位" となる．例えば，1 mol の炭素原子の質量 m は m = 12.011 g と表す．非常に大きい数値から非常に小さい数値までを扱うために **SI 接頭語**を用いる (表 6)．

SI 単位と併用される非 SI 単位として，L (リットル: 10^{-3} m^3)，eV (エレクトロンボルト: 1.602×10^{-19} J)，Å(オングストローム: 10^{-10} m) などがある．これらは科学技術の世界で広く普及している単位として使用を認められている．本書でも L を用いることにする．

物理量を表すときは時間 t，質量 m のように斜体を用いる．単位を表すときは kg，mol のように立体を用いる．人名に由来する単位はすべて A (アンペア)，K (ケルビン) のように大文字を用いて書く．人名でない単位で大文字を用いるのは L ($\equiv$ dm^3)，M ($\equiv$ mol dm^{-3}) だけである．μ, n などの接頭語も立体で書く．組立単位の表し方には基本単位の並べ方の順に関して任意性がある．例えば，圧力に関しては，m^{-1} kg s^{-2} と書くこともできるし，kg m^{-1} s^{-2} と書くこともできる．この順は変えてもよいが，一般の慣例に従うのがよい．

基本物理量と SI 単位系

基本物理量と聞いてまず誰もが頭に浮かべるのは，長さ，質量，時間，温度であろう．“物理量” という言葉を聞くと，どうしてもこれらの生活に密着した量が最初に出てくる．化学において重要な物質量はなかなかすぐに思い浮かばないが，言われてみると，なるほどということになる．化学を学ぶ人にとっては光度は “えーッ!?” という感じになるが，どのような理由でこの 7 個の基本物理量が選ばれたのであろうか？　この 7 個の基本物理量は互いに独立であって，ありとあらゆる物理量はこれらの基本物理量から組み立てられる．しかし，7 個の選び方には任意性が残る．結局のところ「明確に定義することができ，実験的に正確に再現でき，それを基準にして実用的な計量器がつくりやすい一群の量」ということになる．

SI 単位系の SI は Le Système International d’Unités の略語である．SI 単位系はメートル法に基づく系統的で閉じた形の単位系である．1960 年に開催された国際度量衡会議でその採用が決議された．メートル法はフランスで生まれたので，度量衡に関する公式文書はすべてフランス語を基本とする．

1.5　実験データの取扱い方

実験結果を扱う計算が数学と大きく異なるのは，前者が単位を伴う計算であることである．常に単位を頭において計算を進めなければならない．また，実験値を用いた計算においては不確かさを含んだ数値を扱うことになる．したがって，演算のたびに測定値の不確かさが伝わっていくことになる．例えば，質量と体積の測定から密度を求めるような間接測定の場合，測定値 (この場合，質量と体積) の誤差が密度の値へ伝播する．質量の測定値に含まれる誤差が非常に大きい場合，体積の測定値の誤差を小さくするようにさらに精密な測定を行ったとしても，得られる密度の値に含まれる誤差は変わらないであろう．したがって，最終的に得られる測定値の誤差を許容内に抑えるためには，誤差の伝播を学び，個々の測定値の誤差を目的の範囲内に抑えるように適切な実験を計画する必要がある．

1.5.1 有効数字

ある一連の間接測定から1つの数値を求める場合，求まる数値の精度は一連の測定の中で最も精度の低い測定に依存する．測定値の精度を表す方法の1つとして**有効数字**がある．有効数字の桁数は，その測定の精度を示すのに必要な数字の桁数を意味する．

例をあげて説明しよう．ビュレットのメニスカスの読みを目測により 0.01 mL まで読み，38.47 mL の測定値を得たとする．この場合，最後の数字の7には読み取り誤差が含まれており，7ではなく6かあるいは8であったかもしれない．38.47と表すことの意味は，38.4までが確実な数字で，7がやや不確実な数字であるという点にある．この場合，38.47の桁数は4桁であり，4桁目に不確かさが表れているため，有効数字は4桁となる．この測定値を 38.5 mL もしくは 38.470 mL と記述することは，測定の精度を正しく表現していないため，誤りである．

測定値の意味を十分に考え，その取扱いに注意する必要がある．意味のある数値とするためには，桁数を明確に記述することが必要である．例えば，時間を測定する場合，2秒と2.00秒では測定値としての意味が異なる．前者は有効数字1桁に相当する精度の時間測定を行った結果であり，後者はより精度の高い，有効数字3桁の精度をもつ測定結果である．有効数字は，その測定値が得られた実験の精度を示すものであることに注意しよう．つまり，壁掛け時計の秒針を読んで2秒を測った結果と，高周波数の水晶振動子を組み込んだ電子機器を用いて測定した2.00秒とを同一のものとして扱うことはできない．

1.5.2 数字の丸め方

「数字を丸める」とは，与えられた数値を，ある一定の丸め幅の整数値がつくる系列の中から選んだ数値に置き換えることである．例えば，14.236，14.277 は丸め幅が 10^{-1} のときは 14.2 と 14.3 に，丸め幅が 10^{0} のときはいずれも 14 となる．通常は四捨五入によって数字を丸める．

JIS の数字の丸め方の有用性については，JIS Z8401-1999 を参照のこと．

誤差の影響を最小限にするように工夫されている数字の丸め方として，“JIS の丸め (規則 A)” がある．この方法においては，丸める桁の数が5である場合は，前桁の数の偶奇によって丸め方を変える．すなわち，前桁の数が偶数のときは5を切り捨て，奇数のときは5を切り上げる．例えば，38.45 を3桁の有効数字により示すと 38.4 となり，38.55 の場合は 38.6 となる．丸める桁の数が5以外の場合は通常の四捨五入と同じに扱う．

1.5.3 有効数字の加減乗除

すべての測定値は有効数字により示される不確かさを含んでいる．いくつかの測定値を加減乗除して目的の数値を求めようとするとき，不確かさも伝播し，計算結果にも不確かさが含まれる．誤差の伝播は加減計算と乗除計算とで異なるため注意が必要である．

加減計算による計算結果の不確かさは，加減計算にかかわる数値の中で小数点以下の桁数が最も小さな数値によって決まる．例えば

$$125.30 - 0.023 + 15.2 = 140.5$$

となる．125.30，0.023，15.2 の数値のうち最も小数点以下の桁数が小さいものは 15.2 であるので，計算結果の小数点以下の桁数も同じく 1 桁となる．

乗除計算による計算結果の不確かさは，乗除計算にかかわる数値の中で有効数字の桁数が最も小さな数値によって決まる．例えば

$$0.273 \times 14.832 \div 1273 = 3.18 \times 10^{-3}$$

となる．0.273，14.832，1273 のうち最も有効数字の桁数が小さいものは 0.273 であるので，計算結果は有効数字 3 桁で表される．

演習問題 1

1.1 ケイ素には 3 種類の同位体，^{28}Si, ^{29}Si, ^{30}Si がある．ケイ素の原子量を 28.09 として 3 種類の同位体の存在比を求めよ．ただし，^{28}Si の存在比は 92.23%とする．

1.2 塩化カリウム 2.32 g の物質量はいくらか．また，これを純水に溶かし 432 cm^3 に希釈した溶液の濃度を質量モル濃度で表せ．

1.3 20.45 g のゲルマニウムは何 mol か．また何個の原子を含むか．ただし，ゲルマニウムの原子量は 72.64 である．

1.4 次の問いに答えよ．

(1) 見返しの表 2 に掲げた組立物理量以外の組立物理量を 5 つあげ，それらの名称，記号，SI 基本単位による表し方，他の SI 単位による表し方を書け．

(2) 速度の単位 cm min^{-1} を基本単位に換算せよ．

(3) 密度の単位 mg mL^{-1} を基本単位に換算せよ．

1.5 エネルギーの単位には，ジュール (J)，電子ボルト (eV)，エルグ (erg)，熱化学カロリー (cal) などいろいろなものがある．これらを SI 組立単位，非 SI 単位 (SI 単位に属さないが，それと併用されるもの)，SI 単位に属さないものに分けよ．また，eV，erg，cal を J で表せ．

1.6 次の数の有効数字の桁数を答えよ．

(1) 0.0120　(2) 0.012　(3) 12.0　(4) 1.20×10^5

1.7 有効数字を考慮して次の計算をせよ．

(1) $0.326 + 12.41 + 24.522$

(2) $0.000810 \times 12.48 \div 22.32$

(3) $43.25 \div 0.410 \times 240.0$

(4) $(1.32 \times 10^{-5}) \times (3.833 \times 10^{-4}) \div (0.260 \times 10^{-4})$

1.8 次の有効数字を求めよ．

(1) 次の測定値を四捨五入により，有効数字 4 桁に丸めよ．

(a) 3.2995 mL (b) 0.42000 ppm (c) 3.3241×10^{-3} mol

(d) 3.9425×10^{-4} g

(2) 次の測定値を JIS の丸めにより，有効数字 3 桁に丸めよ．

(a) 3.295×10^{-2} mol (b) 8.365 mg (c) 73.55 mL (d) 1.265×10^{-2} m

2

原子の世界と量子力学

私たちの身のまわりにある物質，空気も水も油も鉄も土もプラスチックもダイヤモンドもすべて，粉砕・蒸発・燃焼・溶解・融解・放電などの化学で通常用いる (加速器による分解などのとても特別な方法を除く) 方法でバラバラにしていけば，約 100 種類程度の**元素**のいずれかで構成された粒子となることがわかる．

上記の方法でバラバラにしたその究極の結果として得られる，元素を構成する最小単位の粒子は**原子**という．つまり，この地球上は原子という粒子で満ちた世界である．さらには人が何かをみる，何かの匂いを感じる，筋肉を動かすことは，このような原子でできた物質が体内で化学反応，言い換えれば，原子がつくる結合の組み替えによって起こっている．

高温の炎の中に物質を入れると，炎のエネルギーによって化学結合が切れてバラバラの原子になる．炎の中でエネルギーを受けた原子はその種類によって異なる色の光を出す．このように種類の異なる原子は，炎の色だけでなく，さまざまな異なる性質を示す．異なる物質は異なる色，匂い，柔らかさや安定性をもつ (もちろんそれは，日常生活で当たり前のことである)．しかし，驚くことに，実はこの異なる原子は同じ材料，つまり**電子・陽子・中性子**によりできており，これらの数が違うだけである．このことを人類が知るようになったのは，ちょうど 20 世紀初頭，100 年程度前であり，このとき，自然科学にとって大きな転換点となる「**量子力学**の確立」という大事業が行われた．その経緯を少し知るのは，原子がどのようなものか知るうえでは重要であろう．そして素粒子の数 (電子と陽子の数) が違うことが，どうやってその性質に影響を及ぼすか，または，似たような性質をもつ物質は何が似ているのかについて本章では詳しく述べる．そして，化学の本質である“多様性”を決定づける化学結合の種類や，または結合をする本数につなげていきたい (3 章)．

2.1 ミクロな世界の化学

2.1.1 原子のスケール

元素の最小構成粒子を**原子**という．化学の本質の 1 つはこのように 100 種類程度に限られた種類の原子が互いに力を及ぼし合い，「結合」をつくり，無限の種類の物質を作り出すことにある．では，結合とは何だろうか．なぜさまざまな種類の結合ができるのか．これを知るためにはまず，原子がどういうものかについて知る必要がある．そして，原子を知るためには「量子力学」という，通常の暮らしの中で実感できる「古典力学」とは異なる原理に基づいた考え方を学ばなければいけない．

量子力学を学ぶときに，古典力学と大きく違う点は，扱う物体の大きさである．つまり，量子力学とは原子のようなとても小さな粒子に対して適用される力学である．例えば，金の結晶の中の原子について考える．純金の密度は室温付近で約 $19.3\ \mathrm{g\ cm^{-3}}$ $(1.93 \times 10^{7}\ \mathrm{g\ m^{-3}})$ であり，金原子のモル質量は $197\ \mathrm{g\ mol^{-1}}$ である．また，結晶は面心立方格子を形成している．このデータから，金の原子が球状であると仮定したときの半径を割り出すことができる．図 2.1 のように，面心立方格子は単位格子に 4 個分の原子が入ることになる．よって，4 個分の原子の体積を上のデータから求めてみる．1 個の金原子の重さ (g) はモル質量とアボガドロ数から $197\ \mathrm{g\ mol^{-1}}/6.02 \times 10^{23}$ 個 $\mathrm{mol^{-1}}$ であり，4 個の質量と密度を使って体積は

$$\frac{197\ \mathrm{g\ mol^{-1}} \times 4\ \text{個}}{6.02 \times 10^{23}\ \text{個}\ \mathrm{mol^{-1}} \times 1.93 \times 10^{7}\ \mathrm{g\ m^{-3}}} = 6.78 \times 10^{-29}\ \mathrm{m^3} \tag{2.1}$$

と求められる．この格子の 1 辺の長さは 4.08×10^{-10} m (408 pm) であり，原子の半径が 1.44×10^{-10} m (144 pm) であることが計算できる．

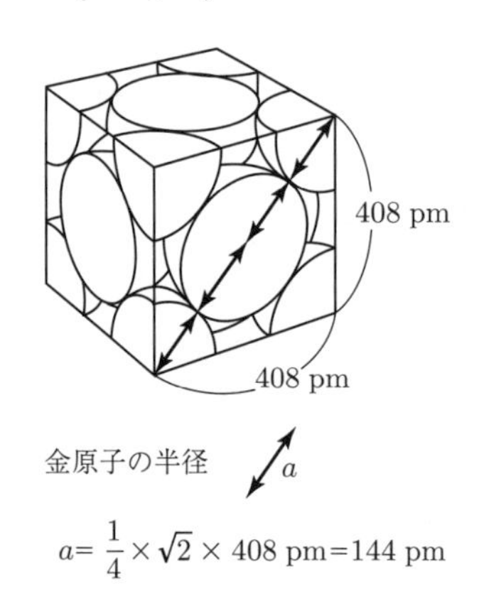

図 2.1 面心立方格子と原子の半径
原子の半径は約 100 pm 程度となる．この大きさを表すのに都合がよい単位としてÅ(オングストローム) がある．1 Å = 100 pm = 10^{-10} m であり，例で示す金原子の半径は 1.44 Å と表される．

ここで求めた 10^{-10} m という小さな原子のさらにその中身はどうなっているのだろうか．それを知るために，原子を構成している電子，原子核，中性子が発見されてきた歴史を紹介したい．そして，この歴史が原子の中身を知るための力学，すなわち「量子力学」のスタート地点になる．

2.1.2　電子の発見 (トムソンの実験)

空気を排気したガラス管に電極を設置して，高い電圧をかけると放電が起こり，ガラスがぼんやりと光りだす．この現象は放電によって放出される何らかのエネルギー源がガラスの中にある蛍光体を光らせることによって目に見えるようになると考えられていた．蛍光体を光らせる “エネルギー源” が陰極から飛び出しているということは，図 2.2 の装置のように，陰極と陽極の背面に蛍光体を置くと陽極の影が映ることから知られるようになった．この “エネルギー源” のことを電子が発見される以前は，**陰極線**という放射線だと考えられていた．陰極線は，①陰極からのみ飛び出す．②陰極線自体は目に見えないが，蛍光体に当たると見える．③陰極線の進む方向と垂直に電場をかけると，かけられた電場の向きとは逆方向に陰極線が曲げられることが知られていた．

トムソン (1856–1940) は，③の性質を利用して，その変化の仕方を精密に測定できれば，陰極線がもし質量をもった粒子の流れであれば，その質量を測定できると考えた．しかし，当初は真空管の真空度や測定装置の精度が低かったので，陰極線をうまく線状に制御し，それが到達した位置をピンポイントに測定する装置がなかった．数々の実験的な困難を乗り越えて，ついに，トムソンは図 2.3 のように穴の開いた陽極 (スリット) を連ねた装置を開発した．P1 と P2 の間に電場をかけて陰極線の進行方向の変化を調べ，電場と変位の関係を定量的に確認する実験に成功した．これにより，陰極線は質量をもった粒子 (**電子**と名づけられた) で，その質量は水素原子の 1000 分の 1 以下の質量で，さらにこの粒子は負電荷をもつことがわかった．さらなる研究により，この電子がどんな元素からも出てくることが確認され，電子は原子を構成する基本粒子であることが示された．

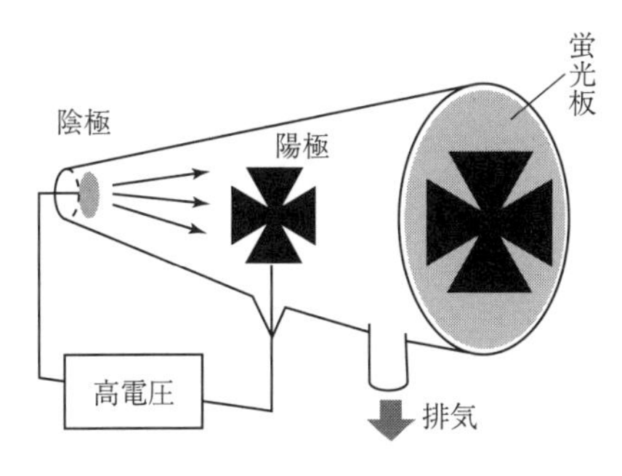

図 2.2　陰極線の発見

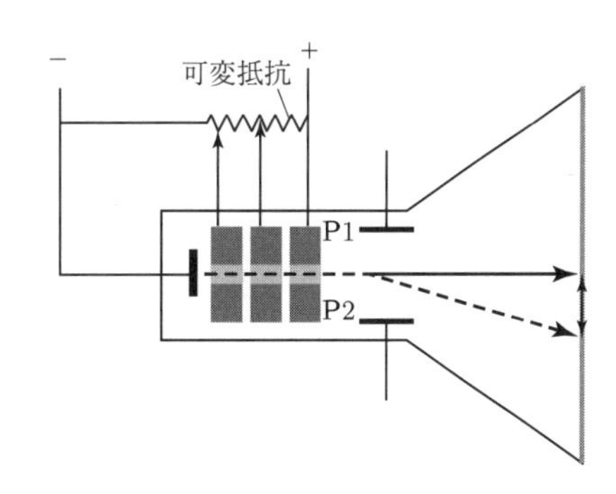

図 2.3　トムソンの実験

2.1.3 原子核の発見 (ラザフォードの実験)

電子を発見したトムソンの学生であったラザフォード (1871 - 1937) は放射線の研究者であったが，その後，共同研究者とともに，当時発見されたばかりの α 線という質量をもった放射線をうまく使って実験を行った．非常に薄く伸ばした金属箔に，α 粒子 (その正体はヘリウムの原子核；He^{2+} と知られていた) を照射し，その α 粒子の散乱を観測した．その結果，原子の中身はほとんどスカスカで，非常に薄く伸ばした金属箔は α 粒子をほとんど透過した．しかし，中には後方に散乱されるものがあった (図 2.4)．これは金属箔の中のほんの一部だけが，非常に重い粒子で構成されていることを示した．

これらの結果のうち，透過せずに後ろ側に散乱される α 粒子の散乱頻度を測定した．その結果，原子中には，正電荷をもち，非常に小さい (直径 10^{-15} m 程度) が，原子のほとんどの重さを担っている粒子が存在していることがわかった．この粒子のことを**原子核**という．そして，さらなる研究から，その 10^{-15} m 程度の粒子の周囲に，10^{-10} m 程度の大きさの空間を電子が運動しているという原子像が描かれ始めた．

これがまさに上で計算した，原子の大きさに一致するものである．しかし，プラスの原子核の周囲を，負電荷をもちながら中心に完全に引き付けられることなく運動する電子の運動とはどのようなものなのか．これは，当時知られていた古典力学では説明不可能な問題となった．これを理解するために，量子力学が必要になる．この量子力学が発見されるまでの経緯を 2.2 節で説明し，原子の構造については 2.3 節で行う．

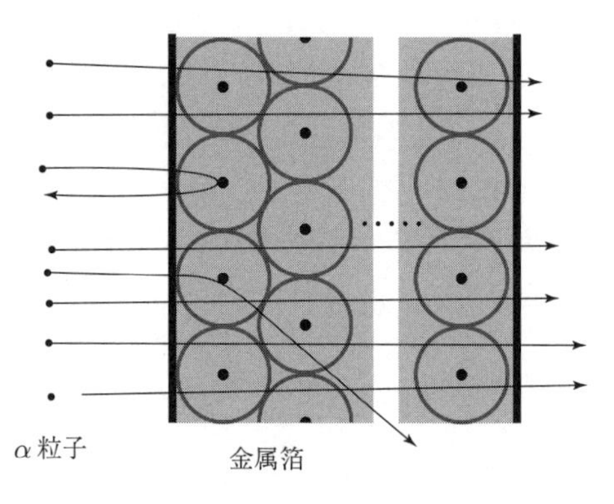

図 2.4 ラザフォードの実験とラザフォードの原子構造

さまざまな原子モデル

トムソンの電子の発見以降，原子がさらに小さな粒子である電子などの構成粒子をもつことがわかり，その中身の構造がどんなものか，科学者は論理と創造的飛躍を使ってたくさんの「原子モデル」を組み立ててきた．その「原子モデル」の最初の１つ目となったのは，おそらく 1901 年のジャン・ペラン (1870 - 1942) が提唱した，「太陽系モデル」であろう．原子の中身を太陽系に見立て，重い原子核のまわりを軽い電子が回るというモデルである．このモデルは太陽と惑星が万有引力で引き合っている代わりに，電子と原子核はクーロン力で引き合い，遠心力とつり合うというものである．しかし，このような中心に原子核をもつ「有核モデル」は正電荷のまわりを電子が円軌道で回ると，電磁波が発生しながら円運動のエネルギーを失い，やがて電子と原子がくっついてしまうという問題があった．この問題を解決した別の「有核モデル」が 1903 年に長岡半太郎 (1865 - 1950) が提唱した「土星モデル」である．このモデルでは，正電荷をもった中心粒子のまわりを負電荷をもった電子が軌道を描くというのは太陽系モデルと同じであるが，電子がバラバラに動くのではなく，同じ軌道の上を一斉に回るというモデルである (土星の輪がたくさんの微小衛星を有しながら安定に軌道を描くことから連想される)．このモデルでは，電子が同じ軌道を同時に回れば，電荷の変化はごくわずかであると仮定できるため，電磁波はほとんど発生しないと考えられた．しかし，このモデルは，電子同士の反発を考えると土星の輪のような安定した軌道を描くのは非常に難しいことがわかる．

有核モデルが難しいと考えられた中で，電子を発見したトムソンは 1904 年に「ブドウパン (プラムプディング) モデル」と後に言われるモデルを提唱した．これは，正電荷をもったパン生地の中に負電荷をもったブドウの粒 (つまり電子) が埋め込まれているというものである．実際のトムソンのモデルは，ブドウパンのようにブドウの粒 (電子) が埋め込まれて固定されているのではなく，生地の中を自由に (抵抗なく) 動き回るのでちょっと名前はおかしいのだけれど…．このモデルでは，正電荷と負電荷は原子の球体の中に初めから溶け合っているので，有核モデルのように構造が崩壊する心配はない．一方で，原子という壊れない核 (生地) の中をなぜ電子だけは動き回ることができるのか，ということが問題になった．

そして，1911 年のラザフォードの実験により，中心の非常に小さい部分に重くて正電荷をもった原子核が存在するという，「有核モデル」が正しいということが実験的に示されることになる．そして，この有核モデルでありながら，その構造が崩壊しないモデルというものが，「量子力学」という新しい考え方によって説明されていくことになる．

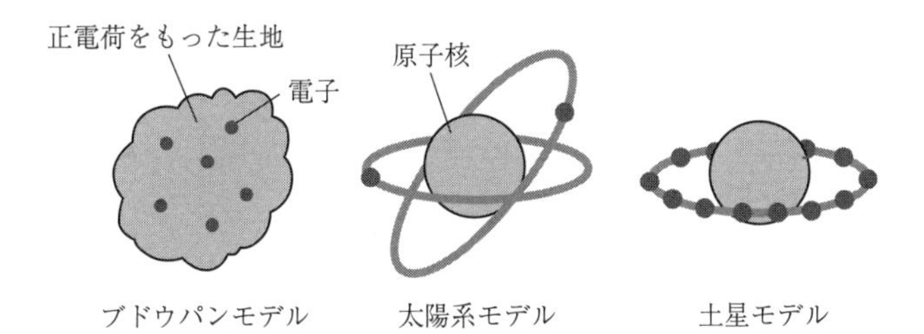

2.1.4 中性子の発見 (原子核が陽子と中性子でできていることの発見)

ラザフォードの学生であったチャドイック(1891–1974)もまた，放射線の研究者であった．ラザフォードが金属原子で行ったα線照射の実験をベリリウム$^{9}_{4}$Beで行うと，α線より透過力の強い放射線が放たれることを示した．これは，水素原子と同じ質量をもち，磁場の影響を受けない(つまり，電荷をもたない)粒子であることを発見した．この粒子は**中性子**と名づけられた．この中性子の存在が発見されると，正電荷と質量をもつ陽子，電荷をもたず質量だけをもつ中性子という構成粒子で原子が構成されていると考えると，原子核の質量と電荷の比が整数比で表せることがわかった．

そして，原子中には電気的な性質が同じ(つまり，原子番号が同じ)で，質量数が異なる粒子が発見されるようになる．このような原子同士を**同位体**という．同位体の存在により，"**元素**"とは，原子番号が同じで質量数が異なる原子の集合として考えられるようになった(図2.5)．

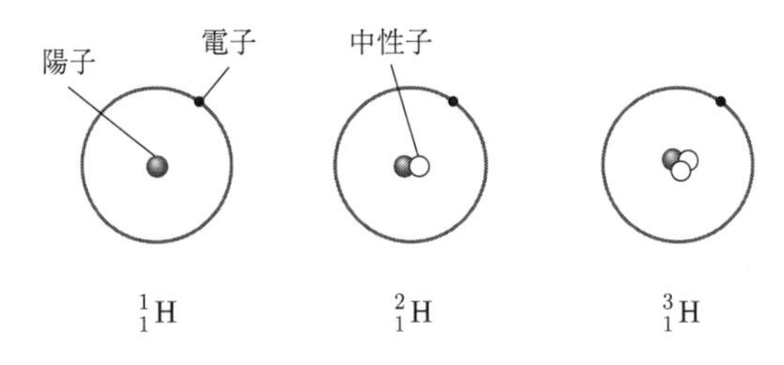

図 2.5 原子中の構成粒子

2.2 光と物質の相互作用

19世紀までの電磁気学の発展により，光の波動性，つまり電磁波としての性質は確立され，古典力学によって記述される光に対する理解の到達点となった．しかし，20世紀以降，光と分子の相互作用を考える場合，この古典力学的電磁波を考えただけでは説明できない現象が発見された．ここでは，光は波であると同時に，質量をもたない粒子でもあるということが示されていく．一方で，2.1節で説明した非常に小さな粒子，電子や原子核について，質量をもった粒子でありながら波としての性質をもつという，不思議であるが，そう考えなければ説明できない実験結果が知られるようになる．以下では，この粒子と波動が行ったり来たりする量子の世界の発見について述べていく．

2.2.1　古典力学からみた光の正体

ここでは，20 世紀前半に起こった，物理学の革命 (量子力学の発見) とそれに深くかかわる原子の構造について述べる．これは，物質と光の相互作用を調べる研究の中で見いだされたものであった．後述するように，光は粒子と波の性質を合わせもつ．このように書くと，何か矛盾しているように感じる．なぜなら，粒子とはある一定の質量をもち特定の空間を占めるものであるのに対して，波は質量をもたず，空間の中でエネルギーを伝えるものであるからである．まずは，量子力学が提唱される前から知られていた，光の波としての性質をここで復習しておく．

光とは電場と磁場が空間を振動しながら伝わる電磁波である．波にはその性質を示すために 4 つの値がある．**速度・振動数・波長・振幅**である．図 2.6 に示すように，光源により生じた光はその電場の振動を空間的に移動していく．このように，電磁波は一定の速度 c [m s^{-1}] で進むことになる．

この光をある 1 点での電場の変化に注目すれば，電場はプラス・マイナスを交互に振動していく．定点における，1 秒あたりに 1 周期を交互に振動 (プラスからマイナスになりプラスに戻る) が起こる回数を**振動数** [s^{-1}] という．逆に，ある一瞬の電磁波の電場をみたときに，1 周期の振動 (電場の山と山) が及ぼす長さを**波長** [m] という．また，山の高さを**振幅** (単位は振動するものの単位による) という．上記の関係から，速度 c [m s^{-1}]，波長 λ [m] の光は 1 秒間に振動数 ν [s^{-1}] 回の電場が振動する．つまり

$$\nu\ [\mathrm{s^{-1}}] = \frac{c\ [\mathrm{m\ s^{-1}}]}{\lambda\ [\mathrm{m}]} \tag{2.2}$$

となり，波長と振動数の間には反比例の関係がある (図 2.6)．

目に見える光である可視光だけでなく，さまざまな種類の電磁波が存在する．これらは互いに波長の違いによって異なる名前がついている．可視光より波長が短いものを**紫外線**といい，波長が長いものを**赤外線**という．

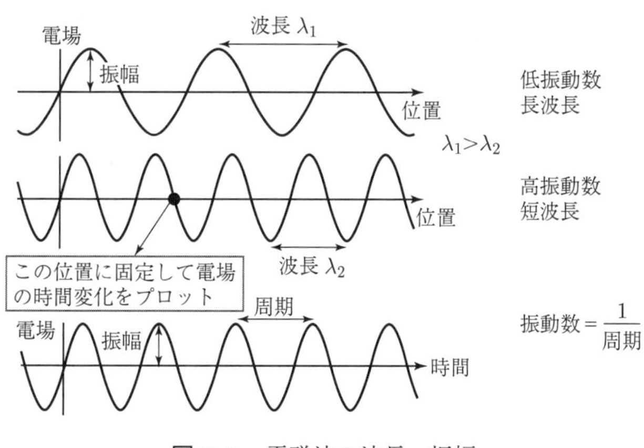

図 **2.6**　電磁波の波長・振幅

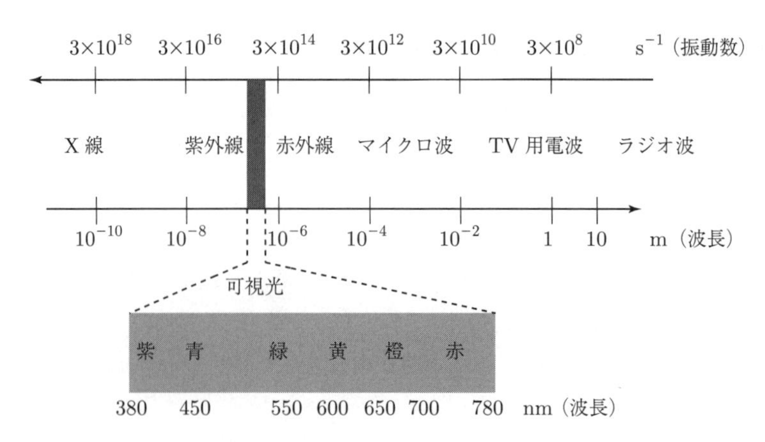

nm は 10^{-9} m である．

図 2.7　さまざまな電磁波の種類

図 2.7 にはさまざまな電磁波の種類を波長ごとに区切って示す．ラジオ波や電波は極端に波長の長い電磁波であり，これぐらい長い電磁波であれば，人間が電場の波として観測することができる．

2.2.2　黒体放射のスペクトル

「量子」(とびとびの値をとること) という考え方が初めて導入されたのは，物質を高温で熱したときに放たれる**放射**についての研究においてである．古くから，陶板を高温の炉で温めたときに，陶板がその温度によって異なる色の光を放つことなどが知られていた．また，鉄の精錬において，熟練工は熱した鉄の温度を鉄が赤熱している色を見て知るというようなことが知られていた．同様な現象として，電熱器のヒーター線の発光現象を取り上げてみる．電圧をかけて電熱線をどんどん加熱していくと，初めの頃はだんだんと赤みがかった色を放ち始める．さらに加熱し，温度を上げていくと赤から黄色みのある白へ，そして最後には青に変わる．つまり，物質から放射される光の色は温度上昇に伴って変化し，ある温度では赤から青という色の変化として現れる．

物質の温度によって放射の色が変わるということは，出てくる光の波長による強度分布が変わっているということである．ここで，波長による強度分布，つまり横軸を波長として，縦軸にその強度を示す図 2.8 のことを**スペクトル**という．色々な高温物質の放つ波長による強度分布，つまり放射スペクトルを調べてみると，どの物質もスペクトルの温度変化は似たような傾向を示した．物質による特異性を無視した仮想的物質を**黒体**として，この黒体のスペクトルについてさまざまな理論が考えられた．つまり，黒体の中の電子の振動によって生じる電磁波放射の理論からの予想と，実際の放射のスペクトルとが比べられた．

19 世紀の古典物理学の法則から導かれる黒体放射は図 2.8 の破線に示すようなものであった．その特徴は，波長が小さくなるにつれて放射強度は大きくなるはずであるという予測が立てられた．しかし，実際に観測された高温の物

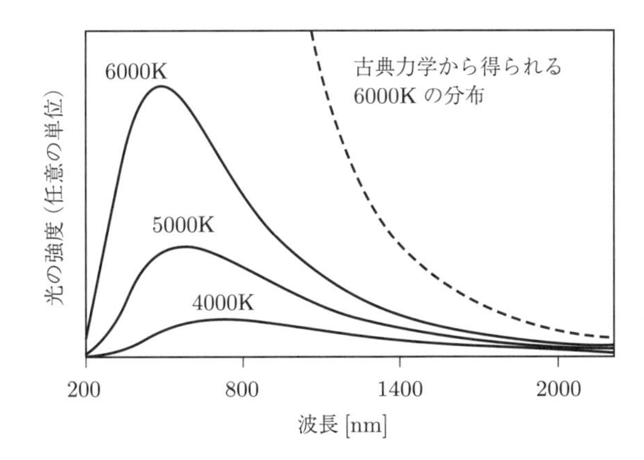

図 2.8 4000, 5000, 6000 K の黒体放射と古典力学から予想される放射分布
古典力学による予想は振動数が小さいときでは一致がみられるが，
振動数が大きくなるにつれて発散する．

質のスペクトル (図 2.8 の実線) は，ある一定の波長において極大を示す分布になり，古典力学の予測とまったく異なる結果であった．さらに，物質が高温になればなるほど，極大値の波長は短い波長に移るという特徴も備えていた (この極大値が変わるので，異なる色として観察される)．

2.2.3 プランクの量子仮説による黒体放射スペクトル

1900 年にプランク (1858–1947) がこの問題について初めて説明に成功した．プランクは，それ以前と同様に，黒体の中の電子の振動によって生じる電磁波放射について考えた．しかし，プランクは古典力学に従った「電子の振動数はどんな値をとってもよい」という仮定に制限を与えて，電子の振動エネルギーは一定の値の整数倍に比例するエネルギー $E = nh\nu$ $(n = 1, 2, 3, \cdots)$ しかとらないという仮定を導入することで，実際の放射強度分布と対応するような分布を導く式

$$\rho(T, \nu)\,\mathrm{d}\nu = \frac{8\pi h}{c^3} \frac{\nu^3\,\mathrm{d}\nu}{\exp\left(\dfrac{h\nu}{k_\mathrm{B}T}\right) - 1} \tag{2.3}$$

が得られることを示した．この振動数を発せられる光の波長に直すと $\nu = hc/\lambda$ という関係式が得られる．この関係から，得られる放射強度の波長分布は $\mathrm{d}\nu = -c\,\mathrm{d}\lambda/\lambda^2$ から

$$\rho(T, \lambda)\,\mathrm{d}\lambda = \frac{8\pi hc}{\lambda^5} \frac{\mathrm{d}\lambda}{\exp\left(\dfrac{hc}{\lambda k_\mathrm{B}T}\right) - 1} \tag{2.4}$$

となる (図 2.8 の実線)．ここで，$\rho(T, \lambda)\,\mathrm{d}\lambda$ は波長 λ と $\lambda + \mathrm{d}\lambda$ との間の放射エネルギー密度で，$\mathrm{J\ m^{-3}}$ の単位をもつ．T は絶対温度，c は光速度，k_B を**ボルツマン定数**といい，気体定数 R をアボガドロ数で割った量に等しく，$\mathrm{J\ [K^{-1}]}$

の単位をもつ．h は新しく導入された定数であり，式を導く中で光がもつエネルギーの最小単位となる定数で**プランク定数** ($h = 6.626 \times 10^{-34}$ J s) である．プランクは当時，物質の中ではエネルギーに最小単位などなく連続であるが，外に放射として溢れ出すときには，蛇口の先端から水滴がポタポタとたれるように，ある一定単位でしか出てこられないと考えていたようである．このように，光のエネルギーがある単位でとびとびに存在することを**量子仮説**という．

プランクの量子仮説は実験結果をうまく説明した．しかし，この導出は当時の科学者にとっては奇抜なもので，ほとんど認められなかった．その後 1905 年にアインシュタインはこの量子仮説と同じ考え方で，まったく別の現象を説明した．

太陽のスペクトル

私たちの最も身近な高温物体である太陽をその例にあげて，プランクの黒体放射の式を試してみよう．大気圏外で測定された太陽のスペクトルを図に示す (太陽から地上に届いてくる光は，その間に大気によって吸収されるので，大気圏外で測定しないと，黒体放射と比べられない)．$T = 6000$ K を代入して得られた黒体放射のスペクトルと比較した．最も光の強度の高い位置はともに，可視光線の 500 nm 付近に位置する．この比較から，太陽の表面温度は 6000 K 程度で，そのエネルギーが光として地上に降り注いでいるということがわかる．

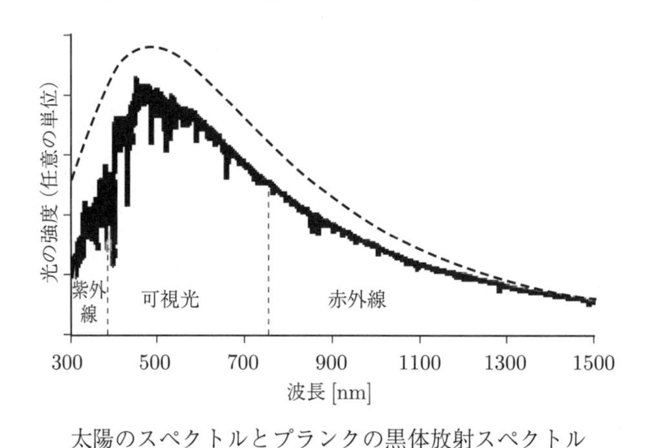

太陽のスペクトルとプランクの黒体放射スペクトル

2.2.4　アインシュタインの光電効果の研究

金属表面に紫外線を照射すると電子が飛び出す現象を**光電効果**という．この現象は 19 世紀後半に発見されていた．この現象に関する観測結果には 2 つの点で古典力学では説明のつかないことがあった．1 つは，金属から飛び出す電子の運動エネルギーについてである．古典力学では，紫外線の照射強度 (光の強さ) が強くなることは，電磁波の電場振動における振幅が大きくなることと解釈される．金属に照射される紫外線の振幅が大きくなれば，それによって飛び出す電子の運動エネルギーも大きくなると予想されたが，実験では予想とはまったく異なる結果となった．照射強度を上げると，出てくる電子の数が増えるだけで，電子の運動エネルギーとは無関係であった．一方で，運動エネルギーは照射する光の振動数に比例した．

さらに，不思議なことに光電効果は，金属表面に特有の閾値(しきいち) (仕事関数) をもっており，ある波長よりも短い波長でなければ起きない．古典力学では，電子が放出される現象については，どのような波長の光であっても，照射強度が十分であれば，光電効果が起きると予想される．

これらの古典力学では矛盾する実験結果を，アインシュタイン (1879–1955) はプランクの量子仮説を用い，さらにはそれを拡張して説明に成功した．プランクの量子仮説において，物質の中の電子がもつエネルギーを $E = nh\nu$ $(n = 1, 2, 3, \cdots)$ と仮定した．これは，プランクが行った，出てくる光だけが量子化されているということではなく，アインシュタインが行った仮定では，物質の中のエネルギーも量子化されていると拡張したことになる．さらに，光を $E = h\nu$ というエネルギーをもつ**光子** (粒子性をもつ光) の集団として考えられると拡張した．つまり，この仮説の下にエネルギー保存則を適用するならば，飛び出す電子の運動エネルギーが説明できる．つまり，電子の運動エネルギー E_k は，光によって与えられたエネルギー hc/λ から，電子が金属の中か

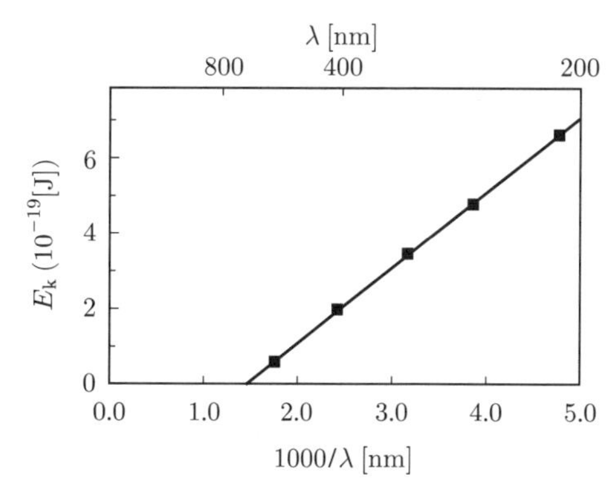

図 2.9　光電効果にみられる，電子の運動エネルギーの照射光の波長依存性

ら飛び出すための最小エネルギー ϕ を差し引いたものになる．すなわち

$$E_{\mathrm{k}} = \frac{hc}{\lambda} - \phi \tag{2.5}$$

となる．ここで，ϕ は**仕事関数**で，上記の金属に特有の閾値となっている．この式から，照射する紫外線の振動数を横軸に，そのとき飛び出してくる電子の運動エネルギーを縦軸にしてプロットすると，図 2.9 に示すような直線の関係が得られる．そして，この傾きがプランク定数である．

図 2.9 の波長の逆数に対して飛び出す電子の運動エネルギーが示すプロットの傾きは，アインシュタインの仮定によれば，プランクが導入したエネルギーの最小単位 (つまり，プランク定数) と等しいはずである．実際に，光電効果の実験から得られた傾きは，驚くことにプランクが黒体放射から求めたプランク定数 h の値とよく一致していた．この独立した実験で求められた定数が一致するという実験事実から，「量子仮説」というとても奇抜なアイデアを科学者たちは真剣に考えるようになった．

2.2.5 水素原子の発光スペクトル

量子仮説を使って原子の構造の解明を説明するには，原子が光を放出する，または吸収するという現象を理解する必要がある．原子が光を吸収し，さらには同じ波長の光を放出することは，電子・原子の発見よりさらに前に知られていた．ニュートン (1643–1727) の多数の物理学の業績の中にはプリズムによる光の分散スペクトルの発見があるが，1810 年頃にフラウンホーファー (1787–1826) は太陽のスペクトルに，光が地上に届かない，非常に狭い範囲の波長 (暗線) が多数存在することを発見する．フラウンホーファーは自身が開発する望遠鏡の色消しレンズの開発過程でスペクトルの高精度化 (この暗線を目印にした) を行うために用いただけで，これ以上の化学的な追及はされなかった．1860 年にキルヒホッフ (1824–1887) とブンゼン (1811–1899) は塩化ナトリウムを，彼らが開発した無色の炎を出すバーナー (ブンゼンバーナー) に投入したときに，非常に狭い範囲の波長の光 (明線) が放出されること (炎色反応) を発見した．この塩化ナトリウムの炎色反応の明線の波長が，太陽スペクトルの暗線の波長と一致するということを発見する．さらには，さまざまな物質の炎色反応の研究から，炎色反応の明線の波長は元素に固有の波長であることを発見する．このことから 2 つの重要な結論が導かれる．①太陽は地上にあるものと同じ元素 (例えば，ナトリウム) でできているということ．②炎の中で放たれる光は，炎の中の成分によって特定の波長を場合によっては放射し，場合によっては吸収することがあるということ．放射も吸収も非常に狭い波長範囲で起こるのでスペクトル上で線にみえることから**線スペクトル**という．

最も簡単な原子である水素の線スペクトルの波長が原子の構造を解明する大きな手掛かりとなる．

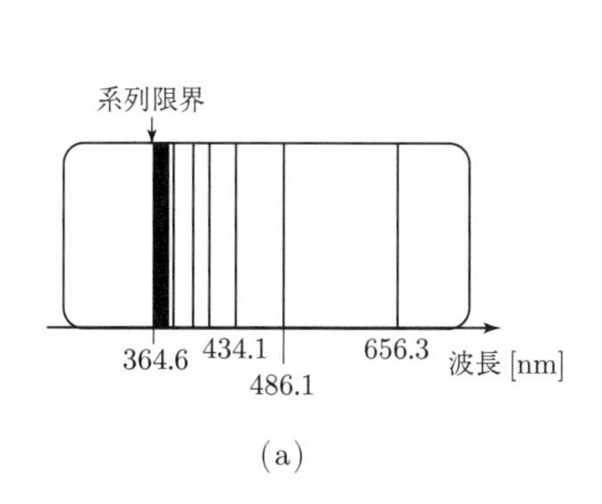

(a)

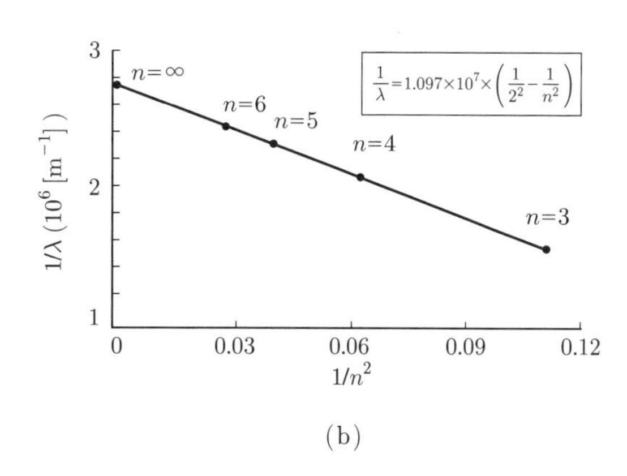

(b)

図 2.10　(a) 可視光領域に観測される水素放電発光の輝線スペクトル (強度は値を示すのでなく，光が観測される波長に線を引いて表している)
(b) 線スペクトルの波長の逆数を整数の 2 乗の逆数でプロットすると直線関係が得られる．

図 2.10 (a) は，可視光から近紫外線の領域で観測される水素原子の発光スペクトルの一部である．

図 2.10 (b) に示す通り，このスペクトルの波長の逆数を整数の 2 乗の逆数，つまり $1/n^2$ $(n = 3, 4, 5, \cdots)$ に対してプロットすると，直線になることがわかる．これは，1885 年にバルマー (1825–1898) によって発見された．線スペクトルの波長は

$$\frac{1}{\lambda} = 1.097 \times 10^7 \times \left(\frac{1}{2^2} - \frac{1}{n^2}\right) \ [\mathrm{m}^{-1}] \qquad (n = 3, 4, 5, \cdots) \tag{2.6}$$

となる．n が大きくなるにつれて線の間隔は狭くなるので，$n \to \infty$ となる 364.6 nm でこの系列は途切れることになる．

1890 年にリュードベリ (1854–1919) はバルマーの式をさらに一般化した式

$$\frac{1}{\lambda} = 1.097 \times 10^7 \times \left(\frac{1}{n_1^2} - \frac{1}{n_2^2}\right) \ [\mathrm{m}^{-1}] \tag{2.7}$$

を発表した．そしてこの後，水素原子の輝線スペクトルは紫外，近赤外，赤外領域にわたって発見されたが，驚くべきことに，そのすべての輝線スペクトルの系列は，上記のリュードベリの式の n_1 と n_2 の組合せを変えることによって説明することができる．表 2.1 にそれぞれの系列と n_1 と n_2 の組合せを示す．式 (2.7) で得られた係数は**リュードベリ定数**として知られている．図 2.10 の最も長波長側の線スペクトルである 656.3 nm は

$$\begin{aligned}\frac{1}{656.3 \times 10^{-9}\ [\mathrm{m}]} &= 1.524 \times 10^6 \ [\mathrm{m}^{-1}] \\ &= 1.097 \times 10^7 \times \left(\frac{1}{2^2} - \frac{1}{3^2}\right) \ [\mathrm{m}^{-1}]\end{aligned} \tag{2.8}$$

となる．次の 486.1 nm は

表 2.1　水素放電発光で発見された線スペクトルの系列と，リュードベリの式にあてはめた n_1 と n_2 の値

系列名	n_1	n_2	スペクトル領域
ライマン	1	$2, 3, 4, \cdots$	紫　外
バルマー	2	$3, 4, 5, \cdots$	可　視
パッシェン	3	$4, 5, 6, \cdots$	近赤外
ブラケット	4	$5, 6, 7, \cdots$	赤　外

$$\frac{1}{486.1 \times 10^{-9}\ [\mathrm{m}]} = 2.057 \times 10^{6}\ [\mathrm{m}^{-1}]$$
$$= 1.097 \times 10^{7} \times \left(\frac{1}{2^2} - \frac{1}{4^2}\right)\ [\mathrm{m}^{-1}] \qquad (2.9)$$

となり，整数 n_2 を順に変えることであてはめることができる．

このことから，紫外に観測される，ライマン系列は $n > 1$ の状態と $n = 1$ の状態との差のエネルギーが観測されているのであり，バルマー系列は $n > 2$ と $n = 2$，パッシェン系列は $n > 3$ と $n = 3$ とのエネルギー差に相当する光が発せられているということがわかる (図 2.11).

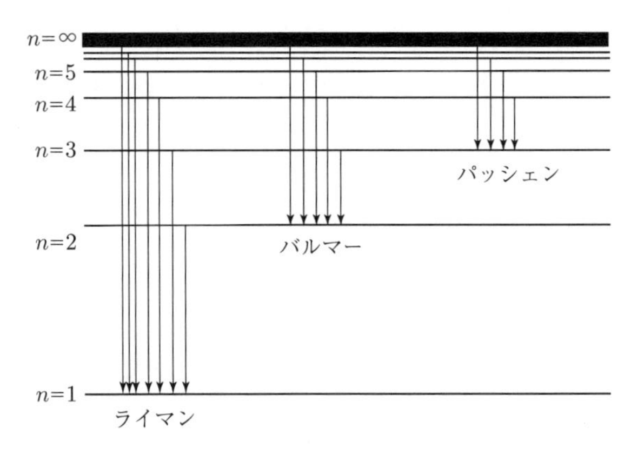

図 2.11　水素放電発光系列と水素原子のエネルギー状態のモデル

2.3　原子の量子力学

2.3.1　量子力学への道

プランクの黒体放射スペクトル (式 (2.3))，アインシュタインの光電効果 (式 (2.5))，リュードベリらの発見した水素原子の線スペクトルの規則 (式 (2.7)) をすべて説明するには，

(1)　物質の内部状態は特定の値の整数倍という制限がある．

(2)　制限を受けた物質の内部状態の間で変化が起こると，その状態のエネルギーの差に相当する波長の光が放出または吸収される．

(3)　光は波動性をもつとともに，光子としての粒子性をもつ．

という条件が必要である．これらの 20 世紀前半に起こった物理学の革命的な結果が，量子力学という新しい物理学を生み出した．そして，それまで理解されてこなかった原子の構造を解き明かすことになる．

ラザフォードのグループが α 線を金属箔に照射したことによって得た原子の構造は，中心に正電荷とほとんどすべての質量をもった原子核があり，そのまわりを原子核の 10000 倍ぐらいの大きさの領域に，とても軽い電子が存在するというものであった (2.1.3 項)．しかし，古典物理学では，プラスとマイナスの荷電粒子は互いに引き合って粒子がくっついてしまうので，ラザフォードの実験で証明された“スカスカ”な原子像をうまく説明することはできなかった．

ラザフォードや長岡半太郎は原子核を中心に電子が太陽系の惑星や土星の衛星のように回る原子モデルを考案した (図 2.12，コラム参照)．

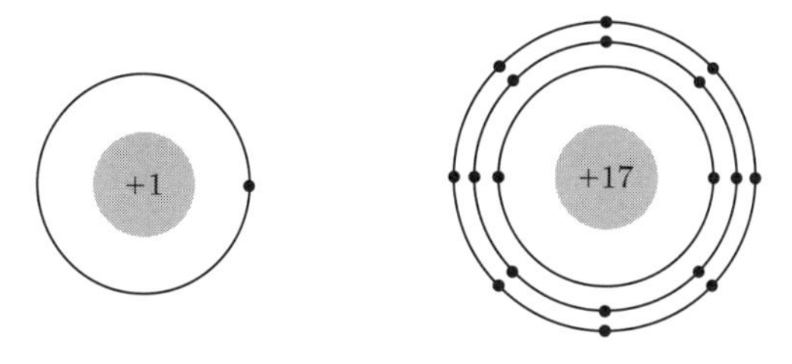

図 2.12　高校で学んだ電子の構造

もちろん，図 2.12 は模式的に表したものであり，ラザフォードの実験結果は原子核の大きさは電子軌道の 100000 分の 1 程度となる．水素原子を考えると，この有核モデルでは，負電荷をもった電子は，正電荷をもった原子核と引き合う力 (**クーロン力**) と電子の円運動による**遠心力**と，つり合うとするとうまくいくようにみえる．すなわち

$$\frac{e^2}{4\pi\varepsilon_0 r^2} = \frac{m_e v^2}{r} \tag{2.10}$$

である．上式で左辺はクーロン力，右辺は遠心力を表し，e は電子の電荷，ε_0 は真空の誘電率 $\varepsilon_0 = 8.85419 \times 10^{-12}\ \mathrm{C^2\ N^{-1}\ m^{-2}}$，$r$ は原子核と電子の距離 (円運動の半径)，m_e と v はそれぞれ電子の質量と速度である．

このモデルはうまくいっているように思えるが，このままでは，荷電粒子である電子が常に加速されるため，電磁波を放出してエネルギーを失い (荷電粒子が曲がるときには電磁波が放出される)，半径がどんどん減少しながら，らせんを描き，やがて原子核とくっついてしまう．このため，この太陽系モデルは古典力学としては成り立たないモデルである．

2.3.2　ボーアモデルとド・ブロイの物質波

太陽系モデルは徐々に電子と原子核の距離が縮まってしまうため，不可能であるが，もしこの電子と原子核の距離が“量子化”のように，決まった値の整数倍といった，とびとびの値しか許されないとすればどうだろうか．これは 1913 年にボーア (1885–1962) によって提唱されたモデルで考えられた．

ボーアは，電子は円運動し，その角運動量が $h/2\pi$ の整数倍のときのみ許されるという**量子条件**

$$m_e vr = n\frac{h}{2\pi} \qquad (n = 1, 2, 3, \cdots) \tag{2.11}$$

を課した．この条件を仮定すると，驚いたことに，水素原子について 2.2.5 項で導出した，リュードベリの式 (2.7) が簡単に導ける．

原子内の電子がもつエネルギーは電子の運動エネルギーと電子が原子核から受けるポテンシャルエネルギーの和である．原子核からの距離 r にある電子の電場によって受けるポテンシャルエネルギー (位置エネルギー) $V(r)$ は

$$V(r) = -\frac{e^2}{4\pi\varepsilon_0 r} \tag{2.12}$$

である．外から仕事がされないとすると，運動エネルギーとポテンシャルエネルギーの和は保存されて，その全エネルギー E は

$$E = \frac{1}{2}m_e v^2 - \frac{e^2}{8\pi\varepsilon_0 r} \tag{2.13}$$

で与えられる．

式 (2.10) を用いて，式 (2.13) から $m_e v^2$ を消去すると

$$E = \frac{1}{2}\left(\frac{e^2}{4\pi\varepsilon_0 r}\right) - \frac{e^2}{4\pi\varepsilon_0 r} = -\frac{e^2}{8\pi\varepsilon_0 r} \tag{2.14}$$

一方，式 (2.11) のボーアの量子条件の式と遠心力と式 (2.10) のクーロン力のつり合いの式から，その円運動の半径は

$$r = \frac{\varepsilon_0 h^2 n^2}{\pi m_e e^2} \tag{2.15}$$

と導かれる．つまり，ボーアの仮定した条件を課すこととは，原子内で電子が運動できる半径を量子条件によって制限し，原子内の電子は，とびとびの半径しかもたず，最も小さい電子の円運動の半径 ($n = 1$) があることを規定したことになる．この $n = 1$ の場合について計算すると

$$\begin{aligned} r_0 &= \frac{(8.854 \times 10^{-12}\ \mathrm{C^2\,N^{-1}\,m^{-2}})(6.626 \times 10^{-34}\ \mathrm{J\,s})^2}{\pi(9.109 \times 10^{-31}\ \mathrm{kg})(1.602 \times 10^{-19}\ \mathrm{C})^2} \\ &= 5.29 \times 10^{-11}\ \mathrm{m} \end{aligned} \tag{2.16}$$

となる．この半径を**ボーア半径**という．そして，式 (2.15) からわかるように，ボーアの量子条件を仮定すると，水素原子ではボーア半径に整数の 2 乗をした値のみが許された半径となる．

この許された円運動の半径 r から，電子のもつことが許されるエネルギー

$$E = -\frac{m_e e^4}{8\varepsilon_0^2 h^2}\frac{1}{n^2} \qquad (n = 1, 2, 3, \cdots) \tag{2.17}$$

が導かれる．つまり，制限された半径をもつ電子の円運動は，制限を規定する整数値 (量子数) n によって決まる．そして，$n=1$ のときに最も低いエネルギーをもち，n の整数値が増えるに従って，とびとびにエネルギーが大きくなる．この量子化された (とびとびの値をもつ) 半径とエネルギーをもつ電子だけが原子に存在できるとすれば，観測される光のエネルギーは，異なる半径の円軌道に飛び移るときに，その差となるエネルギーと考えれば，放出される光のエネルギーもとびとびの値をもち

$$\Delta E = \frac{m_e e^4}{8\varepsilon_0^2 h^2}\left(\frac{1}{n_1^2} - \frac{1}{n_2^2}\right) \qquad (n_1 < n_2) \tag{2.18}$$

となる．このことは，原子から放たれる光は線スペクトルとなることを理論的に示し，さらに驚くべきことに，プランクやアインシュタインが得た光とエネルギーの関係

$$E = h\nu = \frac{hc}{\lambda} \tag{2.19}$$

を用いれば，式 (2.18) はリュードベリの関係と同じものになる．

【例題 2.1】 式 (2.18) と式 (2.19) から式 (2.7) のリュードベリ定数を求められるか確認せよ．

解 式 (2.18) の ΔE に対して，式 (2.19) を代入すると

$$\frac{hc}{\lambda} = \frac{m_e e^4}{8\varepsilon_0^2 h^2}\left(\frac{1}{n_1^2} - \frac{1}{n_2^2}\right) \qquad (n_1 < n_2)$$

となる．さら整理すると

$$\frac{1}{\lambda} = \frac{m_e e^4}{8\varepsilon_0^2 c h^3}\left(\frac{1}{n_1^2} - \frac{1}{n_2^2}\right) \qquad (n_1 < n_2)$$

となり，式 (2.7) と比べれば

$$R = \frac{m_e e^4}{8\varepsilon_0^2 c h^3}$$

がリュードベリ定数となるはずである．物理定数を代入すると

$$\begin{aligned} R &= \frac{(9.109\times10^{-31}\ \mathrm{kg})(1.602\times10^{-19}\ \mathrm{C})^4}{8(8.854\times10^{-12}\ \mathrm{C^2\,N^{-1}\,m^{-2}})^2\,(2.998\times10^{8}\ \mathrm{m\,s^{-1}})\,(6.626\times10^{-34}\ \mathrm{J\,s})^3} \\ &= 1.097\times10^{7}\ \mathrm{m^{-1}} \end{aligned}$$

実験値と 4 桁で一致することから，その違いは 0.1%以下である (実際にもっと高精度な実験との比較から，0.05%以内の違いで一致していることが知られている)．

この条件の意味するところを考えてみる．アインシュタインの光電効果に関する結果は，電磁波であるはずの光は，その一方で $E=h\nu$ というエネルギーをもった光子として振る舞うことを明らかにした．これに続いた，1924 年ド・ブロイ (1892–1987) の考察はさらに奇抜なものであった．それは，「光が波動

と粒子の二重性を示すのであれば，粒子と考えられている物質でも，ある決まった条件では波動性を示す可能性がある」というものであった．

アインシュタインの相対性理論の中で，光の波長 λ と光子の運動量 p の間に

$$\lambda = \frac{h}{p} \tag{2.20}$$

の関係があることが示されていた．ド・ブロイは上式に従うならば，速度 v で運動する質量 m の粒子は

$$\lambda = \frac{h}{mv} \tag{2.21}$$

で与えられるド・ブロイ波長をもつことを予言した．

【例題 2.2】 ピッチャーが時速 160 km で投球したボール (145 g) のド・ブロイ波長と，光の速度の 100 分の 1 の速度で飛ぶ電子のド・ブロイ波長について求めよ．

解 野球ボールについて式 (2.21) を代入すると

$$\lambda = \frac{6.626 \times 10^{-34}\ \mathrm{J\,s}}{(0.145\ \mathrm{kg})\left(\dfrac{160000\ \mathrm{m\,hr^{-1}}}{3600\ \mathrm{s}}\right)} = 1.03 \times 10^{-34}\ \mathrm{m}$$

野球ボールの半径を考えるまでもなく，非常に小さな値になる．

一方，電子について式 (2.21) を代入すると

$$\begin{aligned}\lambda &= \frac{6.626 \times 10^{-34}\ \mathrm{J\,s}}{(9.109 \times 10^{-31}\ \mathrm{kg})\left(2.998 \times 10^{8}\ \mathrm{m\,s^{-1}} \times \dfrac{1}{100}\right)} \\ &= 2.43 \times 10^{-10}\ \mathrm{m} = 243\ \mathrm{pm}\end{aligned}$$

この場合は，原子と同程度の大きさであることがわかる．

ド・ブロイ波長 (式 (2.21)) をボーアの量子条件 (式 (2.11)) にあてはめてみると

$$2\pi r = n\lambda \qquad (n = 1, 2, 3, \cdots) \tag{2.22}$$

の簡単な式が導かれる．上式は，よくみると左辺が半径 r の円周となっている．それに対応するのはド・ブロイ波長の整数倍である．つまり，ボーアの量子条件とは，電子が原子核のまわりを回る円運動をするとき，ちょうど 1 周したときに物質波が同じ位相に戻るというものである．このような条件は波動で考えれば定在波を形づくるが，この条件から外れれば，物質波の振幅は打ち消し合うことで消滅してしまう．ボーアの条件がド・ブロイ波の定在波をつくる条件であったことは興味深い．定在波の条件においては，波は時間的には変化しない**定常状態**となる．2.4 節以降で取り扱う原子の構造を考えるうえで，多くの問題はこの定常状態を扱うことで事足りるというのは幸運であったかもしれない．

2.3.3　ハイゼンベルクの不確定性原理

ここまでのところで，原子のスペクトルが，量子化された原子の中の電子のエネルギーの差に一致していることがわかった．つまり，原子の内部構造を知るためには，20 世紀初頭から徐々に証拠が集められてきた，この「量子力学」という新しい物理体系を用いるのがよさそうである．

外界から力を受けていない場合，エネルギー保存の法則により物質はその全エネルギー (運動エネルギーとポテンシャルエネルギーの和) を保ちながら，ある周回的な軌道を描く．したがって，「原子の中身を知りたい」というのは，つまりは，原子中で電子がどれだけのエネルギーをもって，どのような軌道を描く運動をしているのかを知りたいということである．

しかし，ここで問題が起こる．ド・ブロイが言うように，粒子であるはずの電子でさえ波の性質を考慮しなければいけない．ミクロな世界で物をみるということは，物質そして，光がともに粒子であり，波であるという世界を考えなければいけない．電子軌道を知りたいと思ったとき，その電子にある波長の光を当てて，その光が反射されるかどうかをみることにする．このとき，光が粒子性をもっているので光子が電子にぶつかれば，何らかの運動量が電子に当たり，電子軌道が変わる．例えば，Δx の分解能で電子の位置を特定したいと思ったとき，用いる光の波長 λ は $\lambda \approx \Delta x$ である．このとき，光は $p = h/\lambda$ の運動量をもつ光子でもあるので，この中の一部の運動量は電子を見つけた瞬間の衝突により，電子へ移動することになる．つまり，分解し得る範囲を Δx とすれば，少なくとも $\Delta p = h/\Delta x$ の不確かさが生じることになる．ハイゼンベルク (1901–1976) は，1927 年にこれらの測定によって与えられる不確かさを解析し，不等式

$$\Delta x \Delta p \geq \frac{h}{4\pi} \tag{2.23}$$

が成り立つことを示した．これを，**ハイゼンベルクの不確定性原理**という．これは，どれだけ測定法が発達しても，測定するという行為自体がもっている不確かさを示したものである．

【例題 2.3】　例題 2.2 の野球ボールと電子について，その運動量の不確かさがその運動量の 1 億分の 1 であったとき (これは，非常に正確な測定である)，このボールの不確定性はいくらになるか．また，1 個の電子の位置を 50 pm 以内の誤差で決めようとすれば，電子の運動量の不確かさはいくらになるか．

解　例題 2.2 の野球ボールは $0.145 \times 44.4 = 6.44\ \mathrm{kg\,m\,s^{-1}}$ の運動量をもつので，文章で示された正確な測定によりこれを $\Delta p = 6.44 \times 10^{-8}\ \mathrm{kg\,m\,s^{-1}}$ としたとき，ハイゼンベルクの不確定性原理から，位置の不確定性は

$$\Delta x \geq \frac{h}{4\pi \Delta p} = \frac{6.626 \times 10^{-34}\ \mathrm{J\,s}}{4 \times 3.14 \times 6.44 \times 10^{-8}\ \mathrm{kg\,m\,s^{-1}}} = 8.19 \times 10^{-28}\ \mathrm{m}$$

であるから，野球ボールのようなマクロな物体に対しては，どんなに正確な測定を行ったとしても，不確定性を気にする必要はないことがわかる．

しかし，電子について原子 1 個分の電子を 50 pm の精度で測定しようとすれば

$$\Delta p \geq \frac{h}{4\pi \Delta x} = \frac{6.626 \times 10^{-34}\ \mathrm{J\,s}}{4 \times 3.14 \times 5.0 \times 10^{-11}\ \mathrm{m}} = 1.06 \times 10^{-24}\ \mathrm{kg\,m\,s^{-1}}$$

となる．電子は 9.11×10^{-31} kg と非常に軽いので，ハイゼンベルクの不確定性原理とは，つまり

$$\Delta v \geq \frac{1.06 \times 10^{-24}\ \mathrm{kg\,m\,s^{-1}}}{9.11 \times 10^{-31}\ \mathrm{kg}} = 1.11 \times 10^{6}\ \mathrm{m\,s^{-1}}$$

と極めて大きな速度の不確定性を示している．

例題 2.3 からわかるように，ハイゼンベルクの不確定性原理は日常生活で考える大きさでは意味をもたない．しかし，原子や分子の中のミクロな世界においてはとても重要であることがわかる．測定という行為自体がもつ不確定性の発見から，その領域を扱う物理・化学は新しいものでなければならないことがわかる．

2.4 量子力学を用いた原子の内部エネルギーと軌道

2.4.1 シュレーディンガー方程式と波動関数

1928 年にシュレーディンガーが水素原子中の電子はド・ブロイ波長をもった波であるとして，その電子が陽子との間に生じるクーロン力のポテンシャルの中でもつエネルギーを導く波動方程式を提案した．ボーアの条件がド・ブロイ波を考えたときに定常状態を示すことから，電子の運動エネルギーとポテンシャルエネルギーの和を**ハミルトニアン** H として扱う，**時間に依存しないシュレーディンガー方程式**

$$H\psi(x) = -\frac{\hbar^2}{2m}\frac{\mathrm{d}^2}{\mathrm{d}x^2}\psi(x) + V(x)\psi(x) = E\psi(x) \tag{2.24}$$

をまずは考える．ここで，$\hbar$ (エイチバー) は $h/2\pi$ である．また，上式は x という 1 次元の形で書いているが，原子について解く場合は 3 次元に拡張した式を解かなければならない．後のところで紹介するが，この方程式を使えば，水素原子中の電子のエネルギーについて，観測された線スペクトルに沿ったかなり正しい答えが導かれる．エネルギーについては，実験値との比較により，正しく得られることがわかるが，この波動方程式の解で，波動の振幅を表す関数 (**波動関数**) ψ は実際どういう意味があるのだろうか．

定在波において，波動関数を使った波の強度は ψ^2 で表される．では，物質波の強度とは何か．1926 年に，ボルン (1882–1970) は，「$\psi^2\mathrm{d}x$ を x と $x+\mathrm{d}x$ の間に粒子を見いだす確率 (**確率密度**) である」と考えるとうまくいくことを発見した．この解釈について，具体的な例から考えていく．

2.4.2 1次元の箱の中の粒子の運動

この新しく導入する方程式がどのような結果を導くのか，いったん原子から離れて，もっと単純な系を例にあげて考えてみたい．

ここに，ある箱がある．この箱は1次元でできているとするので，**1次元の箱**という．この箱は，長さ a の大きさをもっていて，$x=0$ から $x=a$ の間はポテンシャルエネルギーが0であるが，箱の外 ($x<0$, $x<a$) ではポテンシャルエネルギーが無限大に大きくなっている (図2.13)．この中に質量 m の粒子を1つ入れると，粒子は箱の外には絶対に出ることができなくなるが，箱の中では摩擦もなく，ポテンシャルの壁の中を行ったり来たりすることになる．

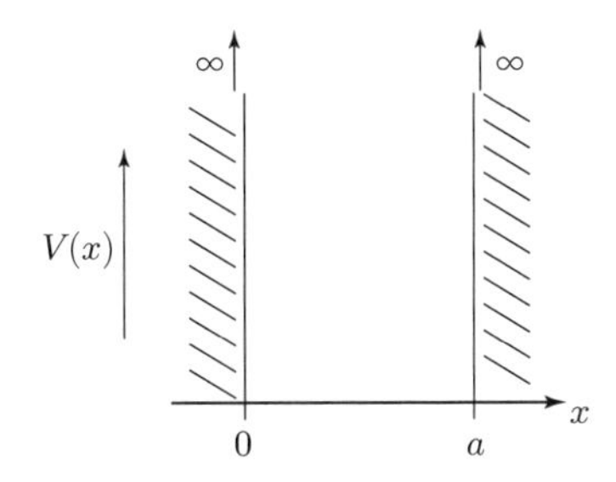

図 **2.13** 1次元の箱

つまり，箱の中では式 (2.24) におけるポテンシャルエネルギー $V(x)=0$ を代入して

$$-\frac{\hbar^2}{2m}\frac{\mathrm{d}^2}{\mathrm{d}x^2}\psi(x)=E\psi(x) \qquad (0\leq x\leq a) \tag{2.25}$$

となる．この式を解くときには，箱を仕切る壁のような境界において明確に現れる条件 (**境界条件**) を用いて解く．先に論じたように，ψ^2 は粒子を見いだす確率であるので，粒子が存在しえない箱の外では0という値をとるはずである．そして，上式が成り立つためには $x=0$ と $x=a$ において ψ が連続でなければいけない．したがって，ポテンシャルが無限大に大きい箱の外に粒子がいる確率はないので，$\psi(0)=\psi(a)=0$ が境界条件として成り立たなければいけない．この微分方程式の一般解は

$$\psi(x)=A\cos kx+B\sin kx \tag{2.26}$$

$$k=\frac{(2mE)^{1/2}}{\hbar}$$

をもつことがわかる．$\psi(0)=0$ の境界条件を満たすためには，$\cos 0=1$, $\sin 0=0$ であるから，$A=0$ となる．そして，$\psi(a)=0$ の条件より

$$\psi(a)=B\sin ka=0 \tag{2.27}$$

が得られる．$B=0$ とするとすべての $0<x<a$ についても $\psi(x)=0$ となってしまい，粒子が存在しないことになるので，物理的に意味がない．$B\neq 0$ で，式 (2.27) を満たす解は

$$ka = n\pi \qquad (n = 1, 2, \cdots) \tag{2.28}$$

である．式 (2.26) に上の条件を用いれば

$$E_n = \frac{h^2 n^2}{8ma^2} \qquad (n = 1, 2, \cdots) \tag{2.29}$$

を得る．このように境界条件という物理的な意味をもった仮定から，式 (2.28) において量子数を導入し，式 (2.29) のとびとびのエネルギーの値をとることが導かれた．ボーアが式 (2.11) において，突然の仮定として導入した量子条件よりも，より一般性が高く自然と出てきていることに注目してほしい．

この E_n に対して，波動関数は

$$\psi(x) = B \sin \frac{n\pi x}{a} \qquad (n = 1, 2, \cdots) \tag{2.30}$$

となることがわかる．図 2.14 は $n = 1, 2, 3, 4$ の波動関数 ψ と確率密度 ψ^2 およびそのときのエネルギー E_n を示す．

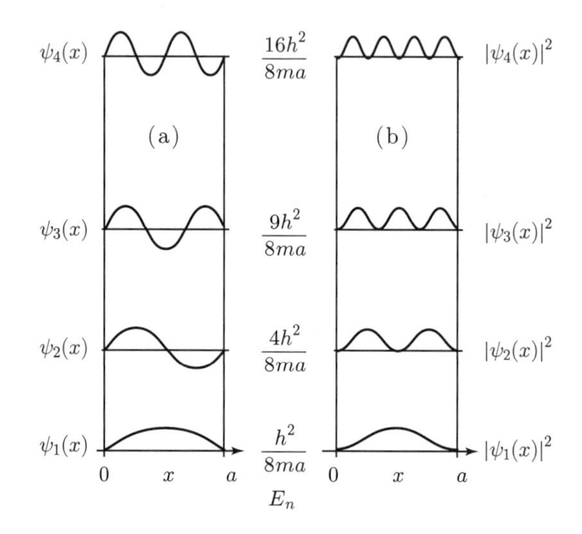

図 2.14 (a) 波動関数 ψ と (b) 確率密度 ψ^2 およびエネルギー E_n

一般解 (2.26) で導入した B について，その値を検討する．$\psi^2\,\mathrm{d}x$ を x と $x + \mathrm{d}x$ の間に粒子を見いだす確率であるとすれば

$$\psi(x)^2\,\mathrm{d}x = B^2 \sin^2 \frac{n\pi x}{a}\,\mathrm{d}x$$

は $0 \leq x \leq a$ の領域に必ず 1 個の粒子が見つかるはずである．つまり

$$\int_0^a \psi(x)^2\,\mathrm{d}x = |B|^2 \int_0^a \sin^2 \frac{n\pi x}{a}\,\mathrm{d}x = 1 \tag{2.31}$$

となる．この関係から $B = \sqrt{2/a}$ となるので

$$\psi(x) = \left(\frac{2}{a}\right)^{1/2} \sin \frac{n\pi x}{a} \qquad (n = 1, 2, \cdots) \tag{2.32}$$

となる．式 (2.31) のように，粒子が見つかる範囲での積分が 1 になるように

つくられた波動関数を**規格化**された波動関数という．時間に依存しないシュレーディンガー方程式 (2.24) は左右両辺を取り出せば $H\psi(x) = E\psi(x)$ と書けるので，$\psi(x)$ を定数倍した関数もまた式 (2.24) を満たす．そのために，方程式の意味を正しく取り扱う (つまり，全範囲において粒子の存在する確率を積分したときに 1 となる) には，$\psi(x)$ は規格化された関数を選ぶことが必要である．

3 次元の箱の中の粒子の運動 (変数分離法)

現実の原子は 3 次元に存在する．式 (2.24) を 3 次元に拡張すると

$$\begin{aligned} H\psi(x,y,z) &= -\frac{\hbar^2}{2m}\left(\frac{\partial^2}{\partial x^2}+\frac{\partial^2}{\partial y^2}+\frac{\partial^2}{\partial z^2}\right)\psi(x,y,z)+V(x,y,z)\psi(x,y,z) \\ &= E\psi(x,y,z) \end{aligned}$$

となる．1 次元と同様に，3 次元の箱では粒子は必ず $0 \le x \le a$，$0 \le y \le b$，$0 \le z \le c$ の中に存在し，その中では $V(x,y,z) = 0$ であるので，シュレーディンガー方程式は

$$-\frac{\hbar^2}{2m}\nabla\psi(x,y,z) = E\psi(x,y,z) \qquad (0 \le x \le a,\ 0 \le y \le b,\ 0 \le z \le c)$$

となる．これを解くためのテクニックを**変数分離法**という．つまり，解きたいと思う関数が，それぞれ独立の変数に因数分解できると仮定し，$\psi(x,y,z) = X(x)Y(y)Z(z)$ として解く．

代入して，式を変形すると

$$-\frac{\hbar^2}{2m}\left(\frac{1}{X(x)}\frac{\partial^2 X(x)}{\partial x^2}+\frac{1}{Y(y)}\frac{\partial^2 Y(y)}{\partial y^2}+\frac{1}{Z(z)}\frac{\partial^2 Z(z)}{\partial z^2}\right) = E$$

となり，括弧の中身はそれぞれ 1 個の変数に分離された項が並んでいる．このように，異なる独立変数をもった項を足し合わせた結果が定数になるためには，それぞれの項が計算結果として定数でなければいけない．つまり，上式の 3 つの項それぞれは変数 E_x, E_y, E_z という定数で

$$-\frac{\hbar^2}{2m}\frac{1}{X(x)}\frac{\mathrm{d}^2 X(x)}{\mathrm{d}x^2} = E_x,\ -\frac{\hbar^2}{2m}\frac{1}{Y(y)}\frac{\mathrm{d}^2 Y(y)}{\mathrm{d}y^2} = E_y,\ -\frac{\hbar^2}{2m}\frac{1}{Z(z)}\frac{\mathrm{d}^2 Z(z)}{\mathrm{d}z^2} = E_z$$

となる．上式ですべての偏微分を全微分に置き換えると，各成分に対して式 (2.25) と同様の式が立てられることがわかる．この解は x, y, z の各次元に対して式 (2.25) 以降と同様の解を得れば，x については

$$X(x) = B_x \sin\frac{n_x \pi x}{a} \qquad (n_x = 1, 2, \cdots)$$

となり，x についての波動関数とそれに対応する量子数が出現する．これと同様の解が $Y(y)$ および $Z(z)$ についても得られ，対応する量子数 n_y, n_z が導かれる．つまり，変数分離した場合，3 つの次元に対して 3 つの量子数が必要となる．

【例題 2.4】 波動関数 (2.32) が式 (2.25) を満たすかを計算して確かめよ.

解 式 (2.32) に式 (2.25) を代入してみると

$$-\frac{\hbar^2}{2m}\frac{\mathrm{d}^2}{\mathrm{d}x^2}\left(\frac{2}{a}\right)^{1/2}\sin\frac{n\pi x}{a}=E\psi(x)$$

となる. 左辺の微分は

$$\begin{aligned}-\frac{\hbar^2}{2m}\left(\frac{2}{a}\right)^{1/2}\frac{\mathrm{d}^2}{\mathrm{d}x^2}\sin\frac{n\pi x}{a}&=\frac{\frac{h^2}{4\pi^2}}{2m}\frac{\pi^2n^2}{a^2}\left(\frac{2}{a}\right)^{1/2}\sin\frac{n\pi x}{a}\\&=\frac{h^2n^2}{8ma^2}\left(\frac{2}{a}\right)^{1/2}\sin\frac{n\pi x}{a}\\&=E\psi(x)\end{aligned}$$

となり, 波動関数が式 (2.25) を満たしていることがわかる.

2.4.3 水素原子のシュレーディンガー方程式

箱の中の粒子の問題について, シュレーディンガーの波動方程式を解くと

「変数分離法」のコラム参照.

(1) 量子化条件は波動関数の境界条件から導かれる.

(2) 量子数は独立変数の数だけ必要になる.

という 2 つの重要な性質がわかる. このことは, 原子のシュレーディンガー方程式を解く場合でも, 原則的に同じである. 特に, 水素原子のシュレーディンガー方程式は厳密に解けることが知られている.

水素原子のモデルとして, 原点に 1 価の正電荷が固定されている系での, 1 個の電子の運動を考える. このような, 中心とその距離と角度に従った変化に対しては, x, y, z の直交座標よりも, 図 2.15 に示す極座標に座標を転換した方がわかりやすい. つまり, x, y, z という 3 次元は, r, θ, ϕ という別の 3 次元に変換され, 互いの座標は

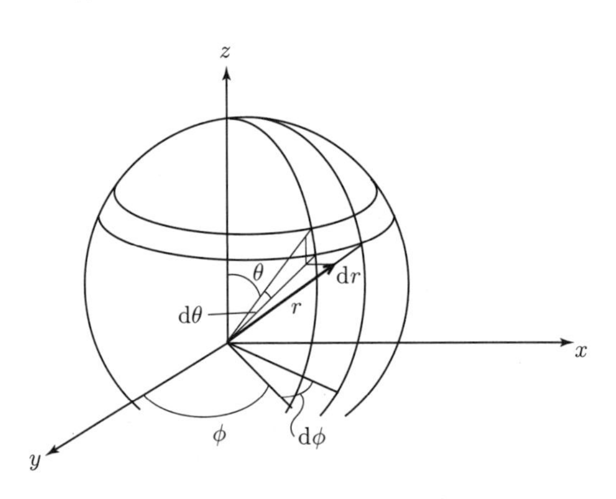

図 2.15 極座標の定義

$$x = r\sin\theta\cos\phi, \quad y = r\sin\theta\sin\phi, \quad z = r\cos\theta$$
$$r = \left(x^2+y^2+z^2\right)^{1/2}, \qquad \cos\theta = z/\left(x^2+y^2+z^2\right)^{1/2}, \qquad \tan\phi = x/y$$

で示される．また，ラプラシアンは

$$\nabla^2 = \frac{1}{r^2}\frac{\partial}{\partial r}\left(r^2\frac{r}{\partial r}\right) + \frac{1}{r^2\sin\theta}\left(\sin\theta\frac{\partial}{\partial\theta}\right) + \frac{1}{r^2\sin^2\theta}\frac{\partial^2}{\partial\phi^2} \tag{2.33}$$

のような複雑な形になる．

クーロン力によって，電子は原点からの距離 r に対して，式 (2.12) に示されるポテンシャルエネルギー

$$V(r) = -\frac{e^2}{4\pi\varepsilon_0 r}$$

をもつので，シュレーディンガー方程式

$$\widehat{H}\psi = -\frac{\hbar^2}{2m_\mathrm{e}}\nabla^2\psi - \frac{e^2}{4\pi\varepsilon_0 r}\psi = E\psi \tag{2.34}$$

から，式 (2.33) を代入すると，水素のシュレーディンガー方程式は

$$\begin{aligned}\widehat{H}\psi =& -\frac{\hbar^2}{2m_\mathrm{e}}\left[\frac{1}{r^2}\frac{\partial}{\partial r}\left(r^2\frac{r}{\partial r}\right) + \frac{1}{r^2\sin\theta}\left(\sin\theta\frac{\partial}{\partial\theta}\right) + \frac{1}{r^2\sin^2\theta}\frac{\partial^2}{\partial\phi^2}\right]\psi - \frac{e^2}{4\pi\varepsilon_0 r}\psi \\ =& E\psi\end{aligned} \tag{2.35}$$

となる微分方程式が得られる．式 (2.35) のラプラシアンの中の項に注目すると，第 1 項，第 2 項，第 3 項はそれぞれ r, θ, ϕ のみに依存しており，3 次元の極座標に対して変数分離法を使えば，3 つの量子数 n, l, m が登場し，次の波動関数

「変数分離法」のコラム参照.

$$\psi(r,\theta,\phi) = R_{nl}(r)Y_l^m(\theta,\phi) \tag{2.36}$$

が求まる (関数のそれぞれの中身は後ほど説明する)．ここで，量子数 n は原子核からの距離 r に対応する量子数で**主量子数**という．l は θ に対応する量子数で**角運動量量子数** (**方位量子数**) という．m は ϕ に対応する量子数で**磁気量子数**という．

ここでは詳細にこれを解く過程は示さないが，式 (2.35) から式 (2.36) を導く過程から，以下の制限があることが導かれる．

(1)　主量子数 n をもつとき，角運動量量子数 l は $0 \le l \le n-1$ の n 個の整数値をとる．

(2)　角運動量量子数 l をもつとき，磁気量子数 m は $-l \le m \le l$ の $2l+1$ 個の整数値をとる．

これらの関係から，$n = 1$ のとき，他の量子数は $l = 0$，$m = 0$ (つまり $(n,l,m) = (1,0,0)$) の 1 セットしか存在しない．$n = 2$ では $(n,l,m) = (2,0,0),(2,1,-1),(2,1,0),(2,1,1)$ の 4 セットが，$n = 3$ では $l = 0,1$ の 4 セットに加えて $(n,l,m) = (3,2,-2),(3,2,-1),\cdots,(3,2,2)$ の 5 セットを加えた 9 セットの量子数の組合せが存在する．

表 **2.2** 球面調和関数

$Y_0^0 = \dfrac{1}{\sqrt{4\pi}}$	$Y_0^1 = \sqrt{\dfrac{3}{4\pi}}\cos\theta$
$Y_1^1 = \sqrt{\dfrac{3}{8\pi}}\sin\theta \mathrm{e}^{i\phi}$	$Y_1^{-1} = \sqrt{\dfrac{3}{8\pi}}\sin\theta \mathrm{e}^{-i\phi}$
$Y_2^0 = \sqrt{\dfrac{5}{16\pi}}(3\cos^2\theta - 1)$	$Y_2^1 = \sqrt{\dfrac{15}{8\pi}}\sin\theta\cos\theta \mathrm{e}^{i\phi}$
$Y_2^{-1} = \sqrt{\dfrac{15}{8\pi}}\sin\theta\cos\theta \mathrm{e}^{-i\phi}$	$Y_2^2 = \sqrt{\dfrac{15}{32\pi}}\sin^2\theta \mathrm{e}^{2i\phi}$
$Y_2^{-2} = \sqrt{\dfrac{15}{32\pi}}\sin^2\theta \mathrm{e}^{-2i\phi}$	

式 (2.36) に導かれる $Y_l^m(\theta, \phi)$ は変数に極座標の角度部分 (θ, ϕ) をもつ．すなわち，原子中で運動している電子の波動関数の形や向きを表す関数となっている．この関数を**球面調和関数**という．球面調和関数は，2 つの量子数 m, l によって決定される関数である (表 2.2).

$R_{nl}(r)$ は動径関数であり，導出過程において，エネルギー E は主量子数 n によって決まり

$$E = -\frac{m_{\mathrm{e}} e^4}{8\varepsilon_0^2 h^2 n^2} \qquad (n = 1, 2, \cdots) \tag{2.37}$$

のように量子化されたものでなければいけない．また，この量子数 n と l の間には $m \geq l + 1$ の不等式が成り立たなければいけないことがわかる．さらに，球面調和関数の性質から l の最小値は 0 であるので

$$0 \leq l \leq n - 1 \qquad (n = 1, 2, \cdots) \tag{2.38}$$

という条件が導かれる．この条件の下で，R は n と l に依存して

$$R_{nl}(r) = -\left\{\frac{(n-l-1)!}{2n\big[(n+1)!\big]^3}\right\}\left(\frac{2}{na_0}\right)^{l+3/2} r^l \mathrm{e}^{-r/na_0} L_{n+l}^{2l+1}\left(\frac{2r}{na_0}\right) \tag{2.39}$$

ここで，$L_{n+l}^{2l+1}(2r/na_0)$ を**ラゲールの陪多項式**といい，n, l で規定される定数または r の関数である．$n = 1$, $l = 0$ では $L_1^1(2r/na_0) = -1$ の定数になる．また，$n = 2$, $l = 0$ では $L_2^1(2r/na_0) = -2!(2 - 2r/na_0)$ という r の関数となる．この式では，ボーア半径 $a_0 = \varepsilon_0 h^2/\pi m_{\mathrm{e}} e^2$ を用いている．

ここで得られたエネルギーの式 (2.37) をみると，驚くべきことに，ボーアが求めたエネルギーの式 (2.17) と同じ結果となっている．ボーアモデルでは，円軌道上に定在波をつくっていると仮定していたが，シュレーディンガー方程式で求められる軌道の形は式 (2.36) の波動関数によって記述されるものである．

2.4.4 水素原子中の電子軌道

前のところで，水素原子に関するシュレーディンガー方程式を解いた．その結果，エネルギーの関係式はボーアが得ていたものと同じであった．しかし，その軌道の形は異なるものである．このことを，得られた波動関数を実際に計算することで確かめてみる．波動関数 (2.36) の中身について，n, l, m が小さい場合の実際の関数を表 2.3 に示す．

書き下してみると，案外簡単な式になる．主量子数 n はエネルギーを決定する量子数であるが，波動関数では軌道の大きさを示すことになる．同じ n の値をもつグループを**殻**といい，エネルギーや起動の大きさが同程度であることを示す．$n=1$ の値をもつものを **K 殻**，$n=2$ を **L 殻**，$n=3$ を **M 殻**などのアルファベットをあてていう．角運動量量子数 l は $0, 1, \cdots, n-1$ の値をとるので，殻によってその数が変化する．同一の殻の中で異なる l の値をもつものは，次に詳細に解説するように，異なる軌道の形をもつものであり，**副殻**として区別される．$l=0$ のものを s，$l=1$ を p，$l=2$ を d，$l=3$ を f というよう

表 2.3 水素型原子の波動関数

n	l	m	
1	0	0	$\dfrac{1}{\sqrt{\pi}}\left(\dfrac{Z}{a_0}\right)^{\frac{3}{2}} \mathrm{e}^{\frac{Zr}{a_0}}$
2	0	0	$\dfrac{1}{\sqrt{32\pi}}\left(\dfrac{Z}{a_0}\right)^{\frac{3}{2}}\left(2-\dfrac{Zr}{a_0}\right)\mathrm{e}^{-\frac{Zr}{2a_0}}$
2	1	0	$\dfrac{1}{\sqrt{32\pi}}\left(\dfrac{Z}{a_0}\right)^{\frac{3}{2}}\dfrac{Zr}{a_0}\mathrm{e}^{-\frac{Zr}{2a_0}}\cos\theta$
2	1	± 1	$\dfrac{1}{\sqrt{64\pi}}\left(\dfrac{Z}{a_0}\right)^{\frac{3}{2}}\dfrac{Zr}{a_0}\mathrm{e}^{-\frac{Zr}{2a_0}}\sin\theta\,\mathrm{e}^{\pm i\phi}$
3	0	0	$\dfrac{1}{81\sqrt{3\pi}}\left(\dfrac{Z}{a_0}\right)^{\frac{3}{2}}\left\{27-18\dfrac{Zr}{a_0}+2\left(\dfrac{Zr}{a_0}\right)^2\right\}\mathrm{e}^{-\frac{Zr}{3a_0}}$
3	1	0	$\dfrac{1}{81}\sqrt{\dfrac{2}{\pi}}\left(\dfrac{Zr}{a_0}\right)^{\frac{3}{2}}\left\{6\dfrac{Zr}{a_0}-\left(\dfrac{Zr}{a_0}\right)^2\right\}\mathrm{e}^{-\frac{Zr}{3a_0}}\cos\theta$
3	1	± 1	$\dfrac{1}{81\sqrt{\pi}}\left(\dfrac{Z}{a_0}\right)^{\frac{3}{2}}\left\{6\dfrac{Zr}{a_0}-\left(\dfrac{Zr}{a_0}\right)^2\right\}\mathrm{e}^{-\frac{Zr}{3a_0}}\sin\theta\,\mathrm{e}^{\pm i\phi}$
3	2	0	$\dfrac{1}{81\sqrt{6\pi}}\left(\dfrac{Z}{a_0}\right)^{\frac{3}{2}}\left(\dfrac{Zr}{a_0}\right)^2\mathrm{e}^{-\frac{Zr}{3a_0}}(3\cos^2\theta-1)$
3	2	± 1	$\dfrac{1}{81\sqrt{\pi}}\left(\dfrac{Z}{a_0}\right)^{\frac{3}{2}}\left(\dfrac{Zr}{a_0}\right)^2\mathrm{e}^{-\frac{Zr}{3a_0}}\sin\theta\cos\theta\,\mathrm{e}^{\pm i\phi}$
3	2	± 2	$\dfrac{1}{162\sqrt{\pi}}\left(\dfrac{Z}{a_0}\right)^{\frac{3}{2}}\left(\dfrac{Zr}{a_0}\right)^2\mathrm{e}^{-\frac{Zr}{3a_0}}\sin^2\theta\,\mathrm{e}^{\pm 2i\phi}$

Z は原子核の原子番号 (水素原子なら $Z=1$)，a_0 はボーア半径を表す．

に，こちらもアルファベットをあてる．また，同じ l の値をもつものは同様の軌道の形をもつことから，その軌道の形を **s 軌道**，**p 軌道**，**d 軌道**，**f 軌道**ということがある．磁気量子数 m は $0, \pm1, \pm2, \cdots, \pm l$ で，その向きを示すことになる．

$l = 0$ の場合は $m = 0$ しかとらないので，球面調和関数は $Y_0^0 = 1/\sqrt{4\pi}$ という定数であり，角度に関係する θ, ϕ の次元は関数に出てこない．よって，波動関数は $R_{nl}(r)$ が示す距離 r に対してだけ変化する．言い換えれば，中心からの距離 r が同じであれば，角度によらず同じ値をもつので球対称となる．この $l = 0$ の量子数をもつ軌道を s 軌道という．最も簡単なものは 1s 軌道で

$$\psi_{100} = \frac{1}{\sqrt{\pi}} \left(\frac{1}{a_0} \right)^{3/2} \mathrm{e}^{-r/a_0} \tag{2.40}$$

となる．詳細は省くが極座標を用いているので，r と $r + \mathrm{d}r$ の間に電子を見いだす確率は波動関数の 2 乗に r^2 を乗じたもの，つまり $[\psi_{nlm}(r)]^2 r^2$ を積分することで求められる．図 2.16 は，$[\psi_{nlm}(r)]^2 r^2$ を 1s 軌道，2s 軌道，3s 軌道についてプロットしたグラフである．1s 軌道は $r = a_0$ のところで最も電子の存在確率が大きくなる (ボーア軌道に相当する)．2s 軌道では $r = 5a_0$，3s 軌道では $r = 13a_0$ と主量子数 n が増加するたびに，原子核のある中心から離れたところで電子の存在確率は最も高い．これが球対称に分布するので，s 軌道は殻のような構造を示す (図 2.17)．

$n \geq 2$ においては $l = 1$ の量子数をもち，磁気量子数 m は $-1, 0, 1$ の 3 つの値をもつ．最も簡単なものは $n = 2$，$l = 1$，$m = 0$ の場合で

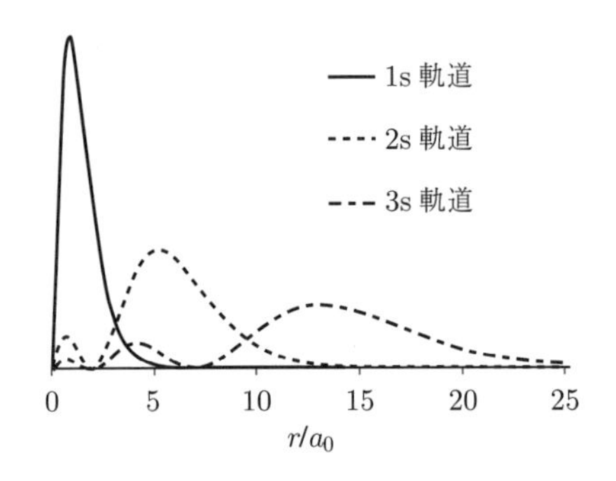

図 2.16 s 軌道上の電子を見いだす確率を示す関数 $[\psi_{nlm}(r)]^2 r^2$ のプロット

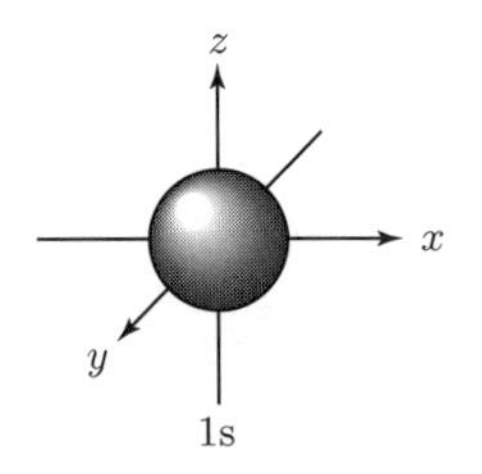

図 2.17 s 軌道の形
θ と ϕ に依存しないので，球対称の殻のような形になっている．

$$\psi_{210} = \frac{1}{\sqrt{32\pi}} \left(\frac{1}{a_0}\right)^{3/2} \frac{r}{a_0} \mathrm{e}^{-r/2a_0} \cos\theta \tag{2.41}$$

である．電子を見つける確率が高いところを示すと図 2.18 (a) のようになる．このような軌道を p 軌道という．表 2.2 の球面調和関数において，$m = \pm 1$ については $\mathrm{e}^{\pm i\phi}$ の項の乗数の符号が異なるのみである．詳細は省くが，このような場合，2 つの軌道は見分けることができないが，2 つの異なる関数があることだけは確かなので，次式のような足し合わせで新たな波動関数

$$\begin{aligned} \frac{1}{\sqrt{2}} R_{ln}(Y_1^1 + Y_1^{-1}) &= \frac{1}{\sqrt{32\pi}} \left(\frac{1}{a_0}\right)^{3/2} \frac{r}{a_0} \mathrm{e}^{-r/2a_0} \sin\theta\cos\phi \\ \frac{1}{\sqrt{2i}} R_{ln}(Y_1^1 - Y_1^{-1}) &= \frac{1}{\sqrt{32\pi}} \left(\frac{1}{a_0}\right)^{3/2} \frac{r}{a_0} \mathrm{e}^{-r/2a_0} \sin\theta\sin\phi \end{aligned} \tag{2.42}$$

を使って表す．この新しい波動関数は，$l = 1$，$m = 0$ と比べて θ に対する変化は $\cos\theta$ から $\sin\theta$ になっている．よくよく考えてみると，このような関数は互いに 90° くるりといずれかの方向に回した形になる．また，この 2 つの関数同士では，ϕ に対する変化が $\cos\phi$ から $\sin\phi$ になっており，これも互いに 90° 異なる配置になる．その結果，式 (2.41)，式 (2.42) の 3 つの関数は同じ形をもち，互いに直交する 3 つの軌道を示している (図 2.18).

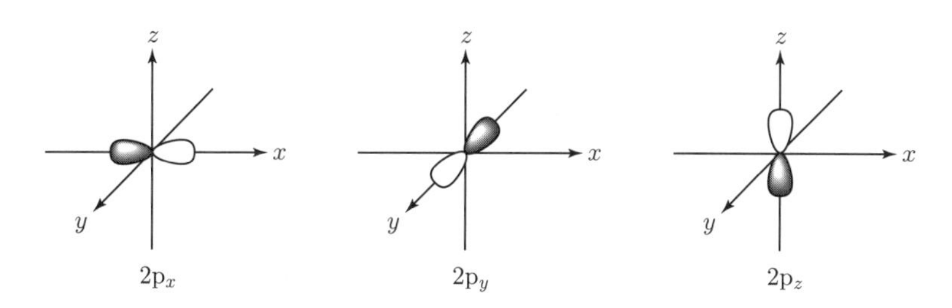

図 2.18　3 種類の p 軌道
灰色の部分と白抜きの部分は，電子の位相の違いを示しており，電子が見いだされるタイミングが 2 つの場所で異なる (電子は時間的に灰→白→灰→白→…と動く).

上記のように，角運動量量子数が軌道の形を示していることがわかる．ちなみに，$n \geq 3$ において現れる $l = 2$ の軌道は d 軌道という．3d 軌道について関数をみてみると，$m = \pm 1$ および $m = \pm 2$ は p 軌道と同様にペアをつくっており，軌道を表す 5 つの関数は図 2.19 のようになる．

このように，水素原子中で電子がどのような運動をしているのかを解明することができた．電子は主量子数 n で決定される量子化されたエネルギーをもつ．そのとびとびのエネルギーそれぞれに対して，n, l, m の 3 つの量子数によって決まる軌道が存在する．大雑把にいえば，主量子数 n は軌道の大きさを表し，角運動量量子数 (方位量子数) l は軌道の形，磁気量子数 m は軌道の向きを決めている．

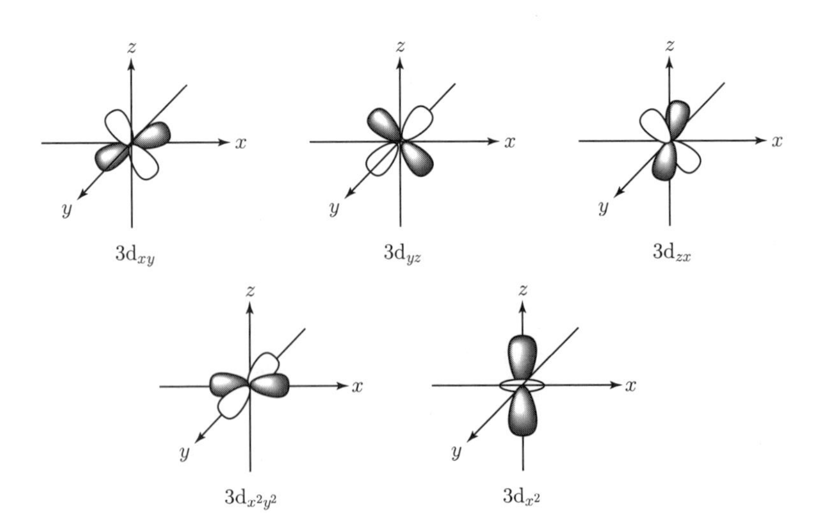

図 **2.19**　5 種類の d 軌道

2.4.5　多電子原子の軌道エネルギー

水素原子の電子軌道は 3 つの量子数によって決まることを学んだ．水素原子以外の原子を考える場合にもこの量子数の考え方は必要になるが，電子が 2 個以上存在するときは，さらに考察が必要となる．例えば，同じ軌道の中に 2 つの電子が存在することができるのだろうか．

ナトリウムの原子スペクトルは，シュレーディンガー方程式から 590 nm 付近に 1 つの線があると予測されていた．実際，初期の観測では非常に近い値に 1 本の線スペクトルが観測されていたが，機器の進歩に伴って，ここには 2 本の線スペクトルが非常に近い波長で存在していることがわかった．この結果に対して，ウーレンベク (1900–1988) とゴーズミット (1902–1978) は，電子が $\pm\hbar/2$ の角運動量 z 成分をもち，独楽（こま）のように自転 (スピン) しているとすれば，説明できることを示した．これで多電子原子の構造を考えるには 4 つ目の量子数として**スピン量子数** m_{s} が必要であることがわかった．そして，この量子数はこれまでの整数の量子数とは異なり，その値は $+1/2$ または $-1/2$ という半整数となる．

1 つの原子中に，4 つの量子数 n, l, m および m_{s} がすべて同じである電子が 2 個以上存在してはいけない．これは**パウリの排他原理**という．これに従えば，2 つのスピンの向きを 4 番目の量子数として表す (値は $+1/2$ または $-1/2$) とすると，公転に対する 3 つの量子数が同じ値をもつ電子軌道には自転方向の異なる 2 個の電子が存在できることになる．

このように，原子中の電子軌道には存在できる電子の数に上限がある．よって，水素原子以外の原子では 1 つの原子に多数の電子が存在するために，ある一定のルールで軌道が埋まっていくことになる．このルールとは，原子中で電子が最もエネルギーが低くなるように埋まっていくためのものである．

「エネルギーが低くなるように」と述べたが，水素原子では，式 (2.37) において軌道中の電子のエネルギーは主量子数 n のみで値が決まる．言い換えれば，主量子数が同じ軌道のエネルギーは他の 2 つの量子数が異なっていても同じになる．しかし，電子が 2 個以上存在する場合，原子核 1 個と電子 1 個の相互作用だけではエネルギーを決定することができない (2.4.4 項，2.4.5 項)．つまり，電子同士が反発するという，**電子相関**の作用を考えなければならない．

例えば，電子が埋まっていく n, l の組合せの順番は図 2.20 のようになっている．式 (2.37) のように，n が小さい方が小さなエネルギーをもつことは同じであるが，さらにこの順番では同じ主量子数 n をもつものでも，l が小さい方が先 (s,p,d,$\cdots$ の順) に埋まっていく．さらには，3d よりも大きな主量子数をもつ 4s の方が先に埋まっている．この角運動量量子数に対する変化は，直観的にいえば次のように説明できる．軌道角運動量が小さい軌道ほど，電子が球対称に広く広がるので，他の電子から受ける反発が小さくなる．これにより，同じ主量子数の中では s 軌道の方が p 軌道より安定で，d 軌道より p 軌道の方が安定となる．また，d 軌道は 1 つ大きな主量子数をもつ s 軌道よりも不安定になっている．

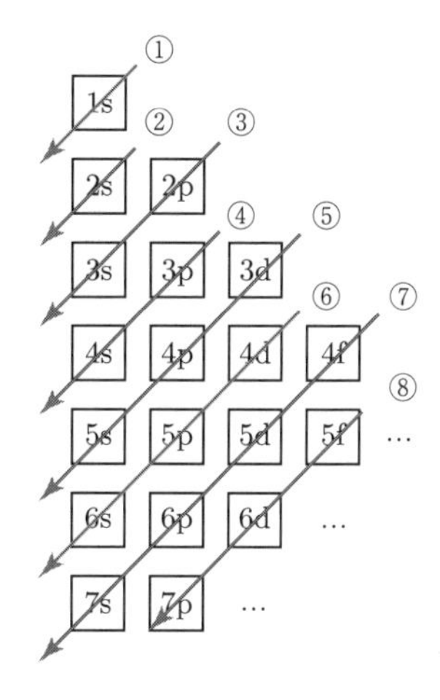

図 2.20　電子はエネルギーの低い軌道から入る．この規則に従えば，矢印に沿って，①～⑧の番号の順に入っていく．

表 2.4 から，原子番号 5～10 の電子の入り方に注目する．原子番号 5～7 において 3 つの 2p 軌道にまず 1 個ずつ電子が入り，原子番号 8～10 においてペアがつくられる．このように，同じ n, l をもった軌道に電子配置するときは，次の**フントの規則**がある．

(1)　同じ n, l の量子数をもつ軌道同士では，まず同じスピンを向いた電子が別の軌道を埋めていく．

(2)　同じスピンの電子が入る軌道がなくなったら，逆向きのスピンで対をつくる．

表 **2.4**　原子番号 1～36 の電子配置

殻	K		L				M									N			
原子番号		1s	2s	2p			3s	3p			3d					4s	4p		
1	H	1																	
2	He	2																	
3	Li	2	1																
4	B	2	2																
5	O	2	2	1															
6	C	2	2	1	1														
7	N	2	2	1	1	1													
8	O	2	2	2	1	1													
9	F	2	2	2	2	1													
10	Ne	2	2	2	2	2													
11	Na	2	2	2	2	2	1												
12	Mg	2	2	2	2	2	2												
13	Al	2	2	2	2	2	2	1											
14	Si	2	2	2	2	2	2	1	1										
15	P	2	2	2	2	2	2	1	1	1									
16	Si	2	2	2	2	2	2	2	1	1									
17	Cl	2	2	2	2	2	2	2	2	1									
18	Ar	2	2	2	2	2	2	2	2	2									
19	K	2	2	2	2	2	2	2	2	2						1			
20	Ca	2	2	2	2	2	2	2	2	2						2			
21	Sc	2	2	2	2	2	2	2	2	2	1					2			
22	Ti	2	2	2	2	2	2	2	2	2	1	1				2			
23	V	2	2	2	2	2	2	2	2	2	1	1	1			2			
24	Cr	2	2	2	2	2	2	2	2	2	1	1	1	1	1	1			
25	Mn	2	2	2	2	2	2	2	2	2	1	1	1	1	1	2			
26	Fe	2	2	2	2	2	2	2	2	2	2	1	1	1	1	2			
27	Co	2	2	2	2	2	2	2	2	2	2	2	1	1	1	2			
28	Ni	2	2	2	2	2	2	2	2	2	2	2	2	1	1	2			
29	Cu	2	2	2	2	2	2	2	2	2	2	2	2	2	2	1			
30	Zn	2	2	2	2	2	2	2	2	2	2	2	2	2	2	2			
31	Ga	2	2	2	2	2	2	2	2	2	2	2	2	2	2	2	1		
32	Ge	2	2	2	2	2	2	2	2	2	2	2	2	2	2	2	1	1	
33	As	2	2	2	2	2	2	2	2	2	2	2	2	2	2	2	1	1	1
34	Se	2	2	2	2	2	2	2	2	2	2	2	2	2	2	2	2	1	1
35	Br	2	2	2	2	2	2	2	2	2	2	2	2	2	2	2	2	2	1
36	Kr	2	2	2	2	2	2	2	2	2	2	2	2	2	2	2	2	2	2

2.5 原子の構造と単体の性質

2.5.1 電子配置と周期表

周期表と表 2.4 を見比べてみると 18 属の原子は He を除いて，最外殻の p 軌道までの電子が満たされた電子配置をとっている．これを基準にとれば，ある周期の原子の電子配置は，その直前の 18 属原子の電子配置に，電子を足していく形になっている．

周期表では，最外殻の似通った電子配置をもつもの同士が**同族元素**になっている．メンデレーエフが見いだした周期表の同族元素の原子は似通った性質をもつことが知られている (1 章)．このことから，原子のいくつかの性質は最外殻電子の配置によって決まることがわかる．以下では，周期表に沿って変化する周期について，その性質と電子配置について考えてみる．

2.5.2 原子の大きさ

原子の大きさは周期表に沿って変化する量の代表例である．金属であれば，金属単体の密度と原子量と結晶形から，その金属が球と仮定したときの半径 (**金属結合半径**) を求めることができる (2.1.1 項)．図 2.21 は 1 族と 2 族の原子の金属結合半径である．

金属結合は 3.6 節参照.

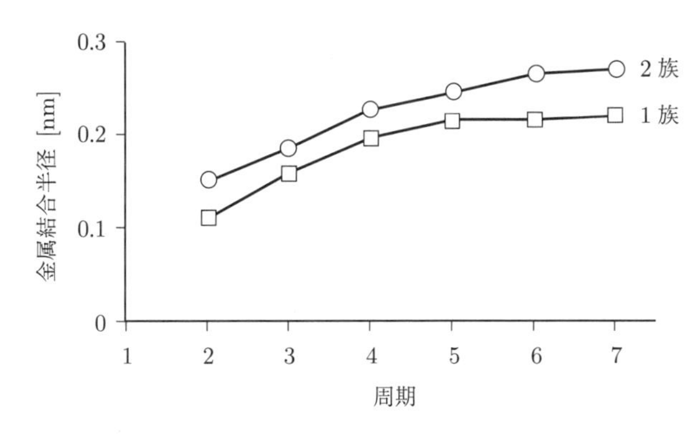

図 2.21 1 族と 2 族の原子の金属結合半径

図 2.21 から次の 2 つの傾向が金属結合半径にはあると考えられる．

(1) 同じ族の原子では，原子番号が大きいほど大きな金属結合半径をもつ．

(2) 同じ周期の原子では，原子番号が大きいほど小さい金属結合半径をもつ．

(1) は前節で計算した動径関数をみると明らかで，電子が存在する極大を示す位置は e^{-r/na_0} によって決まり，n が大きいほど大きな半径をもつことがわかる．(2) は電子が増えるのに軌道が小さくなるのは意外に感じるかもしれない．しかし，同一周期では，最外殻は同じであるので，上記の n の効果はあたらない．むしろ，電子数が増えるとともに原子核の正電荷が増え，原子核が電子を引っ張る力が大きくなり，半径が小さくなると考えられる．

金属以外の原子については，単体の分子の共有結合の距離からその大きさを測ることができる (**共有結合半径**)．例えば，塩素原子の大きさは，Cl_2 分子が共有結合するときの原子核間距離の半分をいう．図 2.22 に共有結合半径をまとめて示す．

共有結合は 3 章参照.

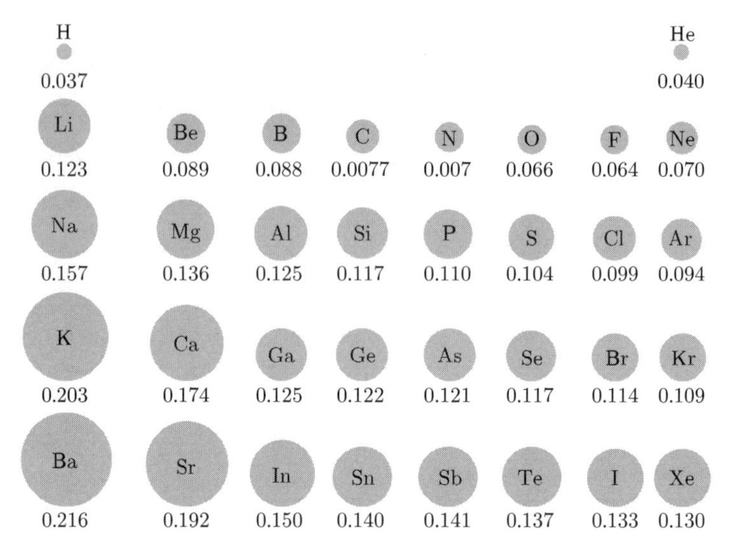

図 2.22 典型元素の共有結合半径 (単位は [nm])

金属結合半径と同様の傾向が共有結合半径にもみられることがわかる．また，金属原子に対しても，共有結合半径が定義されている．これは，単体の金属の大きさから求めた金属結合半径とは異なり，真空中に，例えば Li_2 として取り出したときの分子の大きさから求めたものである．同じ金属では，共有結合半径が金属結合半径より小さいことがわかる．

2.5.3 イオン化エネルギー

図 2.11 に水素の放電で観測される輝線の波長から，その量子化されたエネルギーがどのように並んでいるかを表した図を示した．この図において，$n = \infty$ で表したエネルギーの限界値がみられる．2.2 節で詳細に説明した通り，水素原子の内部エネルギーは，正電荷をもつ原子核が負電荷をもつ電子を引き付ける力によるポテンシャルエネルギーがもとになっている．この限界を超えるということは，このポテンシャルが及ばない遠くへ電子が飛ばされることを意味する．すなわち，原子 X に対して

$$X + E_{\mathrm{I}} \quad \rightarrow \quad X^{+} + e^{-} \tag{2.43}$$

となる．E_{I} [kJ mol^{-1}] はイオンになるために原子に与えられたエネルギーを

示す．つまり，原子はある一定以上のエネルギーを与えられると電子を放出することを意味する．電子を放出した後，全体の電荷は +1 となり陽イオンへと変化する．このように，原子から 1 価の陽イオンに変化するために必要なエネルギーのことを，**第一イオン化エネルギー**という．図 2.23 に原子番号 1〜20 の元素の第一イオン化エネルギーを示す．

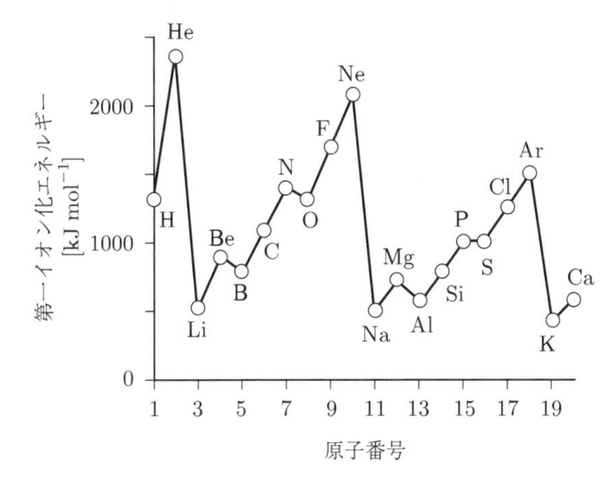

図 2.23 原子の第一イオン化エネルギー

図 2.23 からわかるように，第一イオン化エネルギーは次の周期性を示す．

(1) 同一周期では 18 族の原子が最大のイオン化エネルギーを示し，1 族原子が最低のイオン化エネルギーをもつ．

(2) 同族元素の原子は原子番号が大きくなるほど，イオン化エネルギーは小さくなる．

2.5.4 電子親和力

原子から電子が 1 個放出されて陽イオンになるためのエネルギーである第一イオン化エネルギーに対して，原子に電子を 1 個与えて，−1 価のイオンにするときに放出されるエネルギー E_{EA} [kJ mol^{-1}] のことを**電子親和力**という．

電子親和エネルギーというのが物理量の名称としては適切だが，習慣的に電子親和力といわれる．

$$\mathrm{X} + \mathrm{e}^- \quad \rightarrow \quad \mathrm{X}^- + E_{\mathrm{EA}} \tag{2.44}$$

電子親和力は 16 族，17 族の元素では他よりも大きくなる．このことは，これらの元素が陰イオンになりやすいことを示す．一方，2 族，18 族の元素では 0 以下か非常に小さい値をとり，陰イオンになりにくいことを示す (表 2.5)．

表 2.5 第 2，3 周期の電子親和力 E_{EA}

族	1	2	13	14	15	16	17	18
元素	Li	Be	B	C	N	O	F	Ne
E_{EA} [kJ mol^{-1}]	60	< 0	27	122	< 0	141	328	< 0
元素	Na	Mg	Al	Si	P	S	Cl	Ar
E_{EA} [kJ mol^{-1}]	53	< 0	42	134	72	200	349	< 0

2.5.5 同族元素

単体の性質は周期表に従って，周期的に同じような元素が現れることが示されている．これを示したのが**周期表**であり，周期表の縦の列にくる元素を**同族元素**という．原子の大きさや原子のイオン化エネルギーは 18 族と 1 族の間で，電子親和力は 17 族と 18 族の間で急激に変化する．原子の電子配置と密接に関係していることがわかっている (2.2 節)．このことを，希ガス (18 族)，アルカリ土類金属 (1 族)，ハロゲン (17 族) の原子の単体の性質と電子配置の関係から説明する．

(1) 希ガス

18 族元素の単体は**希ガス** (**貴ガス**，**不活性ガス**) という．電子配置は

He	$1s^2$
Ne [He]	$2s^2$, $2p^6$
Ar [Ne]	$3s^2$, $3p^6$
Kr [Ar]	$3d^{10}$, $4s^2$, $4p^6$
Xe [Kr]	$4d^{10}$, $5s^2$, $5p^6$
Rn [Xe]	$4f^{14}$, $5d^{10}$, $6s^2$, $6p^6$

となっている．He を除いて，最外殻の p 軌道まで埋まっているのが希ガスの電子配置である．この電子配置のことを**閉殻**という．この場合，原子 1 個で安定に存在することが可能であり，気体は原子からなる．他の原子と結合して分子を形成することは非常に稀であり，これまでにヘリウムとネオンが結合して形成された分子は発見されていない．

(2) アルカリ土類金属

水素を除く 1 族元素の単体は**アルカリ土類金属**という．電子配置は

Li	[He]	$2s^1$
Na	[Ne]	$3s^1$
K	[Ar]	$4s^1$
Rb	[Kr]	$5s^1$
Cs	[Xe]	$6s^1$
Fr	[Rn]	$7s^1$

のように，最外殻の電子配置がすべて s 軌道に 1 個の電子が入る．いずれの単体も非常に反応性が高い．ナトリウムやカリウムの試薬ビンをみてみると，空気に触れないように液体に満たされたビンに単体が沈められているのはこのためである．このように反応性が高いのは，内側にある電子は閉殻 (希ガスと同

じ安定な電子配置) を形成しており，最外殻の 1 個の s 軌道の電子が非常に飛び出しやすくなっているためである．

また，この飛び出しやすい 1 個の s 軌道の電子は金属単体の中では，1 つの原子核にとどまらない非常に緩い金属結合をもつため，単体はとてもやわらかい．

金属結合は 3.6 節参照．

(3) ハロゲン

17 族元素の単体は**ハロゲン**という．電子配置は

F	[He]	$2s^2$, $2p^5$
Cl	[Ne]	$3s^2$, $3p^5$
Br	[Ar]	$3d^{10}$, $4s^2$, $4p^5$
I	[Kr]	$4d^{10}$, $5s^2$, $5p^5$
At	[Xe]	$4f^{14}$, $5d^{10}$, $6s^2$, $6p^5$

のように，最外殻の p 軌道に電子が 5 個入っていて，あと 1 個 p 軌道に電子が入れば閉殻になる．よって，ハロゲンは電子を受け取って −1 価の陰イオンになりやすく，電気陰性度が大きい．つまり，他の原子から電子を奪う力が強いので，単体は非常に反応性が高い．

電気陰性度は 3.3 節参照．

演習問題 2

2.1 塩素は天然には質量数 34.97 の原子が 75.77%，36.97 の原子が 24.23%存在する．塩素の原子量はいくらか．

2.2 分子の中で原子同士が結合をつくる強さは約 100 kJ mol^{-1} (結合を 1 mol $= 6.02 \times 10^{23}$ 個つくるのに必要なエネルギー) である．また，室温における分子の平均運動エネルギーは約 2.5 kJ mol^{-1} である．この 2 つのエネルギーと同程度のエネルギーをもった光の波長はいくらか．

2.3 Na の D 線は 589 nm である．この光子 1 個のもつ運動量はいくらか．

2.4 水素原子のリュードベリ定数は 1.097×10^7 m^{-1} である．水素原子の放電によって最も短波長にみられる系列 (ライマン系列) の中で，最も長波長にみられる輝線の波長はいくらか．

2.5 電子は原子核のまわりで円軌道を行い，式 (2.11) を満たす角運動量のみが許されるとしたボーアが行った仮定を He^+ に行った場合，その許される円軌道の半径を求めよ．

2.6 本文中で，1 次元の箱では粒子が存在する箱の中を 0 から a の区間に設定したが，この区間を 0 から $2a$ に変えた場合，もしくは，$-a$ から $+a$ に変えた場合では，粒子の許されるエネルギーと波動関数はどのようになるか．また，0 から $2a$ の箱と $-a$ から $+a$ の箱は場所が違うだけで大きさは同じ箱である．この 2 つの結果を見比べて，何が同じで，何が異なるのかを考察せよ．

2.7 図 2.13 の 1 次元の箱において，箱の大きさ a が (1) 730 pm の場合と (2) 2600 pm の場合について，許されるエネルギーを求めよ．さらに，量子数 $n=1$ と $n=2$ のエネルギーの差を求め，そのエネルギーに相当する光の波長はいくらか，それぞれ求めよ．

2.8 電子軌道を規定する 3 つの量子数は，それぞれ原子の何を表す数かを述べよ (どのような自由度に対応した量子数か).

2.9 次の原子の電子配置を例にならって，18 族元素と残りの電子で表せ.

(例) Na $\rightarrow$ [Ne] $3s^1$

(1) O (2) Mg (3) Al (4) O^{2-} (5) Cl

2.10 フントの規則に従い，原子番号 5〜9 (B, C, N, O, F) の原子において 2p 軌道の電子がどのように軌道を占めるか説明せよ．

2.11 次の原子は不対電子を何個もつか.

(1) 銀 (2) 銅 (3) 亜鉛 (4) カドミウム

3

化学結合と分子

周期表にはこれまでに発見された 118 種類もの元素が並べられているが，その中で He，Ne，Ar，Kr などの第 18 族元素 (希ガス) のように，単原子分子として天然に存在するものはごくわずかである．実際の身のまわりには，複数の原子が化学結合した多原子分子が大半を占めている．例えば，大気の約 78%は分子式が N_2 で表される窒素分子であり，海水の主成分は分子式が H_2O で表される水分子である．食塩の主成分は組成式が NaCl で表されるイオン化合物の塩化ナトリウムであり，その結晶中では Na^+ と Cl^- が静電的な引力によってイオン結合している．純金は Au 原子が金属結合した単体であり，ステンレス鋼は Fe に Cr や C が固溶した合金である．水分子は O 原子と H 原子が共有結合し，2 つの O-H 単結合によって分子を形成している．水は沸点 (100°C) 以上において気体 (水蒸気) として存在するが，凝縮点 (100°C) 以下では液体，凝固点 (0°C) 以下では固体 (氷) として存在する．液体や固体では，各々の分子で原子同士を結束する化学結合だけでなく，互いの分子同士を相互作用させる分子間力も働いて凝集している．本章ではこのような化学結合と分子の世界をみてみよう．

3.1 イオン結合

塩化ナトリウムは組成式が NaCl で表される**イオン化合物**である．第 1 族元素 (アルカリ金属) である Na は電子を 1 個失って 1 価の**陽イオン** (**カチオン**) であるナトリウムイオン Na^+ になりやすく，第 17 族元素 (ハロゲン) である Cl は電子を 1 個受け取って 1 価の**陰イオン** (**アニオン**) である塩化物イオン Cl^- になりやすい．Na^+ と Cl^- はそれぞれ正電荷と負電荷をもつために静電的な引力 (**クーロン力**) が働く．誘電率が ε の媒体中に電荷が q_1 と q_2 の 2 つの粒子を距離 r だけ離したときに粒子間に働くクーロン力は，引力がプラス (斥力がマイナス) となるように符号をつけて

$$F = -\frac{q_1 q_2}{4\pi\varepsilon r^2}$$

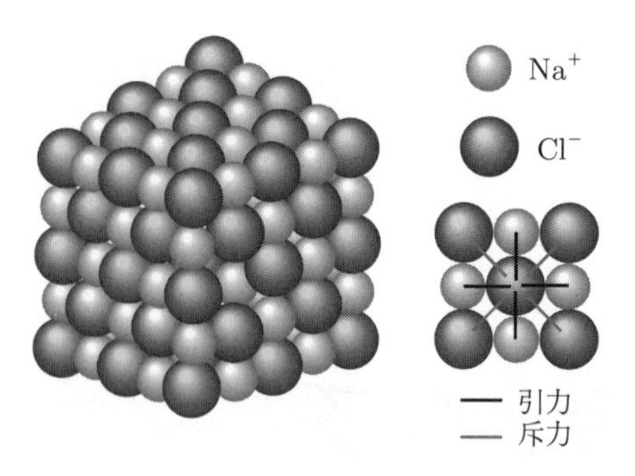

図 3.1　NaCl の結晶構造
Cl^- に着目すると，再近接の Na^+ と強い引力が働いているが，再近接の Cl^- とはその 1/2 倍の斥力が働いている．

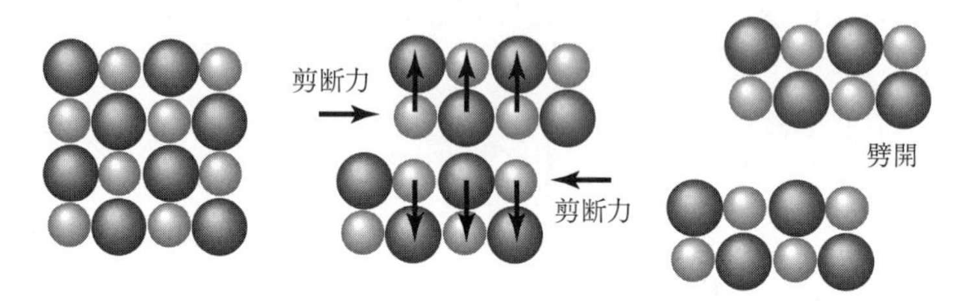

図 3.2　イオン結晶の劈開
剪断力により結晶面が結合距離だけずれると強い斥力が働き劈開する．

で表される．NaCl の結晶構造は図 3.1 のようになっており，最近接の Na^+ と Cl^- には強い引力的なクーロン力が働くが，最近接の Na^+ と Na^+，および最近接の Cl^- と Cl^- にはその $(\sqrt{2})^{-2} = 1/2$ 倍の斥力的なクーロン力が働く．イオン結晶は強いクーロン力により化学結合しているため，一般に融点が高く硬いが，結晶面が結合距離だけずれると強い斥力が働くために脆く，容易に劈開（へきかい）する (図 3.2).

クーロン力 F は距離 r の -2 乗に比例する．

【例題 3.1】 Na^+ と Cl^- はそれぞれ異符号で電気素量 $(1.60 \times 10^{-19}\ \mathrm{C})$ の電荷をもっている．真空中 (誘電率が $8.85 \times 10^{-12}\ \mathrm{F\ m^{-1}}$) において，NaCl の隣接する Na^+ と Cl^- の距離が 0.282 nm であるとき，再近接の Na^+ と Cl^-，および再近接の Na^+ と Na^+ の間に働くクーロン力をそれぞれ求めなさい．

解　Na^+ と Cl^- の間に働くクーロン力は

$$F = -\frac{q_1 q_2}{4\pi\varepsilon r^2} = -\frac{(1.60 \times 10^{-19}\ \mathrm{C}) \times (-1.60 \times 10^{-19}\ \mathrm{C})}{4\pi \times (8.85 \times 10^{-12}\ \mathrm{F\ m^{-1}}) \times (0.282 \times 10^{-9}\ \mathrm{m})^2}$$
$$= 2.89 \times 10^{-9}\ \mathrm{N}\quad(\text{引力})$$

Na^+ と Na^+ の間に働くクーロン力は

$$F = -\frac{q_1 q_2}{4\pi\varepsilon r^2} = -\frac{(1.60 \times 10^{-19}\ \mathrm{C}) \times (1.60 \times 10^{-19}\ \mathrm{C})}{4\pi \times (8.85 \times 10^{-12}\ \mathrm{F\ m^{-1}}) \times (\sqrt{2} \times 0.282 \times 10^{-9}\ \mathrm{m})^2}$$
$$= -1.45 \times 10^{-9}\ \mathrm{N}\quad(\text{斥力})$$

NaClのようなアルカリ金属とハロゲンによるイオン化合物を**ハロゲン化アルカリ** (alkali halide) といい，他にフッ化リチウム LiF や臭化カリウム KBr などがある．ハロゲン化アルカリは 1 価の陽イオンと 1 価の陰イオンが 1 対 1 の割合で**イオン結合**しており，同様に 2 価の陽イオンと 2 価の陰イオンも 1 対 1 の割合でイオン結合する．例えば，マグネシウムイオン Mg^{2+} と酸化物イオン O^{2-} で酸化マグネシウム MgO を，カルシウムイオン Ca^{2+} と硫化物イオン S^{2-} で硫化カルシウム CaS をつくる．単原子イオンだけでなく多原子イオン (分子イオン) もイオン結合する．例えば，アンモニウムイオン $NH_4{}^+$ と硝酸イオン $NO_3{}^-$ で硝酸アンモニウム NH_4NO_3 となる．

それぞれのイオン化合物について，周期表における陽イオンと陰イオンの位置を確認すること．

塩化ナトリウムはなぜ水によく溶けるのか？

身近な現象として，塩化ナトリウム (食塩) は水によく溶けることを知っている．25°C における塩化ナトリウムの水に対する溶解度 (100 g の溶媒に溶かすことができる限界量) は 35.9 g である．固体の塩化ナトリウムはクーロン力によって Na^+ と Cl^- がイオン結合していることを学んだ．この結合は強く，塩化ナトリウムの融点は 800.4°C と高い．では塩化ナトリウムはどのようにして水に溶けるのか？ クーロン力 F は媒体の誘電率 ε に依存し，ε が 2 倍になると F は 1/2 倍になる (F は ε に反比例する)．空気の誘電率 ε は真空の誘電率 ε_0 とほとんど変わらないため，その比をとった比誘電率 $\varepsilon_r = \varepsilon/\varepsilon_0$ はほぼ 1 である．これに対して，水の比誘電率は 80 であり，水中におけるクーロン力は空気中におけるクーロン力の 1/80 倍にまで小さくなってしまう．このため，塩化ナトリウムを誘電媒体である水の中に入れると，イオン結合が 1/80 倍にまで弱められて Na^+ と Cl^- に電離し，さらに水分子に水和されることで安定化して溶液は電解質となる．生物はさまざまなイオンによる電解質の性質を利用して，例えば，筋肉や神経を機能させている．そのため，私たちは塩化ナトリウム以外にもさまざまなミネラルを恒常的に摂取する必要がある．

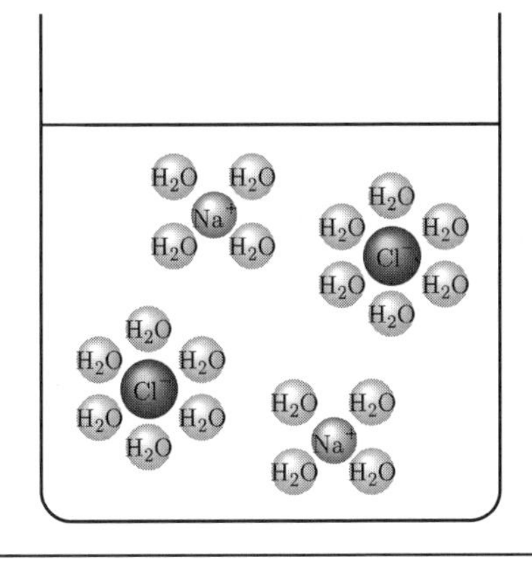

イオン化合物は陽イオンによる電荷と陰イオンによる電荷の総和が 0 となるように化学結合するので，その組成式は最も単純な整数比となるように表す．例えば，1 価の陽イオンである Na^+ と 2 価の陰イオンである炭酸イオン $CO_3{}^{2-}$ は 2 対 1 でイオン結合して電気的に中和されるので，炭酸ナトリウムは Na_2CO_3 と表される．

【例題 3.2】 カルシウムイオン Ca^{2+} とリン酸イオン $PO_4{}^{3-}$ からなるリン酸カルシウムの組成式と式量を求めなさい．

解 Ca^{2+} と $PO_4{}^{3-}$ は 3 対 2 でイオン結合して電気的に中和されるので，リン酸カルシウムの組成式と式量は $Ca_3(PO_4)_2 = 310$ となる．

3.2 共有結合

原子同士が互いに電子を共有して結合する化学結合を**共有結合**という．共有結合に関与するのは最外殻に存在する**価電子**であり，原子核に近い軌道に存在する内殻電子は結合にほとんど関与しない．例えば，水素原子 H の電子配置は $1s^1$ であり，最外殻である K 殻に価電子を 1 個もっている．K 殻は 1s 軌道のみからなり，1s 軌道にはスピン量子数が異なる電子を最大 2 個収容することができる (2.4.5 項)．このため，H 原子はもとからある価電子 1 個の他に，もう 1 個の電子を K 殻に収容することで He と同じ電子配置となって閉殻となる．このとき，2 個の H 原子が互いの価電子を共有して閉殻となることで水素分子 H_2 を生じる (図 3.3)．ここで，2 個の H 原子を H1 と H2 に区別して考えよう．H1 の 1s 軌道は H1 がもつ電子 1 個と H2 がもつ電子 1 個の 2 個により閉殻となり，同様に H2 の 1s 軌道も閉殻となる．すなわち，H1 がもっていた電子は H1 の軌道にも H2 の軌道にも共有して収容され，同様に H2 がもっていた電子も H1 と H2 に共有される．ここで注意したいのは，反応前の H 原子の電子軌道 (**原子軌道**，atomic orbital，AO) と，共有結合した H_2 分子の電子軌道 (**分子軌道**，molecular orbital，MO) は同じではないということである．分子軌道については後で詳しく説明する．

上向きの矢印はスピン量子数が +1/2 である電子，下向きの矢印はスピン量子数が −1/2 である電子を表す．

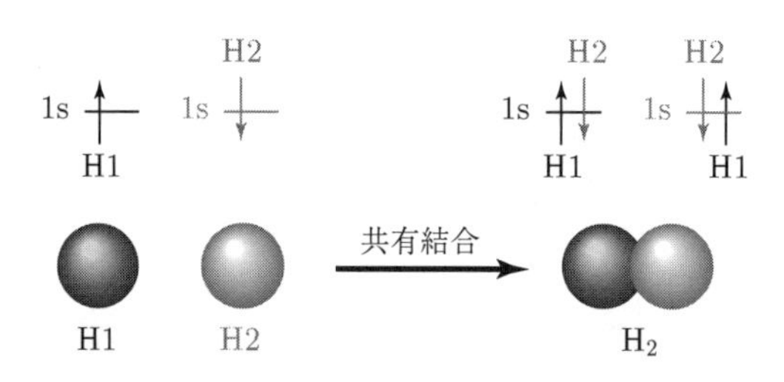

図 3.3 水素 H_2 の共有結合
1s 軌道にある価電子をそれぞれ共有して結合をつくる．

フッ素原子 F の場合，その電子配置は [He] $2s^2\ 2p^5$ であり，最外殻である L 殻に価電子を 7 個もっている．K 殻に存在する 2 個の内殻電子は結合にほとんど関与しないので，ここでは考えに入れない．L 殻は 2s 軌道と 2p 軌道からなり，2s 軌道に最大 2 個，2p 軌道に最大 6 個，合計 8 個の電子を収容することができる．このため，F 原子はもとからある価電子 7 個の他にもう 1 個の電子を L 殻に収容することで，Ne と同じ電子配置となって閉殻となる．このとき，2 個の F 原子が互いの価電子を 1 個ずつ共有して閉殻となることでフッ素分子 F_2 を生じる (図 3.4).

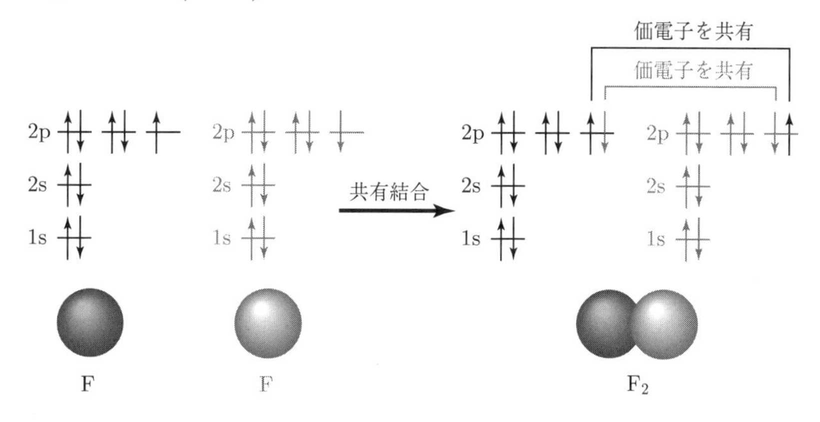

図 3.4　フッ素 F_2 の共有結合

このような典型元素の多くは，最外殻に存在する価電子の数が 8 個になると安定しやすい (**オクテット則**)．各元素記号の周囲に価電子の数だけ点をつけた**ルイス構造**を用いて共有結合を説明しよう (図 3.5)．F 原子の価電子は 7 個であり，F_2 分子はそれぞれ価電子を 1 個ずつ共有して分子を形成することを学んだ．F_2 分子の F-F 結合のように，2 つの原子間で 2 個の電子を共有して 1

すべての典型元素がオクテット則に従うわけではない．

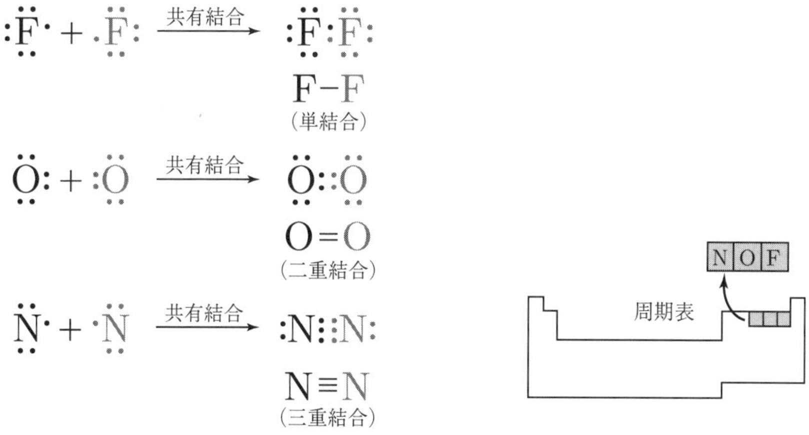

F + F —共有結合→ F:F
F−F
(単結合)

O + O —共有結合→ O::O
O=O
(二重結合)

N + N —共有結合→ :N⋮⋮N:
N≡N
(三重結合)

N O F
周期表

図 3.5　フッ素 F_2，酸素 O_2，窒素 N_2 におけるルイス構造

組の結合電子対により結合するものを**単結合**という．O 原子は 6 個の価電子をもつため，O_2 分子を形成するには価電子を 2 個ずつ共有する必要がある．O_2 分子における O=O 結合のように，4 個の電子を共有して 2 組の結合電子対により結合するものを**二重結合**という．N_2 分子における N≡N 結合は 6 個の電子を共有して 3 組の結合電子対により結合しているため**三重結合**である．水の分子式は H_2O であるが，2 つの O−H 単結合によって分子が形成されており，その構造式は H−O−H となる (図 3.6).

H:Ö:H

図 3.6 水 H_2O のルイス構造

【例題 3.3】 メタノール CH_3OH のルイス構造を描きなさい.

解 各元素のルイス構造を描き，それがオクテット則を満たすように結合させればよい．水素は 2 個の電子を収容してヘリウムと同じ電子配置となり，閉殻となる．酸素は結合に関与する電子対の他に，結合に関与しない電子対が 2 組存在することがわかる.

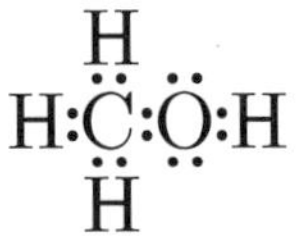

H
H:C:Ö:H
H

3.3 電気陰性度

H_2 や O_2 のような**等核二原子分子**では，結合した 2 つの原子が結合電子を同じように引き合っている．しかし，塩化水素 HCl や一酸化炭素 CO のような**異核二原子分子**では，一般にどちらかの原子が結合電子を他方よりも強く引き付けている．この元素の種類によって異なる，分子内の結合電子を引き付ける強さの相対的な尺度を**電気陰性度** (electronegativity) という．電気陰性度は，ポーリングが結合エネルギーの実測値をもとに算出した値 (1932 年)，マリケンがイオン化エネルギーと電子親和力をもとに算出した値 (1934 年)，オールレッドとロコウが原子表面における電荷をもとに算出した値 (1958 年) などが提案されている．ここでは，アレンが価電子の平均エネルギーをもとに算出した値 (1989 年) を示す (表 3.1)．例えば，H と Cl の電気陰性度はそれぞれ 2.3 と 2.9 であり，Cl の電気陰性度の方が H よりも大きい．このことは，共有結合性の HCl 分子において，Cl の方が H に比べてより電気的に陰性であり，結合電子は Cl の方にわずかに引き付けられていることを表す．実際に，HCl は 3.7×10^{-30} C m 程度の**電気双極子モーメント**をもった**極性分子**である.

表 3.1 電気陰性度の値

	1	2	3	4	5	6	7	8	9	10	11	12	13	14	15	16	17	18
1	H 2.3																	He 4.2
2	Li 0.9	Be 1.6											B 2.1	C 2.5	N 3.1	O 3.6	F 4.2	Ne 4.8
3	Na 0.9	Mg 1.3											Al 1.6	Si 1.9	P 2.3	S 2.6	Cl 2.9	Ar 3.2
4	K 0.7	Ca 1.0	Sc 1.2	Ti 1.4	V 1.5	Cr 1.7	Mn 1.8	Fe 1.8	Co 1.8	Ni 1.9	Cu 1.9	Zn 1.6	Ga 1.8	Ge 2.0	As 2.2	Se 2.4	Br 2.7	Kr 3.0
5	Rb 0.7	Sr 1.0	Y 1.1	Zr 1.3	Nb 1.4	Mo 1.5	Tc 1.5	Ru 1.5	Rh 1.6	Pd 1.6	Ag 1.9	Cd 1.5	In 1.7	Sn 1.8	Sb 2.0	Te 2.2	I 2.4	Xe 2.6
6	Cs 0.7	Ba 0.9	Lu 1.1	Hf 1.2	Ta 1.3	W 1.5	Re 1.6	Os 1.7	Ir 1.7	Pt 1.7	Au 1.9	Hg 1.8	Tl 1.8	Pb 1.9	Bi 2.0	Po 2.2	At 2.4	Rn 2.6

電気陰性度が大きい元素ほど結合電子を引き付ける.

3.4 イオン結合と共有結合の違い

ここで，電気陰性度を用いてイオン結合と共有結合の違いを説明しよう (図 3.7)．NaCl はイオン結合からなり，HCl は共有結合からなっていることを述べた．両者とも第 1 族元素と第 17 族元素が化学結合してできた化合物である．イオン結合は結合原子が陽イオンと陰イオンにイオン化して，静電的な力で結合していると述べた．それに対して，共有結合は，結合原子がイオン化することなく，互いの電子を共有することで結合していると述べた．このことは，イオン結合において，片方の結合原子の電子 (NaCl では Na の電子) がもう片方の結合原子 (NaCl では Cl) に移動しているのに対し，共有結合では，結合原子間で電子が明確に移動していないことを表している．ここで，H，Na，Cl の電気陰性度の値を確認すると，それぞれ 2.3，0.9，2.9 であり，H と Cl の電気陰

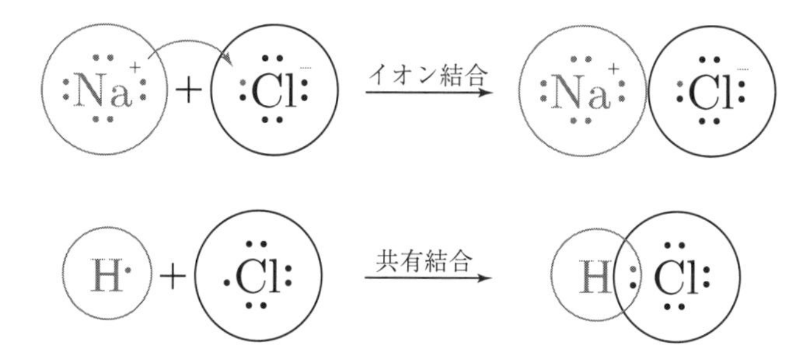

図 3.7 イオン結合と共有結合の違い
電気陰性度の差が大きい Na と Cl では Na の価電子が Cl に引き抜かれ，Na^+ と Cl^- となってクーロン力によりイオン結合する．これに対して電気陰性度の差が小さい H と Cl では，H の価電子を Cl が引き抜くことはないが，結合電子対がどちらかというと Cl に引き付けられた共有結合となり，結果として HCl は電気双極子モーメントをもつ極性分子となる．

性度の差が 0.6 であるのに対し，Na と Cl の電気陰性度の差が 2.0 と大きいことに気づく．このことは，HCl において H の電子が Cl に引き付けられている度合いより，NaCl において Na の電子が Cl に引き付けられている度合いの方が大きいことを意味する．すなわち，HCl において Cl は H の価電子を完全に引き抜くほど電気陰性度に差がなく，逆に NaCl において Cl は Na の価電子を完全に引き抜くことができるほど電気陰性度に大きな差があるために，HCl はイオン結合にならず (共有結合であり)，NaCl はイオン結合となるのである．

次に，水分子を考えてみよう．O と H の電気陰性度はそれぞれ 3.6 と 2.3 であり，電気陰性度の差は 1.3 である．この値 (1.3) は HCl の値 (0.6) より大きいが，NaCl の値 (2.0) より小さい．このことは，水分子の O-H 結合が明確な共有結合でも明確なイオン結合でもなく，どちらかというとイオン結合性をもった共有結合であることを意味する．この O-H 結合がなす水の特異的な性質については 6 章で詳しく説明する．

ここでもう一度，表 3.1 を確認しよう．金属元素は比較的電気陰性度が小さい．このことは，金属元素が電子を引き付ける度合いが小さいことを表す．実際に金属は陽イオンになりやすい性質をもっている．逆に，非金属元素は比較的電気陰性度が大きい．このことは，非金属元素は電子を引き付け，取り込む傾向が強いことを表している．一般に，周期表の左下に位置する元素ほど電気陰性度は小さく，右上に位置する元素ほど大きい．

3.5　酸 化 数

ここで**酸化数**を導入しよう．単体や化合物における各元素の酸化数は以下のようにして求められる．

(1)　単体の原子の酸化数は 0 である．(例: H_2 における H の酸化数は 0)

(2)　単原子イオンの酸化数はその価数に等しい．
(例: Na^+ の酸化数は $+1$，Cl^- の酸化数は -1)

(3)　H の酸化数は，H より電気陰性度の大きい元素と結合した場合 $+1$ であり，H より電気陰性度の小さい元素と結合した場合 -1 である．
(例: HCl における H の酸化数は $+1$，LiH における H の酸化数は -1)

(4)　O の酸化数は -2 であるが，過酸化物中の O の酸化数は -1 である．
(例：H_2O における O の酸化数は -2，H_2O_2 における O の酸化数は -1)

(5)　中性の分子を構成する元素の酸化数の総和は 0 であり，多原子イオンを構成する元素の酸化数の総和はそのイオンの価数である．
(例: HCl における Cl の酸化数は -1，$MnO_4{}^-$ における Mn の酸化数は $+7$)

このようにして酸化数を計算すると，例えば，HCl における H の酸化数は $+1$，Cl の酸化数は -1 と求まる．このように，酸化数は共有結合からなる HCl

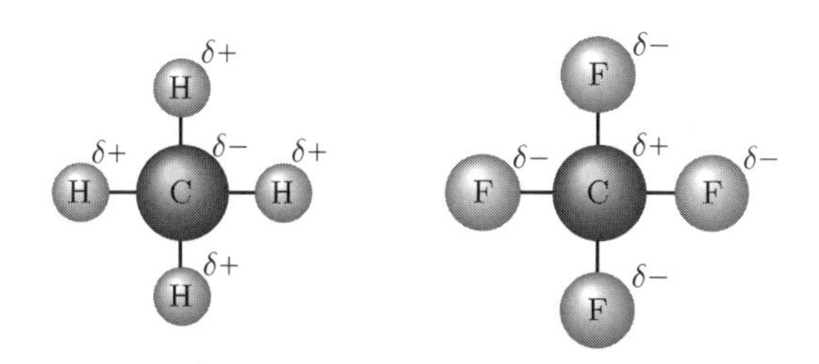

図 3.8　メタン CH_4 とテトラフルオロメタン CF_4 における電子の局在化
電気陰性度が大きい原子に電子は局在化する．共有結合性分子において，イオン結合と同様に電子が局在化すると考えると，メタンにおける炭素原子の酸化数は -4，テトラフルオロメタンにおける炭素原子の酸化数は $+4$ となる．

であっても，あたかも H^+ と Cl^- によりイオン結合しているとみなす考え方である．酸化数は，化合物中における原子の電子密度が，単体であるときと比べてどの程度であるかを知る目安となる．例えば，メタン CH_4 における炭素の酸化数は -4 であり，テトラフルオロメタン CF_4 における炭素の酸化数は $+4$ となる．このことは，メタンにおいて電子は分子の中心に位置する炭素に局在しており，逆にテトラフルオロメタンにおいて電子は分子の外側に位置するフッ素に局在していることを表す (図 3.8)．

【例題 3.4】　炭酸イオン $CO_3{}^{2-}$ における C の酸化数を求めなさい．
　解　C の酸化数を x とすると，O の酸化数は -2 だから $x + (-2) \times 3 = -2$．これを解いて C の酸化数は $+4$ と求まる．

3.6　金 属 結 合

　周期表をみてみると，非金属元素はそれほど多くなく，大半が金属元素であることに気づく．身のまわりには鉄やアルミニウムでできた工業製品であふれ，また，触媒に白金が，電子部品に金が用いられているように，高価な貴金属であってもその用途は多い．水銀は常温で唯一凝固しない金属であり，強い毒性があるものの，蛍光灯にはごく少量が気体状態で封入されているように，工業的に重要な元素の 1 つとなっている．さて，そのような金属はどのように化学結合して存在しているのだろうか．金属元素は電気陰性度が小さく，価電子を引き付ける度合いが小さいために，陽イオンになりやすいことを述べた．その金属原子が集まると，どのようなことが起こるのだろうか．
　図 3.9 に固体金属の模式図を示す．金属原子は価電子を強く引き付けることができないために，その電子は固体内を自由に動き回るようになる．これを**自由電子**という．金属が導電性をもつのはこのためである．すなわち，固体金属の両端に電位差 V を与えると，金属内部の自由電子が動くために電流 I が生じる．このときの電気抵抗 $R = V/I$ は電子が金属結晶中を自由に動き回るこ

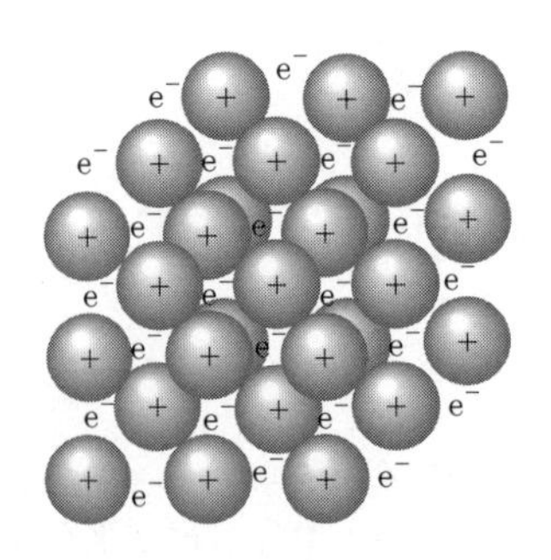

図 3.9 固体金属の模式図
電気陰性度の小さな金属原子は結晶中で価電子を強く引き付けることなく非局在化した自由電子が動き回り，系全体としては中性である．

とができない度合いを表す．金属の種類や温度に依存するが，一般に金属の電気抵抗は小さい．

金属結晶中では陽イオンとなった原子核が規則正しく配列しており，陽イオン間の静電的な斥力を打ち消すように自由電子が結晶全体を動き回っている．すなわち，**金属結合**において価電子は特定の原子に束縛されず，自由電子として結晶中に非局在化している．これに対して，イオン結合や共有結合では価電子が特定の原子に束縛されるために局在化しているといえる．価電子が局在化して強いクーロン力により化学結合しているイオン化合物と比べて，価電子が非局在化している金属化合物は転位の再配置により容易に塑性変形できるため，展性や延性に富む．例えば，イオン結晶である塩化ナトリウムは衝撃を与えると劈開(へきかい)するが，金属結晶である金は叩いて伸ばすことにより厚さ 100 nm 程度の金属箔にすることができる．

3.7 軌道の混成

3.7.1 sp^3 混成軌道

メタンは分子式が CH_4 で表される炭化水素であり，C-H 結合長が 108.7 pm，H-C-H 結合角が 109.5°である正四面体構造となっていることがさまざまな分析結果からわかっている (図 3.10)．このことは，C-H 結合が等価であ

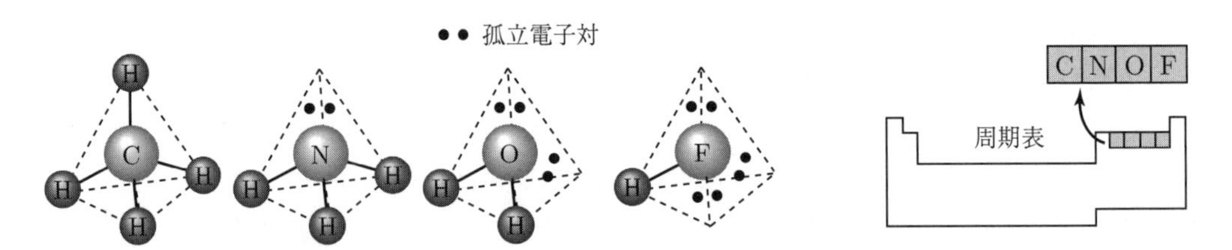

図 3.10 メタン CH_4，アンモニア NH_3，水 H_2O，フッ化水素 HF の分子構造
sp^3 混成軌道により正四面体構造の頂点に水素または孤立電子対が存在する．

ることを意味する．ここで，炭素の**原子軌道** (atomic orbital, AO) を思い出そう．炭素の電子配置は図 3.11(a) に示すように [He] $2s^2$ $2p^2$ であり，最外殻である L 殻において，2s 軌道に 2 個，2p 軌道に 2 個の電子が収容されている．2p 軌道は空間的にそれぞれ 90°の角度で直交した $2p_x$，$2p_y$，$2p_z$ の 3 つの軌道からなり，それぞれスピンの向きが異なる電子を 2 個まで収容することができる．

いま，炭素原子において，$2p_x$ 軌道に 1 個，$2p_y$ 軌道に 1 個，それぞれ電子が収容されているとしよう．この状態で，水素原子の 1s 軌道にある電子を炭素の 2p 軌道に入れて，メタンの**分子軌道** (molecular orbital, MO) をつくって

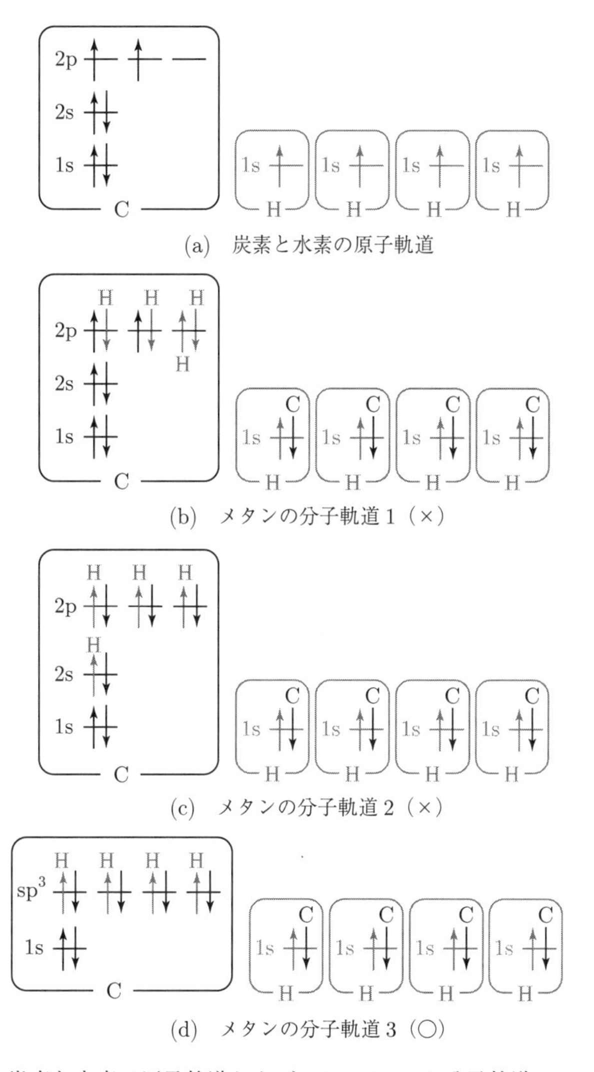

(a)　炭素と水素の原子軌道

(b)　メタンの分子軌道 1（×）

(c)　メタンの分子軌道 2（×）

(d)　メタンの分子軌道 3（○）

図 3.11　炭素と水素の原子軌道およびメタン CH_4 の分子軌道
(b) や (c) のように炭素の原子軌道を再配置することなしに結合することはできず，(d) のように軌道を混成させてから結合する．

みるとどうなるか (図 3.11(b)). 炭素原子に結合させる水素原子の数は 4 個である. 1 つ目の水素が $2p_z$ 軌道に電子を入れることで, $2p_x$, $2p_y$, $2p_z$ の 3 つの軌道は電子をそれぞれ 1 個ずつ収容していることになる. 2 つ目の水素は $2p_x$ 軌道にスピンを逆向きにして電子を入れ, 3 つ目, 4 つ目の水素は同様に $2p_y$ 軌道, p_z 軌道に電子を入れる. こうすると, 4 個の水素の電子はそれぞれ, $2p_x$ 軌道と $2p_y$ 軌道に 1 個, $2p_z$ 軌道に 2 個収容される. このような共有結合はあり得るだろうか. この例では, 炭素の $2p_z$ 軌道に炭素の電子はなく, 2 個の異なる水素の電子が収容されている.

実際には, このようなことは起こらず, 反応によって化学結合が生じる際に原子軌道は組み替えられてまったく異なる分子軌道となる. 例えば, 反応後の炭素原子の新しい軌道として, 2s 軌道に 1 個, 2p 軌道に 3 個の価電子を収容するのはどうであろうか (図 3.11(c)). そうすると, 2s, $2p_x$, $2p_y$, $2p_z$ の 4 つの軌道にそれぞれ 1 個ずつ水素の価電子を収容することができる. しかし, この場合, 互いに直交する $2p_x$, $2p_y$, $2p_z$ の 3 つの電子軌道を使って水素原子と共有することになり, 結合角が 109.5°となる正四面体構造にはならない.

実際には, 1 つの 2s 軌道と 3 つの 2p 軌道が混成されて 4 つの等価な新しい軌道がつくられる (図 3.12). これを **sp^3 混成軌道**という. すなわち, メタン分子において, 炭素原子は等価な 4 つの sp^3 混成軌道に価電子を 1 個ずつ収容し, その 4 つの軌道はそれぞれ水素原子の 1s 軌道に収容されている 1 個の価電子を共有して結合をつくる (図 3.11(d)). このようにしてできる結合は 4 つとも等価であり, すべての結合長と結合角が等しくなるのである (図 3.13).

sp^3 はエス・ピー・スリーと読む.

次に, 分子式が NH_3 で表されるアンモニアを考えよう. 窒素は周期表において炭素の右隣りに位置し, 価電子が炭素より 1 個多く, 5 個の価電子をもつ (図 3.10). アンモニアの分子構造は, N–H 結合長が 101.7 pm, H–N–H 結合角が 107.8°であることがわかっている. 窒素の電子配置は [He] $2s^2$ $2p^3$ であることから, 2p 軌道の 3 個の電子が 3 つの水素原子と共有結合すればよいように思われる. しかし, それではアンモニアの分子構造を説明できない.

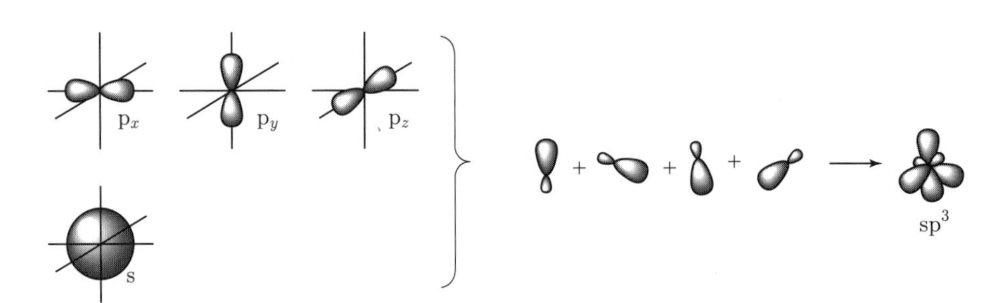

図 3.12 sp^3 混成軌道
1 つの 2s 軌道と 3 つの 2p 軌道 (p_x, p_y, p_z) が混成されて 4 つの等価な新しい軌道がつくられる.

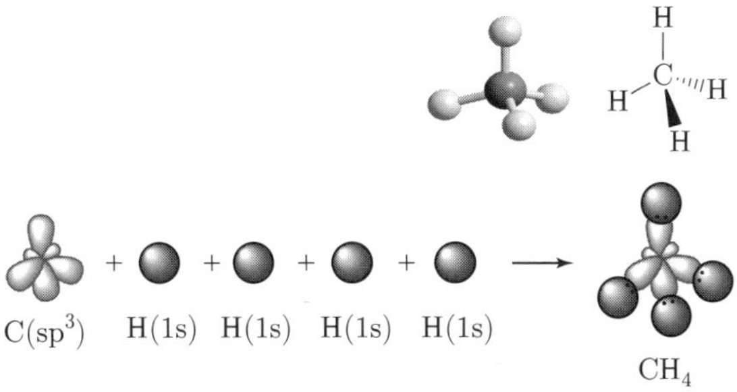

H
C
H
H
H
C(sp3)
H(1s)
H(1s)
H(1s)
H(1s)
CH4

図 3.13　メタン CH_4 の分子軌道と分子構造
炭素原子の sp^3 混成軌道における 4 つの軌道に価電子が 1 個ずつ収容され，水素原子の 1s 軌道における価電子と共有結合する．これにより，正四面体構造の頂点位置に 4 つの水素原子が結合する．

H H H
sp3
1s
N
N
1s
H
N
1s
H
N
1s
H

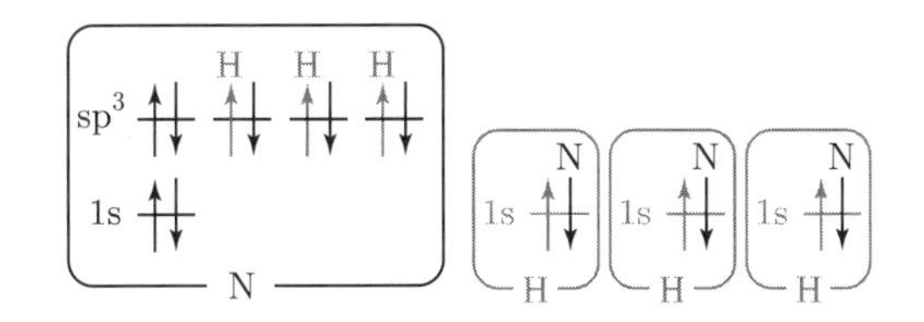

図 3.14　アンモニア NH_3 の分子軌道
窒素原子の sp^3 混成軌道のうち 3 つは水素原子と共有結合し，残りの 1 つは孤立電子対となる．

実際には，図 3.14 のように，窒素の分子軌道は 2s 軌道と 2p 軌道が混成して sp^3 混成軌道をつくり，その 4 つの軌道に 5 個の価電子がフントの法則に従って入る (2.4.5 項)．そうすると，4 つの sp^3 混成軌道のうち 3 つは水素原子と共有結合し，残りの 1 つは共有結合することなく 2 個の電子が収容されたままになる．この共有結合に関与していない電子対を**孤立電子対** (lone pair) あるいは**非共有電子対**という．

アンモニアの分子構造をみると (図 3.10)，下部に 3 つの水素原子が接近し，上部に化学結合がない．一見すると不安定な構造に思えるが，実際には窒素原子の上部に孤立電子対があり，1 つの孤立電子対と 3 つの N-H 結合で sp^3 混成軌道による正四面体構造をとっている．ただし，アンモニアの H-N-H 結合角はメタンの H-C-H 結合角よりわずかに狭くなっており，孤立電子対が N-H-N 結合角にわずかな歪みを与えていることがわかる．

同様に，水が直線分子ではなく，H-O-H 結合角が 104.5°となることは酸素原子が sp^3 混成軌道となることから説明できる．酸素原子における 4 つの sp^3 混成軌道のうち 2 つが水素原子と共有結合し，残りの 2 つは孤立電子対となる．これによって 2 つの共有結合と 2 つの孤立電子対が正四面体構造の頂点の位置に配置される (図 3.10)．

エタンは組成式が C_2H_6 で表される炭素数が 2 の飽和炭化水素であり，立体的な分子構造は図 3.15 のようになっている．この図をみると，左側の炭素も右側の炭素も，それぞれ炭素原子 1 つと水素原子 3 つが結合しており，合計 4 つの結合原子が正四面体の頂点に位置しているようにみえる．

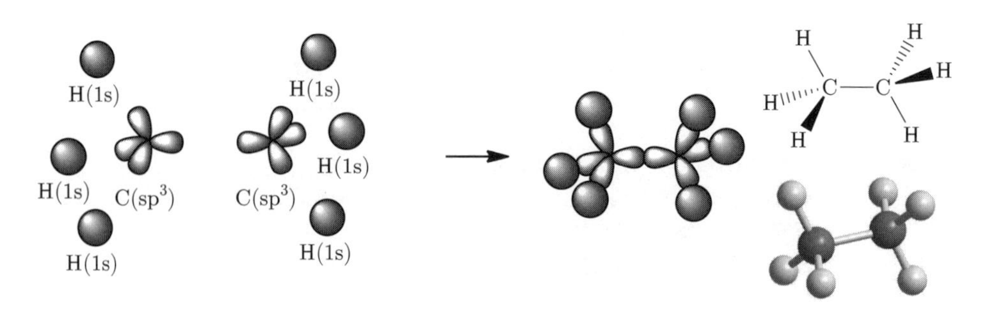

図 3.15　エタン C_2H_6 の分子軌道と分子構造

この分子構造も，炭素の電子配置が sp^3 混成軌道となっていることで説明できる．エタンにおける 2 つの炭素原子をそれぞれ C1，C2 としよう．エタンの C1 と C2 における電子配置を図 3.16 に示す．C1 の sp^3 混成軌道には，C2 の価電子が 1 個と 3 つの水素原子の価電子がそれぞれ 1 個ずつ収容されて閉殻となっている．同様に，C2 の sp^3 混成軌道には，C1 の電子が 1 個と 3 つの水素原子の電子がそれぞれ 1 個ずつ収容されて閉殻となっている．この様子を立体的に描くと図 3.15 のようになる．C-H 結合では炭素原子の sp^3 混成軌道と水素原子の 1s 軌道が，C-C 結合では C1 の sp^3 混成軌道と C2 の sp^3 混成軌道が重なって電子を共有している．この C-H 結合や C-C 結合のように，結合軸上に軌道が重なっている化学結合を **σ(シグマ)結合**という．

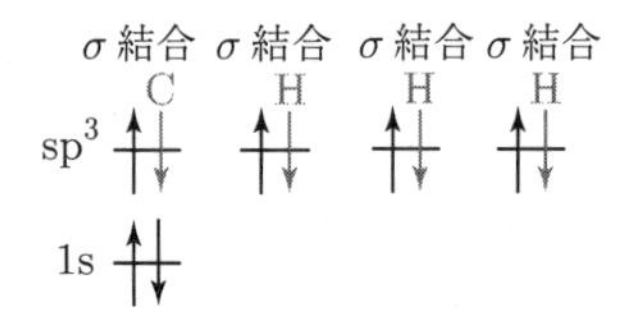

図 3.16　エタンにおける炭素原子の分子軌道

3.7.2　sp^2 混成軌道

エチレン (エテン) C_2H_4 を考えよう (図 3.17)．エチレンにおける H-C-H 結合角も H-C=C 結合角も約 120°であり，2 つの H-C-H 結合がつくる面は同一面にある (H-C=C-H 二面角は 0°である)．

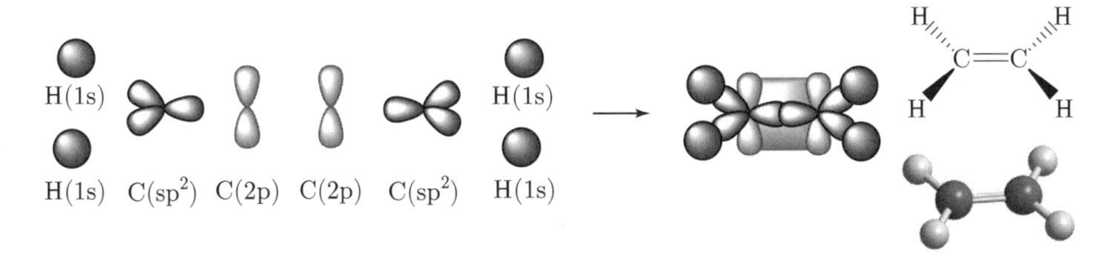

図 3.17　エチレン C_2H_4 の分子軌道と分子構造
エチレンの C=C 結合は 1 つの σ 結合と 1 つの π 結合によって成り立っている．

この場合，エチレンの炭素原子における電子配置を sp^3 混成軌道では説明できそうにない．それではエチレンにおいて，どのように軌道が混成されるのか．実際には，1 つの 2s 軌道と 2 つの 2p 軌道が混成されて **sp^2 混成軌道**をつくる．これにより 3 つの新しい軌道ができるが，2p 軌道はもともと 3 つあったため，軌道の混成に使われなかった 1 つの軌道は 2p 軌道として残る．結果として，図 3.18 に示すような電子配置となる．それでは次に，電子を共有させて化学結合をつくってみよう．3 つの sp^2 混成軌道にそれぞれ炭素原子 1 個と水素原子 2 個の価電子を入れ，残りの 1 つの 2p 軌道にも炭素原子の価電子を入れてみる．そうすると，C=C 結合は 2 つの炭素原子がそれぞれ 1 つの sp^2 混成軌道と 1 つの 2p 軌道を共有して，合計 4 個の電子からなる化学結合をつくる．エタンのときと同様に，エチレンにおける 2 つの炭素原子を C1 と C2 としよう．C1 の sp^2 混成軌道と C2 の sp^2 混成軌道による共有結合は，C–C 結合軸上に軌道が重なっているため σ 結合である．これに対して，C1 の 2p 軌道と C2 の 2p 軌道による共有結合は，C–C 結合上に軌道が重なっていない．このような化学結合を **π 結合**という．σ 結合に関与する結合電子より π 軌道に関与する結合電子の方が原子核から離れた位置に存在するため，π 結合は σ 結合より結合力が弱い．また，エタンの C–C 結合は結合軸まわりに容易に回転させることができるが，エチレンの場合，いったん π 結合を解離させないと C=C 結合を結合軸まわりに回転させることができないため，H–C=C–H 二面角は 0° に保たれる．

sp^2 はエス・ピー・ツーと読む．

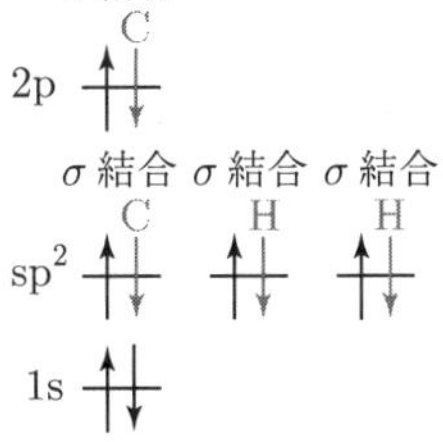

π 結合
C
2p

σ 結合　σ 結合　σ 結合
C　H　H
sp^2

1s

図 3.18　エチレンにおける炭素原子の分子軌道

3.7.3 sp 混成軌道

これまで，エタンを用いて C–C 結合 (単結合) を，エチレンを用いて C=C 結合 (**二重結合**) を考えた．ここでは，アセチレン (エチン) C_2H_2 を用いて C≡C 結合 (**三重結合**) を考えよう (図 3.19)．アセチレンの H–C≡C 結合角は 180°であり，直線分子であることがわかっている．アセチレン中の炭素の分子軌道は，1 つの 2s 軌道と 1 つの 2p 軌道が混成して 2 つの **sp 混成軌道**となり，2p 軌道には 2 つの軌道が残る (図 3.20)．アセチレン中の 2 つの炭素原子を C1 と C2 とすると，C1 における 1 つの sp 混成軌道は水素の s 軌道と σ 結合をつくり，もう 1 つの sp 混成軌道は C2 の sp 混成軌道と σ 結合をつくる．そして，2 つの 2p 軌道はそれぞれ C2 の 2p 軌道と π 結合をつくり，C1 と C2 の間には 1 つの σ 結合と 2 つの π 結合により三重結合を形成する．

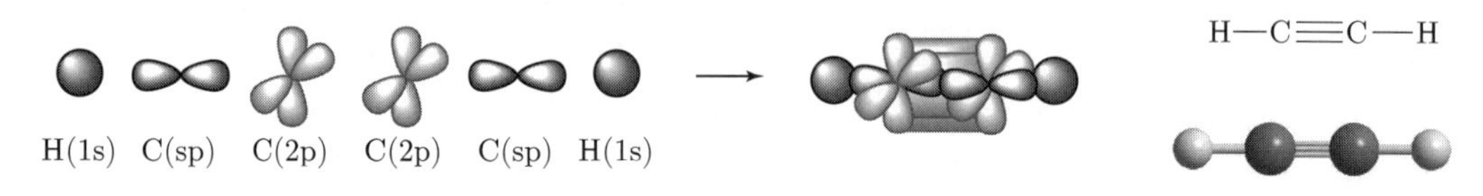

図 3.19 アセチレン C_2H_2 の分子軌道と分子構造
アセチレンの C≡C 結合は 1 つの σ 結合と 2 つの π 結合によって成り立っている．

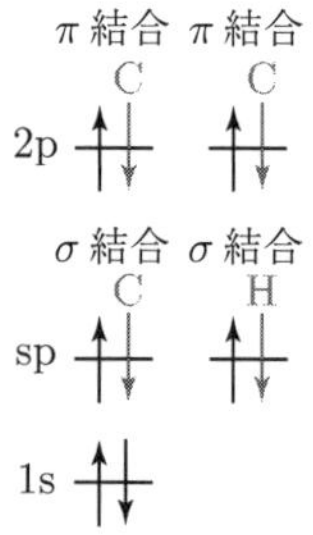

π 結合 π 結合
C C
2p ↑↓ ↑↓
σ 結合 σ 結合
C H
sp ↑↓ ↑↓
1s ↑↓

図 3.20 アセチレンにおける炭素原子の分子軌道

【例題 3.5】 ホルムアルデヒド CH_2O の立体的な分子構造と孤立電子対の位置を予測して描きなさい．さらに，ホルムアルデヒドにおける原子の分子軌道を描きなさい．

解 炭素原子も酸素原子も sp^2 混成軌道であり，エチレンと同様に平面構造となる．孤立電子対の位置はエチレンにおける水素原子の位置と同じ．

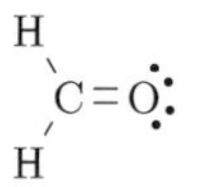

H
C=O:
H

各原子の分子軌道を示す．

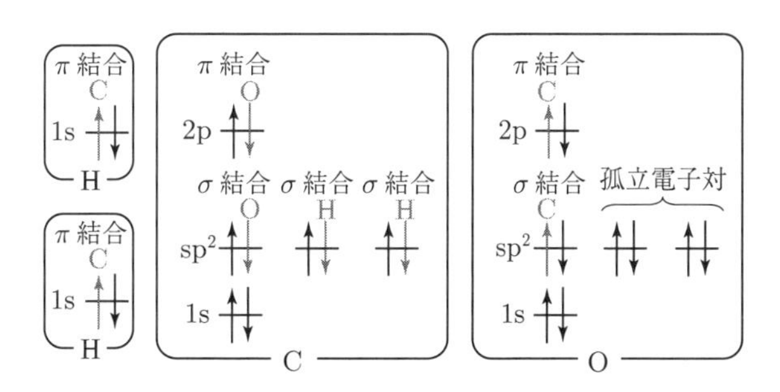

3.8 π 電子の共役

π 電子をもつ多重結合と π 電子をもたない単結合が交互に連なると，複数の π 電子が相互作用して分子軌道を安定化させる．これを**共役**という．例えば，ブタ-1,3-ジエンを考えよう (図 3.21)．C2 の p 軌道は C1 の p 軌道と，C3 の p 軌道は C4 の p 軌道と共有結合しているが，C2 の p 軌道と C3 の p 軌道で共有結合することは不可能だろうか．C2 と C3 で π 結合を形成してしまうと，C1 と C4 の p 軌道はそれぞれ電子を 1 個ずつ失い，**不対電子 (ラジカル)** となってしまう．実際には，C2-C3 結合で明確な π 結合を形成することはないが，隣接する C1-C2 結合と C3-C4 結合における，それぞれの π 電子を相互作用させて安定化させる働きをする．すなわち，ブタ-1,3-ジエンの構造式では二重結合と単結合が明確に区別され，C1-C2 結合および C3-C4 結合に π 電子が局在しているように描かれるが，実際の分子では 3 つの C-C 結合全体に π 電子が非局在化しており，どれが二重結合でどれが単結合か区別できない状態となっている．別な見方をすれば，C-C 結合が平均して 1.7 重結合となっている (図 3.22)．

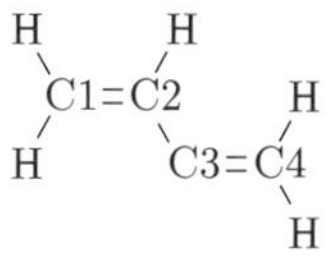

```
H    H
 \  /
 C1=C2      H
 /    \    /
H     C3=C4
           \
            H
```

図 3.21 ブタ-1,3-ジエンの構造
二重結合 (C=C) と単結合 (C-C) が交互に連なっており，π 電子が共役となる．

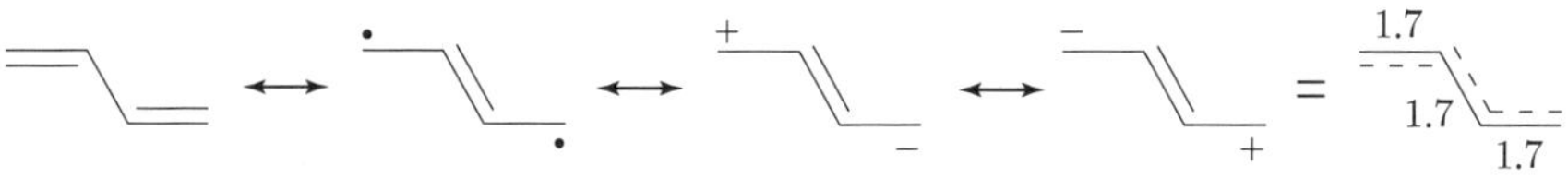

図 3.22 ブタ-1,3-ジエンの共役
実際には，これらの構造が時間的に揺らいでいるのではなく，π 電子が分子全体に非局在化して C-C 結合が 1.7 重結合的になっている．

図 3.23 に共役系をもつ化合物の例をいくつか示す．ブタ-1,3-ジエンに対して，二重結合 (不飽和結合) と単結合 (飽和結合) の繰り返しを増やしたヘキサ-1,3,5-トリエンやオクタ-1,3,5,7-テトラエンでは，電子の非局在化がさらに空間的に広がる．ヘキサ-1,3,5-トリエンを環状にするとベンゼンになるが，ベンゼンは二重結合の隣が単結合であり，非局在化した π 電子が環全体に広がる．ベンゼンのように π 電子が環全体に非局在化した化合物を**芳香族**という．**芳香環**の数を増やしたナフタレンやアントラセンでは，さらに π 電子が分子全体を自由に移動することができる．さらに環の数を増やした芳香族は**多環芳香族**といい，sp^2 結合炭素がシート状になり，それが分子間力によって層状に重なったものが**グラファイト**である．グラファイトは共役によって非局在化した電子が炭素シート面を自由に移動できるため，自由電子をもつ金属に似た導電性や金属光沢を示す．

カロテン類は植物によって合成される色素であり，**β-カロテン**はニンジンやカボチャなどの野菜や果物に多く含まれる赤橙色の色素である．図 3.23 には紫外・可視スペクトルにおける最大吸収波長も示す．共役二重結合構造が長くなり，非局在化した π 電子が分子全体に広がると，電子遷移エネルギーが低エネルギー側 (長波長側) になることがわかる．ブタ-1,3-ジエンの最大吸収波長は紫外光領域であるが，β-カロテンのそれは可視光領域であり，緑黄色野菜のきれいな色は，共役によって非局在化した π 電子によるものといえる．

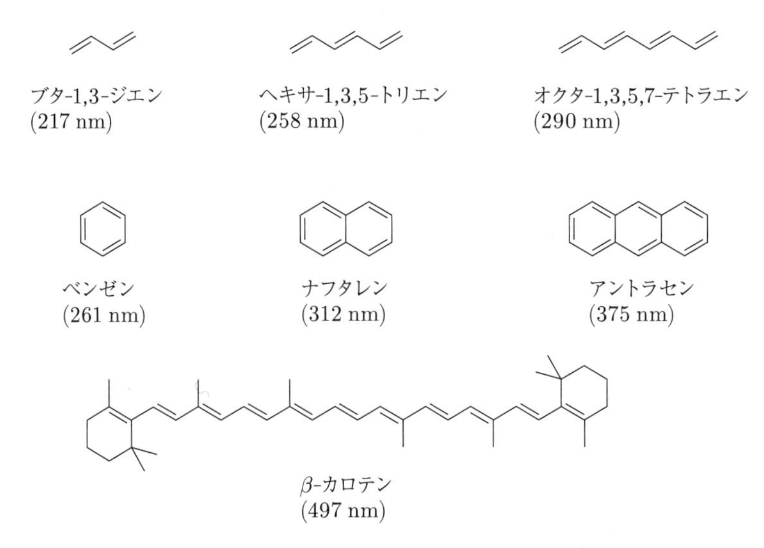

図 3.23 共役系をもつ化合物の例
カッコ内に紫外・可視スペクトルにおける最大吸収波長を示す．

炭素の同素体

グラファイト (黒鉛) とダイヤモンドは見た目も物性も大きく異なるが，両方とも炭素の**同素体**である．グラファイトにおける C-C 結合は sp^2 混成軌道によるものであり，平面的な六方格子が分子間力によって層をなしている．層状であるグラファイトから 1 層だけを取り出したものがグラフェンである．グラフェンは巨大な多環芳香族であり，図では有限の炭素数でしか描けなかったが，これが極限的に広がった 2 次元平面化合物を想像してほしい．グラフェンの作製に成功したのは最近であり，その業績は 2010 年にノーベル賞として評価された．グラフェンを筒状に巻いたものがカーボンナノチューブであり，サッカーボールのように球状にしたものがフラーレンである．炭素数が 60 のフラーレン C_{60} は 1985 年に発見され，その業績は 1996 年にノーベル賞として評価された．ダイヤモンドは C-C 結合が sp^3 混成軌道によるものであり，メタンと同じ正四面体構造となっている．化学結合からみたグラファイトとダイヤモンドの違いは，結合している炭素の軌道が sp^2 混成軌道か sp^3 混成軌道かでしかない．

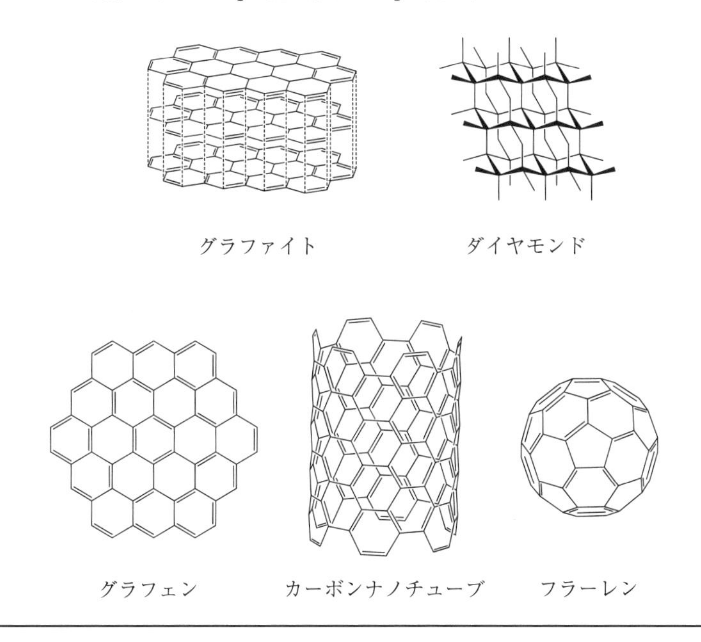

3.9 分子軌道法

これまで，分子軌道の形は結合に関与する各々の原子における原子軌道の形とは異なることを学んだ．これは，電子が原子軌道に拘束されたままではなく，化学結合によって他の原子核や電子の影響を受けることを意味する．まさに共役系では，π 電子がどの原子に由来するのかを忘れ，分子全体に広がっていることを学んだ．ここまで化学結合を古典的な原子価結合法に基づいて説明してきたが，実際にはこれによって説明しきれない現象が多数ある．現在では，電子の振舞いを波動としてとらえる量子力学の考え方が発達し，それに基づいた**分子軌道法**によって化学結合を説明できるようになっている．以下では分子軌道法に基づいて化学結合を説明しよう．

本書では詳しい説明はしない．詳細は量子化学や物理化学の教科書を用いて学習してほしい．

例えば，水素分子 H_2 では原子核が 2 個と電子が 2 個で 4 体問題を考えなければならないので，ここでは 3 体問題として扱える水素分子イオン $H_2{}^+$ を考えよう (図 3.24).

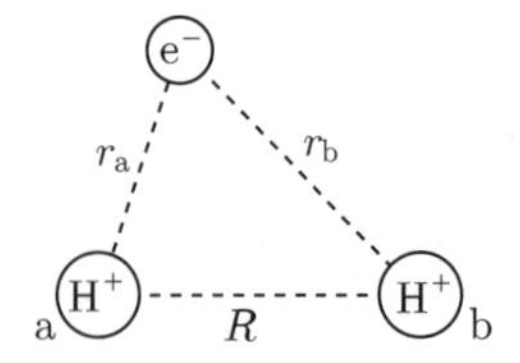

図 3.24 水素分子イオン $H_2{}^+$ における 3 体問題
H^+ と e^- には引力が，H^+ と H^+ には斥力が働く．

原子核は静止しているとし，電子の運動エネルギー

$$-\frac{\hbar}{2m_e}\nabla^2$$

と，H^+ と e^- に働く引力，H^+ と H^+ に働く斥力よるポテンシャルエネルギー (位置エネルギー)

$$-\frac{e^2}{4\pi\varepsilon_0 r_a}-\frac{e^2}{4\pi\varepsilon_0 r_b}+\frac{e^2}{4\pi\varepsilon_0 R}$$

シュレーディンガー方程式は 2.4 節参照.

を用いて，水素分子イオンにおけるシュレーディンガー方程式は

$$\left(-\frac{\hbar}{2m_e}\nabla^2-\frac{e^2}{4\pi\varepsilon_0 r_a}-\frac{e^2}{4\pi\varepsilon_0 r_b}+\frac{e^2}{4\pi\varepsilon_0 R}\right)\psi=E\psi$$

となる．ここで，水素原子 a の固有関数を χ_a，水素原子 b の固有関数を χ_b とすると，水素分子イオンの固有関数として 2 種類の線形結合

$$\psi_+=N_+(\chi_a+\chi_b)$$
$$\psi_-=N_-(\chi_a-\chi_b)$$

が考えられる．

図 3.25 に，結合性軌道 ψ_+ と反結合性軌道 ψ_- における波動関数を模式的に示す．波動関数は電子の存在確率を表す．結合性軌道では，波動の振幅が同符号である原子軌道関数が重なっており，灰色部分で示した分子軌道における電子の存在確率は二原子間で大きくなっている．すなわち，正電荷をもつ 2 つの原子核の間に負電荷をもつ電子が存在することで，エネルギーが安定化することを表している．一方，反結合性軌道では，波動の振幅が異符号である原子軌道関数が重なっており，灰色部分で示した分子軌道における電子の存在確率は二原子間で小さくなっている．このとき，互いに正電荷をもつ 2 つの原子核には斥力が働いて化学結合は生じない．

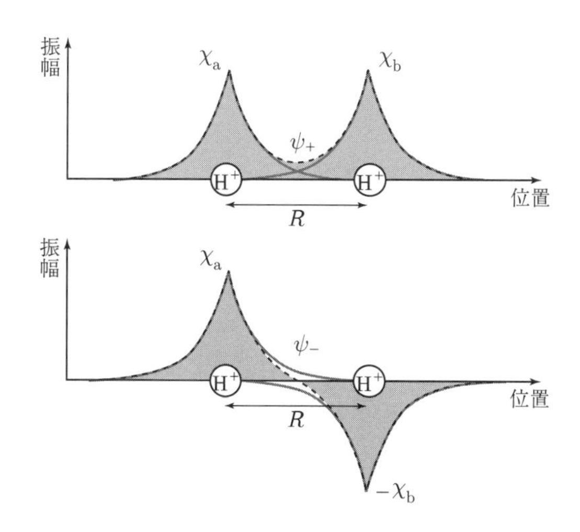

図 3.25 結合性軌道 (上) と反結合性軌道 (下) の波動関数

ここでは，3 体問題として扱える水素分子イオンを例にして波動関数を考えた．実際の分子を分子軌道法で考えて 3 次元的な化学結合構造を予測することは大変な作業であるが，現在は計算機が発達しているため，市販のコンピュータとソフトウエアを用いることで，ある程度正確にそれを予測することが可能となっている．

3.10 配位結合

共有結合では，結合する 2 つの原子それぞれから 1 個ずつ不対電子が供給され，その 2 個の電子が結合電子対となって化学結合を形成した．これに対し，結合する 2 つの原子のうち，片方から 2 個の電子が電子対として供給され，それを 2 つの原子で共有する結合もあり，これを**配位結合**という．一般に，孤立電子対をもつ分子やイオンと，空の軌道をもつ金属陽イオンは配位結合を形成しやすい．このように，金属陽イオンに対して非金属の配位子が配位結合した化合物を (金属) **錯体**という．例えば，アンモニア NH_3 は分子中に 1 つの孤立電子対をもっていることを学んだ．銀イオン Ag^+ は配位数が 2，亜鉛イオン Zn^{2+} は配位数が 4 であり，それぞれアンモニアとジアンミン銀 (I) イオン $[Ag(NH_3)_2]^+$，テトラアンミン亜鉛 (II) イオン $[Zn(NH_3)_4]^{2+}$ の錯イオンを形成する (図 3.26)．

複数の配位座をもつ配位子によって金属陽イオンに配位結合してできた錯体を**キレート錯体**という．例えば，ポルフィリン構造は生体分子に多くみられるが，この化学構造はさまざまな中心金属とキレート錯体を形成する (図 3.27)．例えば，ヘムタンパク質の一種であるヘモグロビンは分子中にポルフィリン構造を有し，中心金属に Fe を配位している．また，植物中の葉緑素 (クロロフィル) もポルフィリン構造を有し，中心金属に Mg を配位している．

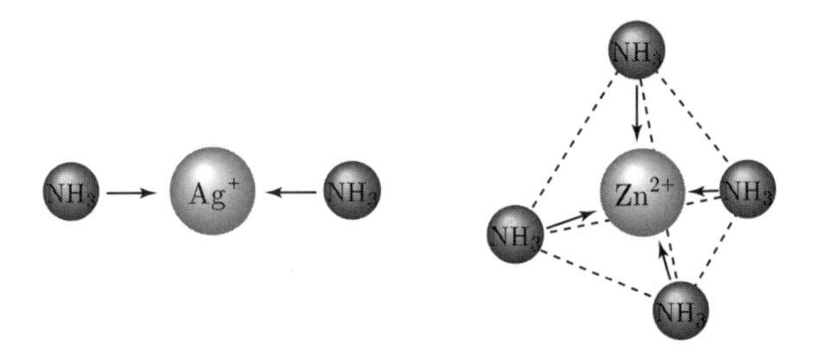

図 3.26　ジアンミン銀 (I) イオン $[Ag(NH_3)_2]^+$(左),
テトラアンミン亜鉛 (II) イオン $[Zn(NH_3)_4]^{2+}$(右)

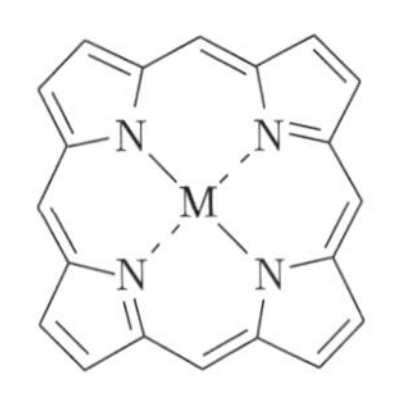

図 3.27　ポルフィリン構造と中心金属 M によるキレート錯体

3.11　ファンデルワールス力

ここまでは，分子中において原子同士を結束する化学結合を学んだ．化学反応によって化学結合が生じるとき，何らかの影響で電子の所在が変わることがわかった．物質は化学反応によってまったく別な物質に変換されるが，化学反応によらず物性を変化させることもある．例えば，水は 100°C で沸騰し，0°C で凍る．この気体，液体，固体の間では何が変化しているのであろうか．それは，分子間に働く力 (**分子間力**) である．気体状態にある分子は分子間力に拘束されることなく飛行しているが，液体や固体になると分子間力によって凝集する．液体と固体の違いは凝集した状態でも分子が自由に動き回れるかどうかであり，これも分子間力によって決まる．

この分子間力は何によって生じるのだろうか．電荷をもつイオンにはクーロン力による静電的な相互作用が働く．それでは電気的に中性な分子ではどうだろうか．たとえ希ガスのヘリウムでも，極低温で超高圧を与えることにより固体となる．しかし，大気圧における液体ヘリウムの沸点は −269°C (4 K) であることから，その分子間力は極めて弱いことが予想される．このような電荷をもたない分子による凝集力を**ファンデルワールス力**という．この分子間力を表すモデルとして，**レナード-ジョーンズ・ポテンシャル**はよい近似となる．図 3.28 に，ヘリウムにおけるレナード-ジョーンズ・ポテンシャルを示す．横軸は二原子間の距離 r であり，縦軸は二原子間に働くポテンシャルエネルギー V である．ポテンシャルエネルギー V の勾配の異符号が二原子間に働く力であ

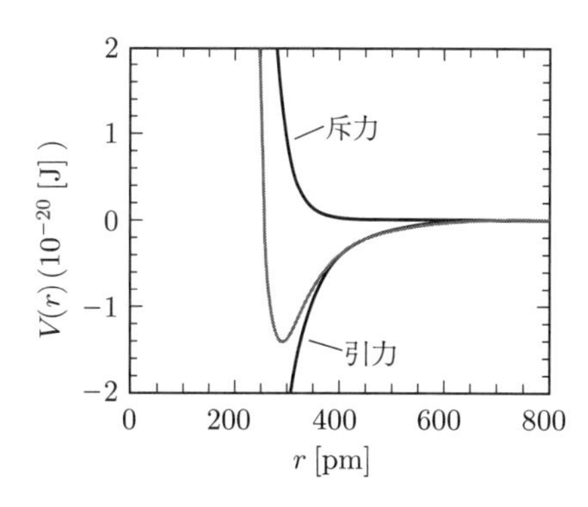

図 3.28　ヘリウムにおけるレナード-ジョーンズ・ポテンシャル

り ($F = -\operatorname{grad} V$)，二原子間の距離が近づくと斥力が働き，遠のくと引力が働く．

しかし，二原子間の距離が無限遠になると，ポテンシャルエネルギーの勾配は 0 となり，二原子間で力は及ぼし合わない．このレナード-ジョーンズ・ポテンシャルは，斥力と引力の項がそれぞれ

$$\text{斥力}:V_{\mathrm{r}}(r) = 4\varepsilon\left(\frac{\sigma}{r}\right)^{12}$$

$$\text{引力}:V_{\mathrm{a}}(r) = -4\varepsilon\left(\frac{\sigma}{r}\right)^{6}$$

と表され，二原子間のポテンシャルは

$$\begin{aligned} V(r) &= V_{\mathrm{a}}(r) + V_{\mathrm{r}}(r) \\ &= 4\varepsilon\left(\left(\frac{\sigma}{r}\right)^{12} - \left(\frac{\sigma}{r}\right)^{6}\right) \end{aligned}$$

となる．ここで，二原子間の引力的なポテンシャルは距離の 6 乗に反比例することがわかる．これがファンデルワールス力である．

では，なぜ分子間にはファンデルワールス力が働くのだろうか．それは分子における電気双極子が相互作用するからである．極性分子に電気双極子が存在することは理解できる．例えば，中性の塩化水素 HCl は電気陰性度が異なる原子が共有結合しているため，3.7×10^{-30} C m 程度の双極子モーメントをもつことを説明した．それでは無極性分子にもファンデルワールス力が働くのはなぜだろうか．無極性分子においても，電子のゆらぎによって電気双極子が誘起される．これを**誘起双極子**という．すなわち，分子内の電子の運動によって瞬間的にできた双極子が隣の分子の双極子を誘起し，誘起された双極子がまたその分子との間で相互作用する．

3.12 水素結合

水は，水素の電気陰性度に比べて酸素の方が大きいため，O–H 結合において電子が酸素側に局在化しており，**双極子モーメント**が存在する (図 3.29).

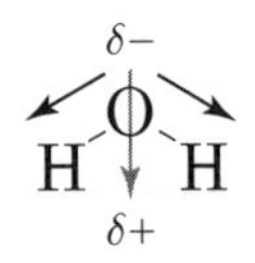

図 3.29 水の双極子モーメント
O–H 結合方向に 5.3 C m の双極子モーメントがあり，2 つのベクトルを足し合わせると分子全体では 6.2 C m の双極子モーメントとなる.

しかし，この永久双極子モーメントによるファンデルワールス力だけでは水の物性を説明することはできない．水には**水素結合**とよばれる分子間力が作用する．これは，窒素，酸素，硫黄，ハロゲンなどの電気陰性度が大きな原子 (陰性原子) に共有結合した水素原子が，近傍に位置した他の原子の孤立電子対とつくる非共有結合性の引力的な相互作用である．水分子には酸素原子上に 2 つの孤立電子対が存在する．すなわち，水分子は水素結合に関与する水素供与体を 2 つ，水素受容体である孤立電子対を 2 つもっており，水 1 分子あたり，最大 4 つの水分子と水素結合することができる (図 3.30).

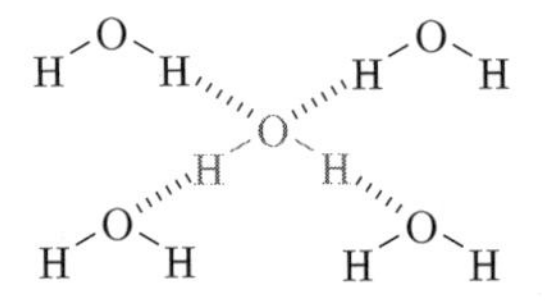

図 3.30 水の水素結合構造
1 つの水分子は 2 つの水素供与体と 2 つの水素受容体 (孤立電子対) により，最大 4 つの水分子と水素結合することができる.

このため，水は類似化合物と比べて沸点が異常に高いことが知られている．例えば，水 H_2O の沸点は 100°C であるが，同じ第 16 族元素水素化物である硫化水素 H_2S の沸点は −61°C，同程度の分子量をもつメタン CH_4 は −162°C である.

生物は二重らせん構造をもつデオキシリボ核酸 (DNA) によって遺伝情報の継承と発現を担っており，その構造は生体環境で容易に可逆的に変化する．この二重らせん構造を支えているのが，塩基であるチミンとアデニン，シトシンとグアニンによる水素結合である (図 3.31)．生物は，化学反応による化学構造の変換だけでなく，このような分子間力による分子構造の変化も巧みに利用して分子機能を発揮している.

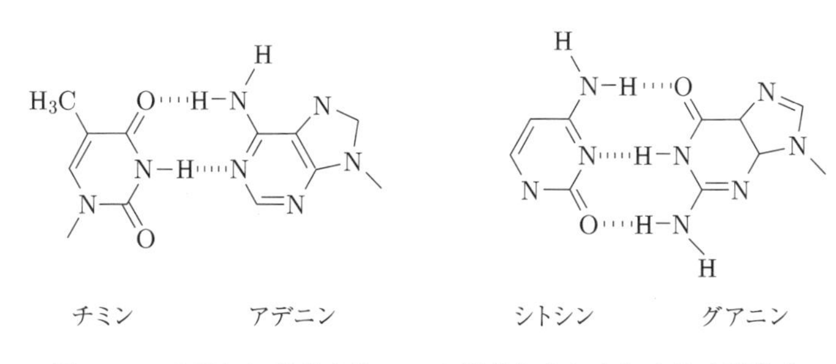

図 3.31 DNA に存在する 4 つの塩基とそれらによる水素結合

演習問題 3

3.1 次の用語について説明しなさい.

(1) 電気陰性度 (2) 酸化数 (3) 自由電子 (4) 孤立電子対

(5) π 電子の共役 (6) ファンデルワールス力 (7) 水素結合

3.2 イオン結合, 共有結合, 金属結合について, それぞれの特徴と違いを説明しなさい.

3.3 エタン, エチレン, アセチレンを例にして, sp^3 混成軌道, sp^2 混成軌道, sp 混成軌道について説明しなさい.

3.4 π 結合と σ 結合の特徴と違いを説明しなさい.

3.5 次の化合物の組成式と式量を求めなさい.

(1) 酸化鉄 (II) (2) 酸化鉄 (III) (3) 塩化アルミニウム

(4) 酸化アルミニウム

3.6 カルシウムが次の化合物と反応するときの反応式を記しなさい.

(1) H_2 (2) F_2 (3) O_2 (4) N_2

3.7 次の化合物についてルイス構造を描き, 単結合, 二重結合, 三重結合, 孤立電子対の数を数えなさい.

(1) エタノール CH_3CH_2OH (2) アセトアルデヒド CH_3COH

(3) 酢酸 CH_3COOH (4) アセトン CH_3COCH_3

(5) アセトニトリル CH_3CN

3.8 次の化合物における N の酸化数を求めなさい.

(1) アンモニア NH_3 (2) アンモニウムイオン $NH_4{}^+$ (3) 硝酸 HNO_3

(4) 硝酸イオン $NO_3{}^-$ (5) 亜硝酸 HNO_2 (6) 亜硝酸イオン $NO_2{}^-$

(7) 二酸化窒素 NO_2 (8) 一酸化窒素 NO

3.9 次の化合物について立体的な分子構造を予測して描き, π 結合, σ 結合, 孤立電子対の数を数えなさい.

(1) メチルアミン CH_3NH_2 (2) メチレンアミン CH_2NH

(3) シアン化水素 HCN

3.10 アレン $CH_2\underline{C}CH_2$ における下線のついた C の分子軌道を記しなさい.

3.11 酢酸 CH_3COOH は水溶液において単量体として存在せず, 2 つの分子が水素結合によって二量体を形成していることが知られている. 酢酸の二量体における水素結合構造を予測しなさい.

4

化学熱力学の考え方

本章では，化学熱力学について学ぶ．1 章で「物質量」という概念を知り，私たちの目の前にある物質がとてつもなく多くの分子や原子でできていることを理解した．それに続く章で学んだ分子論は，量子力学を武器として原子や分子を 1 つ 1 つ理解するというミクロな化学の考え方である．一方，私たちが慣れ親しんでいる化学はそれらが 10^{23} 個ほど集まった物質そのもの，すなわちマクロな系も取り扱う．ここで役に立つのがマクロなものの見方である．もし化学を理解するのにミクロなものの考え方しか知らなかったら，目の前にあるマクロの系を理解することはおよそ不可能に思えるだろう．1 つの分子を理解するのに 1 秒使ったとしても，10^{23} 個を調べるには宇宙の年齢を軽く超える膨大な時間がかかってしまう．しかし，そのことに絶望的になる必要はない．現代ではマクロな系を理解するのに分子論とは異なった非常に強力な方法が確立されている．それが，熱力学を基礎としたマクロな化学の考え方である．

マクロ系の理論である化学熱力学を正確に理解することは簡単ではない．初学者には特に，目に見える実際の現象と抽象化された式の間に大きな隔たりが感じられるので，法則を知っていてもその適用方法がわからなくなる傾向がある．このことは，物理や数学などの抽象的なものの考え方を苦手とする人にはなおさらだろう．そこで，本書では熱力学法則の使い方をなるべく丁寧に説明する．ただし，熱力学法則のつながりを俯瞰できるように，物理数学的な要素をあまり省略しすぎないように心がけた．数学を省きすぎると，熱力学で登場するさまざまな関数の関係がかえってわかりにくくなり，熱力学は覚えることの多い煩雑なものになってしまう．手に入れた知識を使いこなすためには熱力学をすっきりとした体系として整理しておく必要がある．

4.1　平衡系の熱力学入門

この節ではまず高校化学で習う「ヘスの法則」を復習しつつ，化学における熱力学の必要性を述べる．次に「平衡」や「系」などの熱力学の専門用語を解説し，熱力学の第一法則に関連する事項を学ぶ．ここでは「エントロピー」という熱力学特有の量に遭遇するが，それがどのような物理量であるかは次節以降にならないとわからないように工夫している．逆説的に聞こえるかもしれないが，「エントロピーとは～である」というような具体的な説明を先に与えてしまうと，エントロピーを正確に理解することがかえって難しくなってしまうからである．

4.1.1　化学における熱力学の必要性

高等学校の化学では，割合と早い段階で熱と化学反応の関係について勉強する．そこで活躍するのは「ヘスの法則」であった．

ヘスの法則

物質が変化する際の「熱量」は，変化する前の状態と変化した後の状態のみで決まり，その変化のさせ方 (経路) には無関係である．

大学における化学教程では，ヘスの法則を「熱量」で表現することはなくなる．ヘスは熱力学成立以前の化学者であったので，オリジナルの法則では熱力学の用語を用いていない．これは，ヘスが「熱量」という用語の使い方を間違っていたことを示すわけでは決してない．熱力学の成立によって，ヘスの「熱量」をより普遍な熱力学量で表現することが可能になっただけのことである．

ヘスの法則は，一般的には熱量が経路に依存する量であることを知ったうえで，「化学変化前後の熱量変化については例外である」と主張している．一方，熱力学を化学反応の解析に適用すると，ある条件で測定した熱量が上述のような性質を必ずもっている，ということが明らかになる．このように，化学反応の記述に熱力学を取り入れると，私たちは「ヘスの法則」を暗記する必要がなくなる．大学の有機化学や無機化学の教科書を紐解けば，そこには「ヘスの法則における熱量」の代わりに「エンタルピー」という量が登場していることに気づくだろう．この新しい言葉は，ヘスの法則を内包するより一般的な表現である．熱力学はヘスの法則に確固とした根拠を与え，その法則をより広範な化学現象に応用することを可能にする．

ヘスの法則と同じように，高校生のときに「覚えた」ヘンリーの法則やラウールの法則も熱力学によって解析され意味づけされるので，大学の化学ではそれらを個別に覚える必要はなくなる．また，沸点上昇や凝固点降下などの一見異なる現象にみえる[1]ものも，実は同じ原因によって生じていることが明らかになるだろう．このように，熱力学を身につけ適切に用いることができると，化学現象に対する見通しが格段によくなる．熱力学によって，これまでばらばらに覚えていた法則や現象が整理され，同じ物理的背景をもつものにきちんと分類されて頭に入るのである．

1) 実際に高校化学では，別個の現象として教えていることが多い．

熱力学が私たちに与える恩恵はこれだけではない．雑然と並べられた法則を整理整頓できれば，私たちの意識は自然と次の段階へと向いていく．それは，目の前に起こる現象とそれを構成する分子の性質との関係である．このような理論体系は**統計力学**といい，本書では，4.3.2 項でその考え方を少しだけ紹介する．熱力学を修得することによって私たちは，ミクロ (分子) とマクロ (現象) とをつなげて理解する方法の足がかりをつかむことができるのである．

4.1.2 準備 — 専門用語とその定義

ここでは，熱力学を組み立てるのに必要な専門用語を説明する．これらの用語は最初なじみにくいかもしれないが，何度も使っているうちに概念とともに理解できるようになるだろう．覚える必要はないが，本項を辞書のように用いて，いつでも専門用語の定義を確認するようにしてほしい．

(1) 系

系とは，熱力学において記述しようとする対象のことで，それは気体，液体，固体，またはそれらが混在するものである．通常，系は私たちが感知できる大

図 4.1 孤立系に近い断熱容器の断面図
外壁と内壁の間は真空に保たれ，内壁はさらに断熱材によって幾重にも覆われている．もちろん，光も通さないように設計されており，外界から熱的にも力学的にも遮断した環境になっている．ここまでしても，完全な断熱系は実現できていない．

2) 現代的な知識を用いるのであれば，原子・分子が 10^{23} 個程度集まったものと考えておく.

きさ[2] をもち，「境界」で囲われて界や他の系と隔てられている (図 4.1). 系は境界の種類によって

- **孤立系**: 外部と物質もエネルギーも授受しない系
- **閉鎖系**: 外部と物質は授受しないがエネルギーは授受する系
- **開放系**: 外部と物質もエネルギーも授受する系

という名前がつけられている. 必要ならば，境界を用いて系を 2 つ以上の部分 (部分系) に分けることができる. 系の中身は文字通り「何でもよい」. 多くの成書では，最初に系として理想気体を選んで説明を始めるが，これは単に理想気体の性質がよく知られているからである.

(2) 部分系

化学熱力学では，解析の対象となる系を 2 つ以上の部分に分けて考えた方が便利な場合がある. 分けられた系を**部分系**という. 部分系を隔てる境界は**壁**という. 壁はどのようなものであってもよく，解析したい現象によって適宜選択される. 熱を通さない「断熱壁」，体積変化による仕事をやりとりする「可動壁」，液体と気体の間に自然にできる「界面」が熱も仕事も物質も透過する「壁」として選択されることもある. 最も極端な場面では，実際には存在しない仮想的な壁によって部分系を分けることもある.

(3) 熱力学変数と状態量

熱力学的な系の状態を記述するための量のことを熱力学変数と名づける. 熱力学変数は，系の状態を表すのに必要な状態方程式や熱力学関数を記述するのに用いられる変数のことで，体積 V，圧力 P，絶対温度 T，物質 (モル) 量 N などがある. 平衡系を記述するためには，熱力学変数は状態量である必要がある. **状態量**とは，系がどのような履歴を経たかということに依存せず，現在の状態のみから決定できる量のことである.

状態量には示量性のものと示強性のものがある. **示量性状態量**は，系の状態を変えずに大きさを変えたときに，その大きさに比例して変わるもので，体積，物質量，エネルギーがこれにあたる. **示強性状態量**は，系の大きさを変えても変化しない量のことで温度や圧力がこれにあたる.

(4) 状態方程式

状態量間の関係を示す式を**状態方程式**という. 多くの場合，状態方程式で関係づけられる状態量はエネルギーに関係のないものである[3]. 気体の状態方程式は，(P, V, T) などを組み合わせて表現される. 状態方程式は熱力学理論では導き出すことができず，実験によって決められるか統計力学などを用いて理論的に導かれる. 状態方程式は熱力学変数間の関係を表したものなので，その

3) エネルギー状態方程式という関係式を用いることもある.

存在は系の記述に用いられる熱力学変数がすべて独立変数ではないことを示している．

(5) 熱力学関数と完全な熱力学関数

熱力学関数[4] は状態量を変数とし，系のエネルギーまたはそれにまつわる量を与える関数のことである．熱力学関数としては，内部エネルギー，エンタルピー，エントロピー，ヘルムホルツエネルギー，ギブスエネルギーなどがよく登場する．熱力学関数の中には，系が取り得る状態すべてについての情報をもつように定義された関数が存在し，それらは特別に**完全な熱力学関数**という．一般的な熱力学関数は，状態方程式と同じく実験や統計力学理論によって導かれ，完全な熱力学関数はそれらをもとにして熱力学理論から構築される[5]．状態量，熱力学変数，熱力学関数の包括関係を図 4.2 に示す．

4) **状態関数**という教科書もある．

5) 理想気体の完全な熱力学関数の導き方は，田崎 (2000) などを参照．

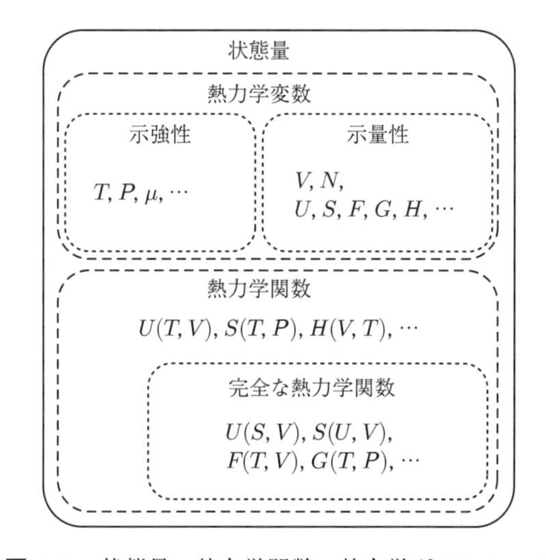

図 4.2 状態量，熱力学関数，熱力学ポテンシャル

(6) 絶対温度

絶対温度は，本来，熱力学の理論体系を構築する中で定義されるもので，始めから存在するものではない．しかし，本書では紙面の都合上，絶対温度という状態量が存在することを最初に認めて説明を始めることにする[6]．熱力学で用いられる温度は**絶対温度**とよばれ，単位は K (ケルビン) である．絶対温度は，通常私たちが慣れ親しんでいるセルシウス温度 (摂氏) との間に簡単な変換式がある ($0°\mathrm{C} = 273.15\ \mathrm{K}$)[7] が，絶対温度は単なる尺度ではない．絶対温度は，他の状態量によって記述される関数であり，基点を 0 K にもつ状態量である．

6) 絶対温度の導出については，原島 (1978) などを参照．

7) より正確には，水の三重点を 273.16 K として定義する．

(7) 平　衡

状態量というのは，系がある状態にあるときに測定された量であるから，その量をいつ測定すべきかという疑問が湧く．平衡系の熱力学では，状態量は系が平衡状態にあるときに測定するということになっている．最も基本的な平衡状態とは，以下のような状態である．

平衡状態に関する原理

系を外界と完全に隔離し (孤立系とし)，十分な時間を経過させた後に系の状態量がすべて一意に定まった状態．

この定義は熱力学の範疇では証明も導出もできないので，熱力学の 1 つの原理である．

一方，部分系の平衡条件は上の原理から熱力学的な解析によって，以下の 3 つが導かれる．

- **熱平衡**：熱を交換する壁を通して互いに接触する部分系同士の温度 T が同じ．
- **力学平衡**：仕事を交換する壁を通して互いに接触する部分系同士の圧力 P が同じ．
- **化学平衡**：物質を交換する壁を通して互いに接触する部分系同士の化学ポテンシャル μ が同じ [8]．

これらの平衡条件が，いずれも示強性状態量によって特徴づけられていることは注意すべきである．

平衡状態に関する原理からもわかるように，平衡系の熱力学において，時間が (表立って) 熱力学変数として取り扱われることはない [9]．したがって，熱力学量の測定を行うときには，操作の速度や手順が測定対象の熱力学量に影響しないように気をつけなければならない．例えば，系の温度を時間ごとに変化させながら測定を行うような場合には，得られたデータと熱力学量の関係に細心の注意が必要である．

8) 化学ポテンシャルは 4.1.8 項参照.

9) ここで「表立って」とわざわざ書いたのは，化学反応の項で時間を変数とするような説明があるからである．

(8) 相

平衡状態において系内に存在する，巨視的にみて構成成分や密度が異なる部分系のことを**相**という．相と相の間には**界面**が存在する．相を構成する物質の密度などが異なれば各相の屈折率が異なるので，界面は一般的に目視することができる (図 4.3).

(9) 加成性と部分モル量

示量性状態量には，**加成性**という重要な性質がある．当たり前に感じるかもしれないが，2 つの部分系の体積が V_1, V_2 であるとき，全系がこの 2 つの部分

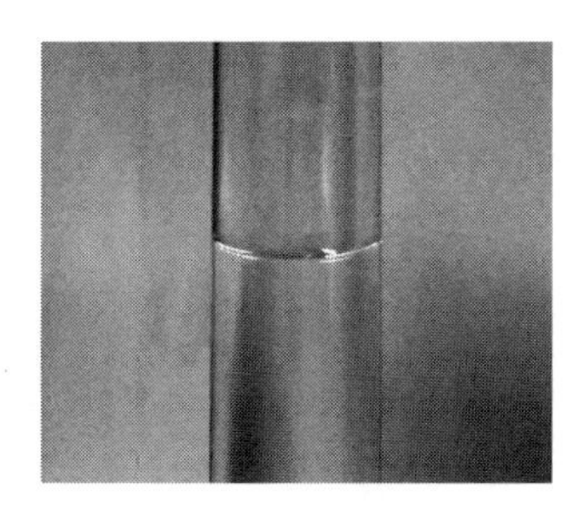

図 4.3 水相と油 (シクロヘキサン) 相，その間にできる界面の様子

系のみから構成されるならば，全体の体積 V は

$$V = V_1 + V_2$$

である．

多成分を含む系の解析では，示量性状態量について各成分 1 mol あたりの量として**部分モル量**を定義し議論することも多い．2 つの成分の物質量を N_1, N_2 [mol] とすると，これらを混合して得られる系の全体積 V は

$$V = N_1 V_1^\circ + N_2 V_2^\circ$$

になると考える．ここで，V_i° は 1 mol あたりの成分 i の体積，すなわち部分モル体積である．混合によって体積が変化する場合，部分モル体積は各成分の濃度の関数になる．例えば，各種の塩やアルコールなどの水混合系についての部分モル体積がよく研究されている．

同様にして，任意の示量性状態量 X について

$$X = \sum_{i=1} N_i X_i^\circ \tag{4.1}$$

として，部分モル量 X_i° を定義することができる．

4.1.3 仕事と熱の変換

熱と仕事はともにエネルギーの一形態である．熱の単位は，過去にはカロリー (calorie) とされてきたが，現在の SI 単位系では仕事とともに，J (ジュール) で統一することになっている．このように書くと，熱力学でわざわざ「熱」と「仕事」という別の名称を与えて区別していることに違和感を覚えるかもしれない．しかし，熱と仕事はそれぞれ「質的に」まったく異なったエネルギーの形態なのである．

熱と仕事が可換であることは，蒸気機関が発明された 18 世紀初頭頃から徐々に理解されていたようであるが，その変換係数 (いわゆる熱の仕事当量) の決定には 19 世紀中頃になされたジュール (1818–1889) の研究成果を待たねばならなかった．ジュールは羽根車の実験 (図 4.4) を含む極めて慎重な一連の研究[10] から，**熱の仕事当量**を求めた[11]．現在では，その変換式は

10) 電磁コイルを利用したものもある．

11) ジュールの測定をしたもののうち現代の定義に最も近い値は，1 cal = 4.1587 J である．岡本 (2002) などを参照．

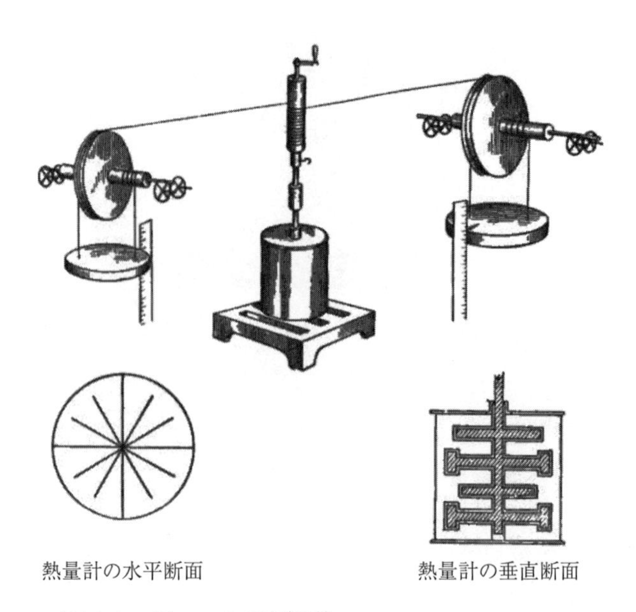

図 4.4 ジュールの羽根車
熱の仕事当量を求めた実験の 1 つである.

$$1 \text{ cal} = 4.1855 \text{ J}$$

として知られる. これは, 仕事 ⇒ 熱 の変換が 100%起こったときの変換式である.

この変換式をみると初学者は, 仕事 ⇒ 熱の変換とその逆の 熱 ⇒ 仕事 の変換がどのような場合でも 100%の効率で起こるような印象を抱くかもしれない. しかし, 実際には, 100%の効率で 仕事 ⇒ 熱 の変換を行うことは可能だが, 熱 ⇒ 仕事 の変換を 100%の効率で起こすことはできない. 後者は, カルノー (1796–1832) によって理論的に示された. このことをきちんと説明するには**カルノーサイクル**を理解する必要があるが, 本書では詳細を述べずに得られた結論だけを説明する [12).

カルノーは実際の熱機関 [13) を注意深く観察して,「熱によって仕事を発生させるためには, 系を温度差のある 2 つの外部系に接触させて熱エネルギーを授受させなければならない」ということに気づいた. 言い換えれば, 熱 ⇒ 仕事 の変換が起こるためには, 温度の高い方の熱源から低い方の熱源に熱が流れる必要があると考えたのである. このことを図 4.5 (a) に模式的に示す. 系は高熱源から熱 q_{H} を受け取り, 一部を仕事 w に変換して外部 (力学系) に与えるとともに残りの熱 q_{L} を低熱源へ渡す. つまり, 熱 ⇒ 仕事 の変換で, 仕事に変換できるのは $q_{\mathrm{H}} - q_{\mathrm{L}}$ 分だけであり, 熱 ⇒ 仕事 の変換が 100%の効率で起こることはない. カルノーは, このことをもって熱と仕事は質的に異なったエネルギーであると主張した.

12) カルノーサイクルは, よくエントロピー増大則を導くときに用いられる. 例えば, フェルミ (1988) などを参照.

13) 熱 ⇒ 仕事 の変換を行う機関. 当時はおもに蒸気機関.

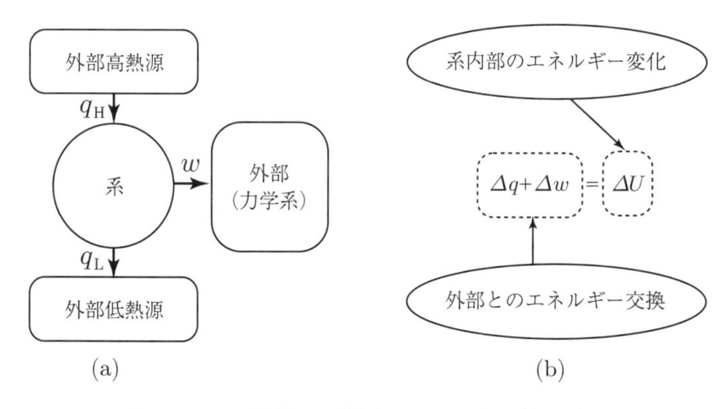

図 **4.5** (a) 熱機関の構成，(b) 熱力学第一法則

熱力学の定式化は，一見矛盾した結論にみえるジュールとカルノーの主張を，両方とも事実であると認めることから始まった．この困難な作業を達成し熱力学の基礎を築いたのがクラウジウスである．次の 4.1.4 項では，熱 ⇒ 仕事の変換の観点から，熱力学第一法則を説明しよう．

4.1.4 内部エネルギーと熱力学第一法則

図 4.5 の「系」(熱源や外部ではなく) で起こるエネルギー変化について，その収支を計算する．系に入ってくるエネルギーをプラス，系から出て行くエネルギーをマイナスにとると，系に出入りしたエネルギーは

$$q_{\rm H} - q_{\rm L} - w$$

である．この分のエネルギーが系の内部にとどまる (可能性がある)．このエネルギーを U と書くと

$$q_{\rm H} - q_{\rm L} - w = U$$

と書ける．ここで，U は系の**内部エネルギー**である．変化の前後における系のエネルギー収支を計算する立場からすれば，正味のエネルギー変化分だけ計算した方が計算がすっきりする．したがって，エネルギー収支を計算するのに

$$\Delta U = \Delta q + \Delta w \tag{4.2}$$

という式を用いる．これは，「系が受け取った正味の熱」と「系がされた正味の仕事」を足すと「系が内部に蓄えた正味のエネルギー」になるということを意味している．系が外部に仕事をする場合は $\Delta w < 0$ である．式 (4.2) が主張していることが，いわゆる**熱力学第一法則**である [14]．

14) 第一法則は，原理 (エネルギー保存則) から導かれており，熱力学の一番基礎となる「法則」である．成書によっては，第一法則としてここに示した以外の表現を採用することがある．

熱力学第一法則

熱平衡状態にある系の内部エネルギーは，外部との熱エネルギーや仕事エネルギーのやりとりのみで変化する．

内部エネルギーの単位はJである．実際の計算を行うときには，その1000倍の値 kJ ($= 10^3$ J) や，1 mol あたりの量である kJ mol^{-1} がよく用いられる．

図4.5の系が 熱 ⇒ 仕事 の変換を行ったとき，系内部にエネルギーが残らない ($\Delta U = 0$) ならば

$$\Delta q = -\Delta w$$

となって，熱機関は利用できる熱 $q_{\mathrm{H}} - q_{\mathrm{L}}$ をすべて外部への仕事 $-w$ に変換できる．このような熱機関は**理想機関**といい，実際の熱機関の効率の上限を与える．理想機関は実現不可能であるが，それは $\Delta U = 0$ を達成することが難しいからではなく，外部と系との熱や仕事のやりとりをエネルギーの損失なく行うことが難しいからである．熱機関の効率 η は，高熱源から系に流れ込んだ熱 q_{H} のうち，系が仕事に変換できた分 $q_{\mathrm{H}} - q_{\mathrm{L}}$ として計算される．理想機関の η は

$$\eta = \frac{w}{q_{\mathrm{H}}} = \frac{q_{\mathrm{H}} - q_{\mathrm{L}}}{q_{\mathrm{H}}} = 1 - \frac{q_{\mathrm{L}}}{q_{\mathrm{H}}} \tag{4.3}$$

である．$\eta = 1$ のとき，100%の効率で 熱 ⇒ 仕事 の変換が行われたことを示すが，$q_{\mathrm{H}} = \infty$ もしくは $q_{\mathrm{L}} = 0$ を実現する熱源がないと $\eta = 1$ は達成できない [15]．

15) 詳しくは述べないが，$q \propto T$ であることを考えると，$q_{\mathrm{H}} = \infty$ もしくは $q_{\mathrm{L}} = 0$ となる熱源をもつ熱機関が実現不可能であることが理解できるだろう．

式 (4.2) は，「系の内部エネルギーの変化分 ΔU に Δq と Δw がどのように寄与するかについては制限はない」ということも主張している．$\Delta U = 100$ kJ mol^{-1} の変化分に，Δq と Δw が 50 : 50 で寄与しようが，25 : 75 で寄与しようが構わない．このことは，Δq と Δw が，外部と系のエネルギー交換の道筋，すなわちエネルギー授受の履歴に依存することを意味している．したがって，q や w は状態量ではない．一方，U は内部に蓄えられた正味のエネルギーなので，履歴によらず系の状態によって一意に決まる状態量として振る舞う．

4.1.5 状態量の数学的表現

4.1.4項で，内部エネルギーが状態量であることを直感的な方法で説明したが，それだけでは次の段階に議論を進めることはできない．法則から他の法則を導いて，熱力学を実際の系の解析に役立つ形に仕上げるにはどうしても数学の力が必要である．そこで，初めに状態量であることが数学的にどのように表現されるかをみてみよう．

x_1, x_2 を熱力学変数とする状態量 f があるとする ($f(x_1, x_2)$)．状態量 f は，x_1, x_2 の値が決まればその値が一意に決まるものでなければならない．この関数は例えば図4.6のような形をしている．数学的には f が状態量であるならば，$f(x_1, x_2)$ は全微分可能でなければならない．f の全微分 $\mathrm{d}f$ は

$$\mathrm{d}f(x_1, x_2) = \left(\frac{\partial f}{\partial x_1}\right)_{x_2} \mathrm{d}x_1 + \left(\frac{\partial f}{\partial x_2}\right)_{x_1} \mathrm{d}x_2 \tag{4.4}$$

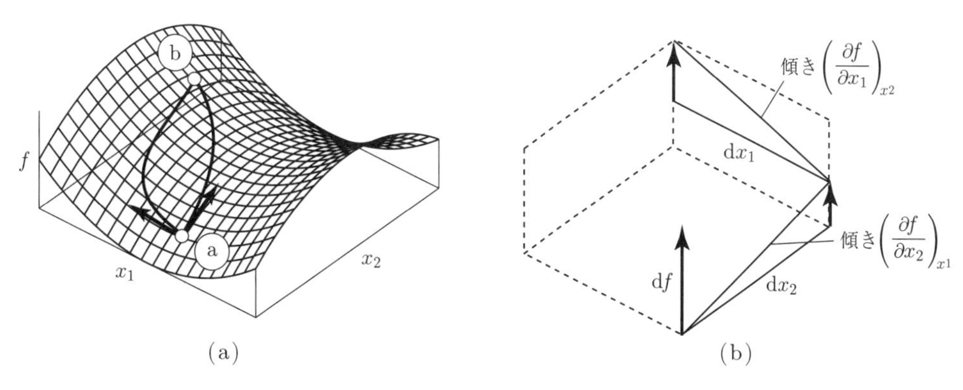

図 4.6 $f(x_1, x_2)$ と全微分形式

である．$(\partial f/\partial x_1)_{x_2}$ は $f(x_1, x_2)$ を x_1 で偏微分したことを意味しており，$(\ )_{x_2}$ は $f(x_1, x_2)$ を x_1 で微分する際に x_2 を変数と見なさず，定数として扱っていることを示す記号である．

【例題 4.1】 $f = x_1^2 x_2$ を x_1 で偏微分し，$(\partial f/\partial x_1)_{x_2}$ を求めなさい．

解 $f(x_1, x_2)$ を x_1 で偏微分するので，x_1 以外の変数は単なる数値だと思って微分すればよい．したがって

$$\left(\frac{\partial f}{\partial x_1}\right)_{x_2} = 2x_1 x_2$$

である．

熱力学と幾何学

熱力学の基礎を築いたのはクラウジウス (1822 - 1888) であるが，熱力学を今日の形で完成させたのはギブス (1839 - 1903) である．ギブスは，1873 年に熱力学の 2 つの重要な論文を書いているが，その 2 つの論文の題名にはともに“graphical” すなわち「幾何学的」という言葉が使われている．なぜギブスは熱力学の基礎理論を構築するのに幾何学的な方法を用いたのだろうか？

その理由の 1 つは，熱力学が扱う状態量の種類が豊富だからである．温度 T，体積 V，圧力 P，内部エネルギー U，物質量 N など，状態を表す熱力学変数の量はたくさんある．しかし一方で，状態方程式 (理想気体なら $PV = RT$) が存在れば，これらの熱力学変数がすべて独立というわけではない．系の状態を表現する熱力学関数とその関数における独立な変数を定義する試みは，幾何学において物体の位置を正確に表現する独立な軸の探索に似ている．まったく異なってみえるクラウジウスの熱力学と幾何学に共通項を見いだすこと，それが現代熱力学理論の基礎となったのである．

式 (4.4) の意味は図をみると簡単に理解できるので，図 4.6 を参照しながら説明しよう．式 (4.4) は，$f(x_1, x_2)$ の微小変化分 $\mathrm{d}f$ は $f(x_1, x_2)$ の x_1 軸方向の傾き $(\partial f/\partial x_1)_{x_2}$ に $\mathrm{d}x_1$ を掛けたものと，x_2 軸方向の傾き $(\partial f/\partial x_2)_{x_1}$ に $\mathrm{d}x_2$ を掛けたものの和で表されるということを意味している (図 4.6 (b))．$f(x_1, x_2)$ のすべての点における傾きがこのように定義されていれば，任意の点 a から b への変化分 $\Delta f = f(x_{1b}, x_{2b}) - f(x_{1a}, x_{2a})$ は，どのような経路を辿って計算しても [16] 変わらず，Δf は 2 つの地点 a, b の単なる標高差となる (図 4.6 (a))．

16) 計算は線積分によって計算できるが，ここでは詳細を述べない．多変数関数の線積分については，グライナー (1999) などを参照．

したがって，$f(x_1, x_2)$ が式 (4.4) を満たすことと f が状態量であることは等価である．f がエネルギーに関する量ならば $f(x_1, x_2)$ は**熱力学関数**といい，それ以外の場合は f は**状態方程式**ということが多い．いずれにしても，熱力学で登場するすべての状態量は式 (4.4) を満たす．

4.1.6 完全な熱力学関数としての内部エネルギー

内部エネルギー U は状態量であるから，式 (4.4) にならって全微分形式を

$$\mathrm{d}U(X_1, X_2) = \left(\frac{\partial U}{\partial X_1}\right)_{X_2} \mathrm{d}X_1 + \left(\frac{\partial U}{\partial X_2}\right)_{X_1} \mathrm{d}X_2 \tag{4.5}$$

とする．ここでは内部エネルギーを変数 2 つの関数としたが，変数は 3 つ以上になることもある．本書では，まず 2 つの変数によって表現される U から始め，後により多くの変数を含む場合へと拡張する．式 (4.2) と式 (4.5) を見比べると，経路に依存する量 q と w を状態量で表すことができれば，系の内部エネルギーは系の状態によって一意に決めることができると考えられる．その方法を見つけるためには，本来面倒な手順を踏まなければならないが [17]，ここでは直感的な方法で解説を試みる．

17) 例えば，原島 (1978) などを参照．

差分で書かれた式 (4.2) が，開始点 s から終点 e までの積分 $\int_s^e \mathrm{d}U = \int_s^e \mathrm{d}'q + \int_s^e \mathrm{d}'w$ を行った結果とすれば

$$\mathrm{d}U = \mathrm{d}'q + \mathrm{d}'w \tag{4.6}$$

という微分関係式が成り立つ．左辺の d は上で説明した通り全微分を表している．右辺の d′ は，q や w が経路に依存する量であり全微分できないことを示している [18]．

18) 数学の言葉を使えば，d′ は不完全微分を表している．

系が体積変化によってのみ外部と仕事をやりとりし，その際にまったく損失がなければ [19]，仕事の変化分 $\int_s^e \mathrm{d}'w$ は系 (内) の圧力 P と V を用いて計算される $-\int_s^e P\,\mathrm{d}V$ とつり合う [20](図 4.7(a))．したがって，微分関係式として

19) 実際は不可能であることに注意．

20) マイナスの値になっているのは，系が外に仕事をする場合を計算しているため．

$$\mathrm{d}'w = -P\,\mathrm{d}V \tag{4.7}$$

が成立すると考えられる．式 (4.7) のような理想的な関係は，系の状態が平衡を保ったまま変化する過程 (**準静的過程**) で起こる．式 (4.7) は，準静的過程

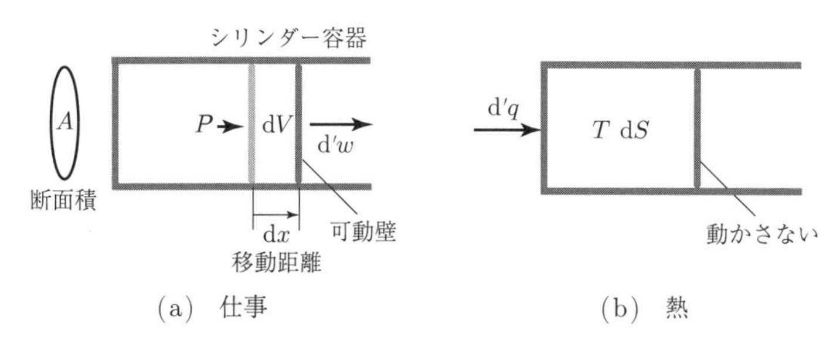

図 4.7 準静的過程による系と外部との仕事・熱のやりとりの例
(a) 系が外部に仕事をする場合には，系内の平衡を保ったまま圧力 P で可動壁を $\mathrm{d}x$ だけ動かせばよい．圧力は単位面積あたりにかかる力 [Pa] = [N m^{-2}] なので，可動壁の断面積が A [m^{-2}] であれば，$-\int PA\,\mathrm{d}x = -\int P\,\mathrm{d}V$ が系が外部にした仕事である．準静的過程では可動壁の摩擦などによる系から外部へ伝達するエネルギーに損失はない．(b) 準静的な熱の出入りの場合には，壁は動かない．また，外部から系内部への熱伝導の際に熱の損失もない．

の間は系が外部にした仕事の微小変化分 $\mathrm{d}'w$ と系の内部変数による微小変化 $-P\,\mathrm{d}V$ がつり合うことを意味している[21]．

【例題 4.2】 系の圧力 P が $P = a/V$ (a は定数) で表されるとする．系の体積が準静的過程で $V_1 \to V_2$ に変化したとき，系が外部に与える仕事量を求めなさい．

解 式 (4.7) から，系が外部に与える仕事量 Δw は $-\int_{V_1}^{V_2} P\,\mathrm{d}V$ で計算できることがわかる．したがって

$$\Delta w = -\int_{V_1}^{V_2} P\,\mathrm{d}V = -a\int_{V_1}^{V_2} \frac{1}{V}\,\mathrm{d}V = -a\ln\frac{V_2}{V_1}$$

である．$V_2 > V_1$ ならば $\Delta w < 0$ なので系は外部に仕事をするし，$V_1 > V_2$ ならば $\Delta w > 0$ なので系は外部から仕事をされる．

$\mathrm{d}'q$ は熱の出入りに関係する量である．通常，熱は温度差がないと系と外部の間で移動することはできないが，温度差を小さくすればするほど，熱伝導のロスが小さくなることが経験的にわかっている．そこで，その極限として系が平衡を保ったまま熱の出入りを行い (準静的過程) かつその変化量が微小な場合は，等温で熱が移動すると考える．準静的過程における熱の出入りによって変化する「系の」状態量は，力学体系では存在しなかった量であり**エントロピー**という名前がつけられている[22]．エントロピーは通常記号 S で表される．温度 T において系と系が交換する熱の微小変化 $\mathrm{d}'q$ は，系のエントロピー変化 $\mathrm{d}S$ とつり合い，次の微分関係式

$$\mathrm{d}'q = T\,\mathrm{d}S \tag{4.8}$$

が成立すると期待される．ここで，T は系の温度であり[23]，エントロピーが微小変化するときの瞬間値である[24]．

21) 式 (4.7) は $\mathrm{d}'w$ の定義式でないことに注意する．$\int_s^e \mathrm{d}'w$ が $-\int_s^e P\,\mathrm{d}V$ とつり合うためには，$-\int_s^e P\,\mathrm{d}V$ が可動壁の摩擦などで損失せずに $\int_s^e \mathrm{d}'w$ に変換される必要がある．

22)「エントロピー」はクラウジウスの造語．

23) T を外部熱源の温度であると定義する成書もある．準静的過程であるから T は外部熱源の温度とも一致するが，$\mathrm{d}U$ を系の状態量によって記述するという目的からは外れる．T は系の温度であると定義する方が，熱力学はすっきりとした体系になる．

24) 準静的過程における熱の出入り $\int_s^e T\,\mathrm{d}S$ を計算する場合，等温条件以外で T を積分の外に出してはいけない．

エントロピーは系の状態を表す 1 つの状態量であり，式 (4.8) からその単位は $\mathrm{J\,K^{-1}}$ もしくは 1 mol 分の量として $\mathrm{J\,K^{-1}\,mol^{-1}}$ である．このエントロピーという状態量はあくまで系内部の状態を表す状態量なので，外部との熱のやりとりといつでも関連する状態量ではないということに注意しよう [25]．系を断熱して熱の出入りを断った状態でもエントロピーが変化する場面はいくらでもある．式 (4.8) が示しているのは，準静的過程で外部と系がやりとりした熱は系のエントロピーの変化量に比例するということだけなのである．

25) 成書によってはエントロピー増大則の説明の際に，系+外部=宇宙全体のエントロピーなどという説明をするものもあるが，このような記述は読者を混乱に落とし入れる危険がある．本書でエントロピーというときは，必ず対象系を明確にすることにする．

式 (4.6) に式 (4.7) と式 (4.8) を代入すると

$$\mathrm{d}U = T\,\mathrm{d}S - P\,\mathrm{d}V \tag{4.9}$$

となる．上式を用いると，内部エネルギーの変化をすべて系内部の状態を表す変数で書くことができる．式 (4.7) で変化する状態量は V であり，式 (4.8) では S であるから，U の変数の組は (S, V) となる．$U(S, V)$ の全微分は

$$\mathrm{d}U(S,V) = \left(\frac{\partial U}{\partial S}\right)_V \mathrm{d}S + \left(\frac{\partial U}{\partial V}\right)_S \mathrm{d}V \tag{4.10}$$

であるから，これを式 (4.9) と比較すれば

$$T = \left(\frac{\partial U}{\partial S}\right)_V, \qquad -P = \left(\frac{\partial U}{\partial V}\right)_S \tag{4.11}$$

という関係式が得られる．

式が数多く登場し始めて拒絶反応がでる前に，これらの数式の意味を幾何学的に把握しておこう．$U(S, V)$ は，図 4.8 のように 3 次元空間に描かかれる曲面である．式 (4.9) を積分して得られる曲面 $U(S, V)$ 上では，任意の点で表される状態間を準静的過程によって移動できる．いま，系の状態が (S_A, V_A) の 2 つの変数の値で決定されるとしよう．この点は曲面上で，$U(S_A, V_A)$ に存在する．この点における S 軸方向の傾きがその状態の温度 T_A であり，V 軸方向の傾きがその状態の圧力 $-P_A$ となる．

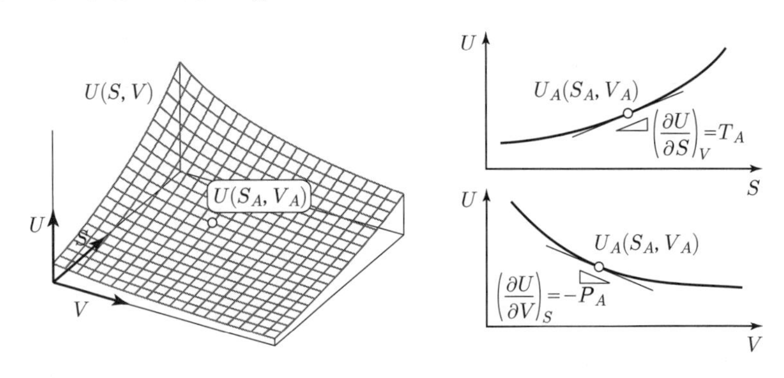

図 4.8 $U(S, V)$ の例と式 (4.11) の意味

【例題 4.3】　$U(S,V) = V^{-2/3}\exp\left(\frac{2}{3R}S\right)$ となる系がある (R は気体定数)．このとき，この系の温度 T と圧力 P を求めなさい．

解　式 (4.11) を用いる．T については，$U(S,V)$ を S で偏微分して

$$
\begin{aligned}
T &= \left(\frac{\partial U}{\partial S}\right)_V \\
&= \frac{2}{3R}V^{-2/3}\exp\left(\frac{2}{3R}S\right)
\end{aligned}
$$

となる．ここで，最後の式の右辺で $\frac{2}{3R}$ 以外の項が U であるので，$T = \frac{2}{3R}U$ が得られる．高校で物理を学んだことのある人は，この式に見覚えがあるだろう．

P については，$U(S,V)$ を V で偏微分して求めればよいので

$$
\begin{aligned}
P &= -\left(\frac{\partial U}{\partial V}\right)_S \\
&= \frac{2}{3}V^{1/3}\exp\left(\frac{2}{3R}S\right)
\end{aligned}
$$

である．

曲面 $U(S,V)$ は，USV 空間において無数に積み重なって存在するが，それぞれが他の曲面と交差することはない [26]．系の状態は USV 空間の 1 点で表されるから，どのような点もどれかの曲面 $U(S,V)$ に属する．つまり，曲面 $U(S,V)$ で埋め尽くされた空間は，系のすべての状態についての情報をもっている．したがって，$U(S,V)$ は完全な熱力学関数の 1 つである．U が完全な熱力学関数となるのは変数を S,V にとったときだけであり，このような変数の組 (U に対しては S,V) を，熱力学では**自然な変数の組**という．式 (4.10) は，その定義から USV 空間内のすべての点において成立するので，系が平衡であればどのような状態にあっても利用することができる．

26) 曲面同士の交差が起こると，1 つの U が 2 つ以上の異なった値 (傾き) をもつ T や P で定義されることになり，U が状態量であることと矛盾する．

4.1.7　完全な熱力学関数としてのエントロピー

式 (4.9) を S について解くと，(U,V) を変数とする関数としてエントロピー

$$
\mathrm{d}S(U,V) = \frac{1}{T}\mathrm{d}U + \frac{P}{T}\mathrm{d}V \tag{4.12}
$$

が得られる．$S(U,V)$ は状態量なので，全微分することができる．内部エネルギーと同じように式 (4.4) から

$$
\mathrm{d}S(U,V) = \left(\frac{\partial S}{\partial U}\right)_V \mathrm{d}U + \left(\frac{\partial S}{\partial V}\right)_U \mathrm{d}V \tag{4.13}
$$

$$
\frac{1}{T} = \left(\frac{\partial S}{\partial U}\right)_V, \quad \frac{P}{T} = \left(\frac{\partial S}{\partial V}\right)_U \tag{4.14}
$$

となる．このエントロピー $S(U,V)$ は，系の状態に関するすべての情報を保有し，自然な変数の組を (U,V) とする完全な熱力学関数である (図 4.9)．

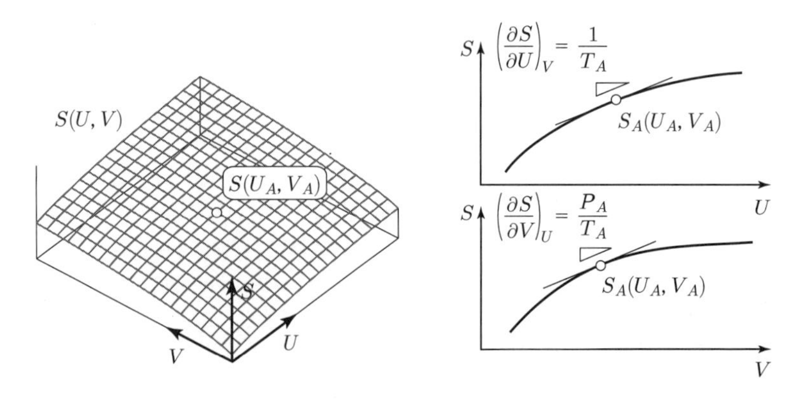

図 4.9 $S(U,V)$ の例と式 (4.14) の意味

式 (4.13) は $U(S,V)$ を S について解けば得られるので，その意味が見落とされがちである．しかし，自然な変数の組を (S,V) から (U,V) に変換することには，物理化学的には重要な意味がある．$U(S,V)$ によって系の状態を記述するためには，熱力学変数の S と V を先に知らなければならない．一方，$S(U,V)$ によって系の状態を記述するには，U と V を決定する必要がある．このことは，系の状態量のうちどれが測定しやすく制御しやすいかという観点で，完全な熱力学関数を選ぶことができるということを示している．

【例題 4.4】 内部エネルギーが $U = \frac{3}{2}RT$，状態方程式が $PV = RT$ (R は気体定数) と表される系において，等温条件におけるエントロピー S の体積依存性を求めなさい．

解 式 (4.14) の 2 番目の式を用いる．$U = \frac{3}{2}RT$ から U が一定ならば T は一定であり，その逆も成り立つ．したがって，この系では

$$\left(\frac{\partial S}{\partial V}\right)_U = \left(\frac{\partial S}{\partial V}\right)_T$$

である．一方，$PV = RT$ から

$$\frac{P}{T} = \frac{R}{V}$$

となる．よって

$$\left(\frac{\partial S}{\partial V}\right)_T = \frac{R}{V}$$

が得られる．したがって，この系のエントロピー S と V の関係は，温度一定下で $S = R\ln V + \text{定数}$ となる．

4.1.8 開放系の内部エネルギーとエントロピー

解析の対象となる系が，**開放系** (物質もエネルギーもやりとりする境界で囲まれた系) である場合も多いので，ここでは開放系で用いることのできる完全な熱力学関数を導入する．開放系では系中の物質量 N が変化するので，N を変数に加えた完全な熱力学関数が必要になる．**多成分** [27] の物質で系が構成さ

27) 熱力学では，熱力学的に感知できるものを 1 つの成分とすることに注意する．

れているならば，複数について物質量のパラメータを用意する必要がある．本書では簡単のために，1 成分系に限って話を進める．

系が 1 つの成分で構成されていて，その物質量が N であるとする．物質交換を行うのにも仕事が必要であり [28]，単位量あたりに必要な仕事を μ とする．μ は**化学ポテンシャル**とよばれる．開放系が外部とやりとりする仕事エネルギーには体積変化 $P\,\mathrm{d}V$ の他に，物質交換 $\mu\,\mathrm{d}N$ の寄与があると考えられるので，1 成分の開放系では式 (4.7) に相当するものとして

$$\mathrm{d}'w = -P\,\mathrm{d}V + \mu\,\mathrm{d}N$$

が用いられる．この式では外から系に物質を加える方向をプラスにとってあり，μ は系に $\mathrm{d}N$ [mol] の粒子を加えるときの抵抗として定義される．

開放系の内部エネルギーは，上式と式 (4.8) を式 (4.6) に代入して

$$\mathrm{d}U(S,V,N) = T\,\mathrm{d}S - P\,\mathrm{d}V + \mu\,\mathrm{d}N \tag{4.15}$$

となる．式 (4.15) と全微分式から，開放系の場合は式 (4.11) に相当するものとして

$$T = \left(\frac{\partial U}{\partial S}\right)_{V,N}, \quad -P = \left(\frac{\partial U}{\partial V}\right)_{S,N}, \quad \mu = \left(\frac{\partial U}{\partial N}\right)_{S,V} \tag{4.16}$$

が得られる．開放系のエントロピーは式 (4.15) を S について解けばよいので

$$\mathrm{d}S(U,V,N) = \frac{1}{T}\,\mathrm{d}U + \frac{P}{T}\,\mathrm{d}V - \frac{\mu}{T}\,\mathrm{d}N \tag{4.17}$$

である．式 (4.15) と式 (4.17) は，系が平衡であればどのような状態でも成立し [29]，$U(S,V,N)$ と $S(U,V,N)$ は完全な熱力学関数である (補足 1 参照)．

28) 構成物質が化学反応によって変わることも物質交換とみなせる．

29) 要するに空間 (S,U,V,N) 全域で成立する．

4.1.9　オイラー方程式

S や U を微分関係式でなく状態量間の関係式として表す式を紹介しよう．私たちが実際に実験したり解析したりする場面で，式 (4.15) や式 (4.17) を積分して得られる S や U が役に立つ場面は限られる [30]．これから紹介する関係式は，次節で取り扱うような自発変化の解析で非常に強力な武器になる．なぜなら，変化前後の状態量のみがわかっていれば，S や U の変化分を直ちに計算することができるからである．目的の関係式はオイラー方程式によって与えられる．オイラー方程式は，内部エネルギーとその自然な変数の示量性を利用して数学的に導かれるが，詳しい証明は成書 [31] に任せてここでは結果だけを示す．

30) 準静的過程を解析する場面は少ないから．

31) 例えば，原島 (1978) などを参照．

1 成分系のオイラー方程式

$$U = TS - PV + \mu N \tag{4.18}$$

オイラー方程式は，微分量ではない状態量間の関係を表しており，右辺の状態量がすべて決まっていれば，内部エネルギーが一意に計算できることを示している．オイラー方程式は，熱力学の構築において 2 つの重要な効能がある．1 つ目は，上に述べたように状態間における差分計算を可能にすることである．例として，状態が $U = TS - PV$ で決まる系を考えよう．状態 s と状態 e の温度 T と圧力 P が同じであれば，状態 s の状態 e の内部エネルギー差 $\Delta U = U_e - U_s$ は，オイラー方程式によって

$$\Delta U = T\Delta S - P\Delta V \qquad (\Delta S = S_e - S_s, \quad \Delta V = V_e - V_s)$$

と計算できる．このような差分は，どのような変数を固定しても，またどのような変数が変化する場合にも計算することができる．

オイラー方程式のもう 1 つの効能は，内部エネルギーやエントロピー以外の完全な熱力学関数を探すときにわかる．本書では，オイラー方程式に立脚してヘルムホルツエネルギーやギブスエネルギーを導出する (4.2.2 項).

4.2 自 発 変 化

4.1 節において導入した完全な熱力学関数を用いれば，理想気体や実在気体などの単純な系の準静的状態変化を熱力学的に解析することができるようになる．しかし，私たちが化学で取り扱う現象の多くは不可逆過程や自発過程による状態変化であり，これらを解析するためには 4.1 節の内容だけでは不十分である．4.2 節では，まず自発過程による状態変化を厳密に定義し，熱力学第二法則を紹介する．次に，相平衡や化学反応における諸問題を取り扱うために，S や U 以外の完全な熱力学関数，ヘルムホルツエネルギーやギブスエネルギーを導入する．これらの道具立てによって，自発変化現象を熱力学的に解析することができるようになる．

4.2.1 孤立系におけるエントロピー増大と自発変化

不可逆過程による状態変化とは，準静的ではない状態変化のことである．**準静的過程**とは，系の完全な熱力学関数が S であるとき初期状態 (U_0, V_0) を含む 1 つの曲面 $S(U, V)$ 内における状態変化のことである．図 4.10 (a) には，準静的過程による状態変化を曲面 $S(U, V)$ 内の軌跡として表現した．初期状態 $S(U_0, V_0)$ から準静的過程によって変化が起こっても曲面 $S(U, V)$ 内を動くだけなので，変化した先 $S(U_1, V_1)$ からもとの状態へ準静的に戻る道筋が必ず存在する．これが「準静的変化は可逆変化である」と説明される理由である．一方，不可逆過程では図 4.10 (b) のように，$S(U_0, V_0)$ の状態から曲面 $S(U, V)$ 以外の点 $S'(U, V)$ に移る．このような場合，$S'(U, V)$ から $S(U_0, V_0)$ へ準静的変化によって状態を戻す術はない (したがって，これは不可逆過程である).

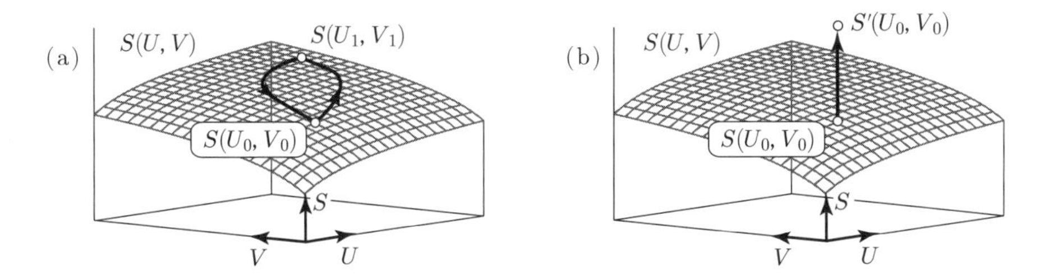

図 4.10 準静的状態変化 (a) と不可逆過程による状態変化 (b) の SUV 空間内の軌跡

熱力学第二法則は，不可逆過程におけるエントロピーの変化を規定する [32]．

32) 原理となっているのはクラウジウスの不等式，もしくは第二種永久機関の禁止である．熱力学第二法則にはさまざまな表現があるので，成書によって異なった表現をすることに注意．ここで述べるのは一般的によく用いられる狭義の熱力学第二法則である．

熱力学第二法則

孤立系において不可逆的な状態変化が生じるとエントロピーが増大し，エントロピーの増加が止まったところで系は平衡に達する．

孤立系とは，外部と熱も仕事も物質も交換しない系である．慎重な読者は，エントロピーと熱交換についての式 (4.8) ($\mathrm{d}'q = T\,\mathrm{d}S$) を思い出して混乱するかもしれないが，この式がエントロピーの定義式でないことも同時に思い出す必要がある．式 (4.8) は，準静的過程で外部から系に移動する熱が系のエントロピーの変化とつり合うことを主張しているだけなので，外部との熱交換がない状態で系のエントロピーが変化しても何ら不思議ではない．前にも述べたように，断熱 ($\mathrm{d}'q = 0$) していてもエントロピーが変化する状況はいくらでも存在する [33]．

外部とエネルギーの交換に着目すれば，孤立系における不可逆変化とは $\mathrm{d}'q = 0$，$\mathrm{d}'w = 0$ において生じる状態変化であるが，系の状態量からすれば U, V, N が一定の状況で生じる状態変化である [34]．U, V, N を自然な変数とする完全な熱力学関数はエントロピーであるから，エントロピーとその自然な変数によって表現する熱力学第二法則は次のようになる．

33) 同じ意味で，「断熱過程 $\mathrm{d}'q = 0$ は等エントロピー過程 $\mathrm{d}S = 0$ である」とは言えない．このような説明のある成書もあるが，これは大変な誤解を生む説明なので注意が必要である．

34) $\mathrm{d}'q = 0$，$\mathrm{d}'w = 0$ なので $\mathrm{d}U = 0$ である．系全体の体積変化はなく ($\mathrm{d}V = 0$)，粒子数の変化もない ($\mathrm{d}N = 0$)．

熱力学第二法則：エントロピーとその自然な変数による表現

U, V, N が一定の系で不可逆な状態変化が起こるとすれば，それはエントロピー S が増加する方向に起こり，S が増加しなくなった点で系は平衡に達する．

$$\Delta S \geq 0 \qquad (U, V, N = \text{一定}) \tag{4.19}$$

等号は，「系が平衡に達しこれ以上エントロピーが増加しない」ときに成立する．

$N=$ 一定 は，系中に含まれるすべての成分の物質量がトータルで変化しないことを表している．2 成分系の化学反応などでは，状態変化の前後で N_1 と N_2 のそれぞれは変わっても構わないが，$N = N_1 + N_2$ は一定でなければならない．上の表現は，不可逆過程の中でもある特定の状態変化に対して言及しており，化学熱力学にとって非常に重要なものである．本書では，完全な熱力学関数の自然な変数が一定のときに起こる不可逆変化を**自発変化**とよぶことにする．

自発変化

系を記述する完全な熱力学関数の自然な変数が，すべて一定の条件で生じる状態変化．

熱力学の教科書で最も頻繁に取り上げられる自発変化の例は，気体の断熱自由膨張過程である (図 4.11)．図の孤立系では，系の内部が 2 つに仕切られており，最初は気体が部屋 1 に押し込められていてコックが閉じられている．部屋 2 は真空になるよう排気してある．コックを開放すると，部屋 1 の気体は部屋 2 に向かって膨張する．この変化は，気体が部屋 1 および 2 の空間一杯に広がる方向が自然な変化であり，広がってしまった後はいくら待っても最初の状態 (気体が部屋 1 のみに局在している状態) には戻らない [35]．熱力学第二法則はこのような状況ではエントロピーが増加し，その増加が止まったところで系の平衡が達成されると主張する．

35) このことは経験則である．

自発変化におけるエントロピーの変化量を計算するために，式 (4.12) に基づいた次の積分

$$\int_s^e \mathrm{d}S(U,V) = \int_s^e \frac{1}{T}\,\mathrm{d}U + \int_s^e \frac{P}{T}\,\mathrm{d}V$$

を実行することはできない [36]．自発変化はその定義から $\mathrm{d}U=0$, $\mathrm{d}V=0$ で起こるからである．エントロピーの微分関係式 (式 (4.12)，式 (4.17)) しか知らない人からすれば，$U, V, N=$ 一定 で S が変化することが奇妙に思えるかも

36) 当量を求めるために，このような計算をする成書も多い．

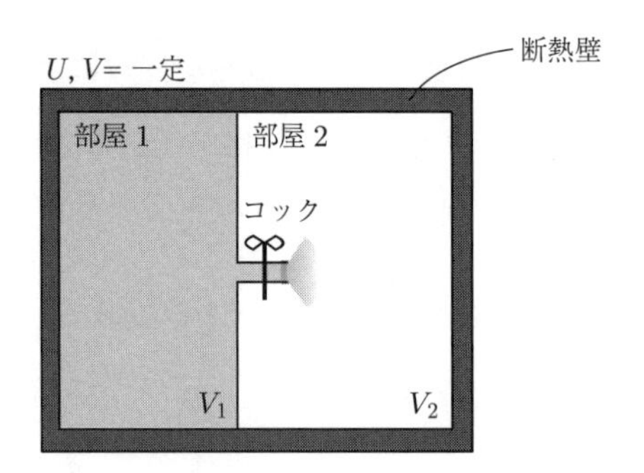

図 4.11 気体の断熱自由膨張
ここでは N については明示していないが，孤立系では物質の出入りがないので，$N=$ 一定 は自明である．

しれない．しかし，図 4.10 (b) のように幾何学的に表せば，計算方法はさておき，$U, V, N =$ 一定 でも S が変化する余地があることが一目でわかる．

気体の断熱自由膨張の例では，コックを開ける前後で気体の存在の仕方が異なっている．コックを開ける前には，気体が部屋 1 に局在化していたのに対し，コックを開けた後は気体が部屋 1 と部屋 2 の両方にまんべんなく存在している．このことがエントロピーの変化量として現れるのである．

エントロピー以外の完全な熱力学関数によっても，熱力学第二法則を表現することができる．以下に内部エネルギーによる表現を示す．

熱力学第二法則：内部エネルギー変化による表現

自然な変数 S, V, N が一定の状況で自発変化が生じると，完全な熱力学関数である内部エネルギー $U(S, V, N)$ は減少する．

$$\Delta U \leq 0 \qquad (S, V, N = \text{一定}) \tag{4.20}$$

自発変化において内部エネルギーが減少する理由について不思議に思うかもしれないが，本書ではその説明にページを割くことができない．厳密ではないが，直感的な説明を試みよう．外部系から系に不可逆過程で仕事や熱エネルギーを受け取る場合に増加する内部エネルギー $\Delta U_{\text{不可逆}}$ は，エネルギーを輸送する過程で損失が出ることを考えると，可逆過程で輸送される $\Delta q_{\text{可逆}}$ や $\Delta w_{\text{可逆}}$ より小さくなるはずである ($\Delta U_{\text{不可逆}} < \Delta q_{\text{可逆}} + \Delta w_{\text{可逆}}$)．したがって，孤立系 ($\Delta q_{\text{可逆}} = 0,\ \Delta w_{\text{可逆}} = 0$) で不可逆過程が起こるならば，$\Delta U_{\text{不可逆}} < 0$ となる．自発過程は不可逆過程の特別な場合なので，自発変化においても $\Delta U < 0$ となる．

本来は，式 (4.19) と式 (4.20) の間には厳密な数学的関係があり一方から他方を導くことができるので，2 つの表現 (式 (4.19) と式 (4.20)) は等価である[37]．

37) つまり自発変化におけるエントロピー増大則は，自然な変数の取り方を変えれば内部エネルギー減少則となる．

【例題 4.5】 状態 1 から状態 2 へと系が変化するとき，それぞれの状態における内部エネルギーが U_1，U_2 であるとする．この変化が $S, V, N =$ 一定 で起こる自発変化であるとしたら，系のどのような状態量が変化するか考察しなさい．

解　状態 1, 2 の状態変数をそれぞれ X_1，X_2 とすると，それぞれの状態における内部エネルギーはオイラー方程式 (4.18) を用いて

$$U_1 = T_1 S - P_1 V + \mu_1 N, \quad U_2 = T_2 S - P_2 V + \mu_2 N \qquad (S, V, N = \text{一定})$$

と表すことができる．辺々引くと

$$\begin{aligned} U_2 - U_1 &= (T_2 - T_1)S - (P_2 - P_1)V + (\mu_2 - \mu_1)N \\ \Delta U &= S\Delta T - V\Delta P + N\Delta\mu \end{aligned}$$

となる．したがって，$S, V, N =$ 一定 で起こる自発変化では，系の温度 T，圧力 P，化学ポテンシャル μ が変化する．

式 (4.19) や式 (4.20) は，自発変化におけるエントロピーや内部エネルギーの変化を明確に示しているが，私たちには数式の示す内容があまりピンとこない．それは，U や S を実験的に直接制御することが非常に難しい[38] ので，「$U, V, N =$ 一定」や「$S, V, N =$ 一定」という条件下で系を観測する機会になかなか恵まれないからだろう．そこで，実際に測定できる状態量によって自発変化を表すことのできる完全な熱力学関数が必要になってくる．このような関数が，ヘルムホルツエネルギーやギブスエネルギーである．

38) 地球上で断熱系を実現するのも難しい．

熱力学の大スター：エントロピー

クラウジウスがエントロピーという状態量の存在を明らかにしてから今日まで，エントロピーは常に熱力学の話題の中心である．エントロピーは，ニュートン力学には存在しない量であり，熱力学特有の概念である．そこで，古今東西エントロピーをめぐってさまざまな考察がされてきた．その中には，量子力学の基礎を築いたシュレーディンガーの「生命とは何か」の一節のように重要な問題提起もあれば，本来の適用範囲外の現象にまでエントロピーを持ち出して知ったかぶりの解説を加える低俗な本もある．エントロピーをめぐる言説が玉石混淆なのも，そのスター性によるものかもしれない．エントロピーに興味をもったら，図書館に足を運んでみよう．いままでとは異なった視点で熱力学にふれることのできる，よいきっかけになるはずだ．

4.2.2 ヘルムホルツエネルギーとギブスエネルギー

$S(U, V, N)$ と $U(S, V, N)$ の関係は，変数を変換した完全な熱力学関数であることを思い出そう．ここでは，新たに $U(S, V, N)$ の変数のうち S だけを他の変数に変換した熱力学関数を探す[39]．オイラー方程式 (4.18) から TS の項を左辺に移項し，$(U - TS)$ をまとめた関数 A を

$$A \equiv U - TS \quad (= -PV + \mu N) \tag{4.21}$$

と定義する．この関数 A の全微分をとると

$$\begin{aligned} \mathrm{d}A &= \mathrm{d}U - \mathrm{d}TS - T\,\mathrm{d}S \\ &= T\,\mathrm{d}S - P\,\mathrm{d}V - \mathrm{d}TS - T\,\mathrm{d}S + \mu\,\mathrm{d}N \\ \therefore\ \mathrm{d}A &= -S\,\mathrm{d}T - P\,\mathrm{d}V + \mu\,\mathrm{d}N \end{aligned} \tag{4.22}$$

となる．1 段目から 2 段目の式変形では式 (4.15) を用いた．式 (4.22) からわかるように，A は (T, V, N) を自然な変数とする完全な熱力学関数であり，当初の目的が達成されていることがわかる．この A は**ヘルムホルツエネルギー**である．したがって，内部エネルギー $U(S, V, N)$ の自然な変数のうち S を T に変換したものが，完全な熱力学関数としてのヘルムホルツエネルギーととらえることができる．$A(T, V, N)$ の全微分は

39) 本来は，この変数変換にはルジャンドル変換という数学的に明快な方法があるが，本書では読者に数学アレルギーを起こさせる危険を避けるためにこれを使わない．熱力学におけるルジャンドル変換については，田崎 (2000)，清水 (2007) などを参照するとよい．

$$\mathrm{d}A(T,V,N) = \left(\frac{\partial A}{\partial T}\right)_{V,N} \mathrm{d}T + \left(\frac{\partial A}{\partial V}\right)_{T,N} \mathrm{d}V + \left(\frac{\partial A}{\partial N}\right)_{T,V} \mathrm{d}N$$

となるので，式 (4.22) との比較により

$$-S = \left(\frac{\partial A}{\partial T}\right)_{V,N}, \quad -P = \left(\frac{\partial A}{\partial V}\right)_{T,N}, \quad \mu = \left(\frac{\partial A}{\partial N}\right)_{T,V} \tag{4.23}$$

という関係式が得られる (閉鎖系の場合は補足 2 参照).

式 (4.21) から，$T =$ 一定 の過程においては A の差分が

$$\Delta A = \Delta U - T\Delta S \tag{4.24}$$

と計算できることがわかる．この差分式は，$T, V, N =$ 一定 の自発変化の解析においてしばしば登場する有用な式である．

次に，式 (4.21) から PV を左辺に移項し，$A + PV$ をまとめた関数 G を

$$G \equiv A + PV \quad (= U - TS + PV = \mu N) \tag{4.25}$$

と定義する．ヘルムホルツエネルギーのときと同じようにして

$$\begin{aligned} \mathrm{d}G &= \mathrm{d}A + \mathrm{d}PV + P\,\mathrm{d}V \\ \therefore\ \mathrm{d}G &= -S\,\mathrm{d}T + V\,\mathrm{d}P + \mu\,\mathrm{d}N \end{aligned} \tag{4.26}$$

となる．G は**ギブスエネルギー**といい，(T, P, N) を自然な変数とする完全な熱力学関数である．ギブスエネルギー $G(T, P, N)$ は，内部エネルギー $U(S, V, N)$ において S を T に，V を P に変数変換したものである．$G(T, P, N)$ の全微分から

$$-S = \left(\frac{\partial G}{\partial T}\right)_{P,N}, \quad V = \left(\frac{\partial G}{\partial P}\right)_{T,N}, \quad \mu = \left(\frac{\partial G}{\partial N}\right)_{T,P} \tag{4.27}$$

が得られる．式 (4.25) から，$T, P =$ 一定 の自発過程においては G の差分が

$$\Delta G = \Delta A + P\Delta V = \Delta U - T\Delta S + P\Delta V \tag{4.28}$$

と計算される．

【例題 4.6】 エントロピー $S(T, V) = R \ln T^{3/2} V$，内部エネルギー $U = \frac{3}{2}RT$ で表される閉鎖系について，この系の完全な熱力学関数 $A(T, V)$ を導きなさい．

解 式 (4.21) を用いると

$$A = U - TS$$

である．A が閉鎖系の完全な熱力学関数であるためには，右辺に含まれる変数が T, V のみで表される必要がある．$S(T, V) = R \ln T^{3/2} V$, $U = \frac{3}{2}RT$ を上式に代入すると

$$A = \frac{3}{2}RT - RT \ln T^{3/2} V$$

が得られる．

今度は，オイラーの方程式 (4.18) から $U+PV$ をまとめた関数 H を

$$H \equiv U + PV \quad (= TS + \mu N) \tag{4.29}$$

と定義し，全微分をとると

$$\begin{aligned} \mathrm{d}H &= \mathrm{d}U + \mathrm{d}PV + P\,\mathrm{d}V \\ \therefore\ \mathrm{d}H &= T\,\mathrm{d}S + V\,\mathrm{d}P + \mu\,\mathrm{d}N \end{aligned} \tag{4.30}$$

となる．H は**エンタルピー**といい，(S, P, N) を自然な変数とする完全な熱力学関数である．式 (4.29) から，$P=$ 一定 の自発過程においては H の差分が

$$\Delta H = \Delta U + P\Delta V \tag{4.31}$$

と計算される．式 (4.31) と式 (4.28) より

$$\Delta G = \Delta H - T\Delta S \tag{4.32}$$

という関係式を得る．上式は自発変化における ΔG を解析するときに，頻繁に登場する重要な関係式である．

完全な熱力学関数である $A(T,V,N)$ や $G(T,P,N)$ が，自発変化によってどのように変化するかということは，自発変化の熱力学的解析において重要である．系の温度，体積，圧力を一定にして，その状態変化が自発的に起これば，そこではヘルムホルツエネルギーやギブスエネルギーの変化が必ず起こるからである．自然な変数をもつヘルムホルツエネルギーやギブスエネルギーは，完全な熱力学関数である内部エネルギーから導かれたので，自発変化においては内部エネルギーの変化と同じ方向に変化する [40]．ヘルムホルツエネルギーとギブスエネルギーによる熱力学第二法則の表現を以下に示す．

40) 本当はこの事実も数学的に証明できる．

熱力学第二法則：ΔA および ΔG の変化による表現

$$\Delta A \le 0 \qquad (T, V, N = 一定) \tag{4.33}$$

$$\Delta G \le 0 \qquad (T, P, N = 一定) \tag{4.34}$$

ΔG と ΔA の関係

式 (4.28) によって定義される ΔG と ΔA の関係は，溶液系を取り扱う際に理論と実験を比較するために用いられる．溶液状態の実験は大気圧下で行われることが多いので，実験からは ΔG に関する知見が得やすいが，古典的な統計力学理論では ΔA に関するモデルが立てやすい．もし，大気圧下で実験を行っているにもかかわらず，状態変化の前後で体積変化が起こらないような系であるならば，$\Delta G = \Delta A$ となって実験と理論で得られる値を直接比較することが可能である．体積変化が起こったとしてもそれを正確に測定することで，$\Delta G - P\Delta V = \Delta A$ として両者を比較することができる．このような観点から，溶液の混合による体積変化の測定が古くから行われている．

式 (4.33) と式 (4.34) は，エントロピーや内部エネルギーによる熱力学第二法則の表現 (式 (4.19) と式 (4.20)) と等価であるが，系の自発変化が起こっている際に一定に保たれる状態量が異なっている．熱力学第二法則と言えば「エントロピーの増大則」というように，エントロピーが全面に押し出されるきらいがあるが，このオウム返し的な暗記法は熱力学第二法則の正確な理解を妨げる可能性がある．例えば，ギブスエネルギーの差分式 (4.32) をみてみよう．系が $T, P, N =$ 一定 で自発変化を起こす場合には ΔG がマイナスでなければならないが，それが実現するのに $T, P, N =$ 一定 で測定された ΔS がプラスである必要はない．たとえ ΔS がマイナスであるような変化 (つまり $-T\Delta S > 0$ のような変化) でも，ΔH の減少分が $-T\Delta S$ の増加分を上回れば，変化は自発的に進行するのである．

4.2.3 熱量の測定と熱力学関数

実際のところ，実験から得られる熱力学量の多くは熱力学関数の差分に関係する量である．ここでは，実際の熱測定によって得られる**熱量** Δq と熱力学関数がどのような関係にあるかを理解しよう．

熱力学に特有な測定可能量で熱力学関数と直接結び付く量は**熱容量**である．熱容量 C は，系の温度を上げるために必要な熱量として

$$C = \frac{\Delta q}{\Delta T} \tag{4.35}$$

と定義される．熱容量には，定圧または定容 (積) で測定されるものがある．

(1) 定圧熱容量

系が熱量 Δq を受け取ったとき，熱量によって増加したエネルギーは系の内部エネルギーの変化として蓄えられる可能性 ΔU と，系が外に対して仕事を行う可能性 Δw がある (式 (4.2))．外部に対しては体積変化による仕事のみを行い，変化の前後で系内の圧力が同じならば $\Delta w = -P\,\Delta V$ であるから，Δq は

$$\Delta q = \Delta U + P\Delta V \tag{4.36}$$

となる．上式の右辺は，式 (4.31) からエンタルピー変化分 ΔH に相当する．式 (4.35) に上式を代入すると

$$C_{\mathrm{p}} = \frac{\Delta U + P\Delta V}{\Delta T} = \frac{\Delta H}{\Delta T} \tag{4.37}$$

という関係式が得られる．ここで，C_{p} は**定圧熱容量**である．物質 1 mol についての C_{p} は**定圧モル熱容量**といい，単位は $\mathrm{J\,K^{-1}\,mol^{-1}}$ である．

圧力を一定にして測定した熱量の変化分は，系のエンタルピー変化分に相当するという結果は非常に重要である．熱量は状態量ではなく，状態変化の過程に依存する量であることを思い出そう．式 (4.35) のままでは，熱容量も状態変

化の過程に依存する量となり，変化の最初と最後が同じ状態であれば同じ量を与えるという保証はない．しかし，式 (4.37) によれば，定圧モル熱容量は，状態量であるエンタルピーの変化量によって定義されるので，同じ圧力下で状態変化にかかわる熱量を測定すれば，必ず同じ値になることが熱力学によって保証される．

式 (4.37) から H の変数を (T, P) にとり，測定区間で連続かつ微分可能であるように定義できれば，C_p は

$$C_\mathrm{p} = \lim_{\Delta \to 0} \frac{\Delta H(T,P)}{\Delta T} = \left(\frac{\partial H}{\partial T}\right)_P \tag{4.38}$$

となる．式 (4.38) の微分形式は解析的に便利な式である．ここでのエンタルピー $H(T,P)$ は，その変数をみてわかるように完全な熱力学関数ではないことに注意しよう[41]．一方，H はどのような変数で表しても状態量であることには変わりないので，$H(T,P)$ の全微分は

41) 完全な熱力学関数としての H は自然な変数として (S, P, N) をもつ．

$$\begin{aligned} \mathrm{d}H(T,P) &= \left(\frac{\partial H}{\partial T}\right)_P \mathrm{d}T + \left(\frac{\partial H}{\partial P}\right)_T \mathrm{d}P \\ &= C_\mathrm{p}\,\mathrm{d}T + \left(\frac{\partial H}{\partial P}\right)_T \mathrm{d}P \end{aligned}$$

である．

もし，対象としている系のエントロピーを T と P の関数

$$C_\mathrm{p}\,\mathrm{d}T = T\,\mathrm{d}S \qquad (P = \text{一定}) \tag{4.39}$$

で表すことができれば，C_p と S を関連づけることもできる (補足 3 参照)．上式を積分することで，C_p からエントロピー $S(T)$ $(P = \text{一定})$ を求めることができる．式 (4.39) を用いるときは，エントロピーが T，P の関数として表されることに注意しなければならない．この条件を明示しないで上式を用いると思わぬ混乱を招くおそれがある．

(2) 定容熱容量

式 (4.36) で V が変化しない場合には

$$C_\mathrm{v} = \lim_{\Delta \to 0} \frac{\Delta U}{\Delta T} = \left(\frac{\partial U}{\partial T}\right)_V \tag{4.40}$$

となる．物質 1 mol あたりの C_v は**定容モル熱容量**といい，その単位は $\mathrm{J\,K^{-1}\,mol^{-1}}$ である．上式の被微分関数は内部エネルギーであるが，その変数は (T, V) であるため，この U は完全な熱力学関数ではない．

対象としている系について $S(T,V)$ が定義されているとすれば，$V = \text{一定}$の条件下で関係式

$$C_\mathrm{v}\,\mathrm{d}T = T\,\mathrm{d}S \qquad (V = \text{一定}) \tag{4.41}$$

を用いて S と C_v を関連づけることができる．これは C_v と $S(T,V)$ の関係を表す式である．この場合のエントロピーは T, V の関数として定義されていることを再び注意しておく．

【例題 4.7】 内部エネルギーが $U = \frac{3}{2}RT$，状態方程式が $PV = RT$ で表される系において，定容モル熱容量 C_{v} と定圧モル熱容量 C_{p} の差を求めなさい．

解 定圧モル熱容量の定義とエンタルピーの定義 $(H = U + PV)$ から

$$C_{\mathrm{p}} = \left(\frac{\partial H}{\partial T}\right)_P = \left(\frac{\partial (U + PV)}{\partial T}\right)_P$$
$$= \left(\frac{\partial U}{\partial T}\right)_P + P\left(\frac{\partial V}{\partial T}\right)_P$$

したがって，理想気体では $U = \frac{3}{2}RT$ および $V = \frac{RT}{P}$ をそれぞれ T で偏微分することにより

$$C_{\mathrm{p}} = \frac{3}{2}R + R = \frac{5}{2}R$$

一方，理想気体の定容モル熱容量 C_{v} は

$$C_{\mathrm{v}} = \left(\frac{\partial U}{\partial T}\right)_V = \frac{3}{2}R$$

となる．したがって

$$C_{\mathrm{p}} - C_{\mathrm{v}} = R$$

が得られる (マイヤーの関係式).

4.3 エントロピーの考え方

「エントロピーとは何か？」という問いに答えるのは難しい．ここまで本書では，エントロピーの具体的なイメージを読者に与えることを避けてきた．エントロピーの一面だけを切り取って「エントロピーとは～である」という説明をすると，エントロピーの 1 つの側面だけが強調され，そのことによって他の側面の理解が妨げられることが多いからである．この状況はエネルギーを初めて習ったときに似ている．エネルギーとは何かと聞かれて，端的な言葉で説明することも実は難しい．エネルギーは高度に抽象化された概念なので，私たちが目にするときにはさまざまな姿を見せるからである．

ここでは，いくつかの例をあげながらエントロピーの変化と物理量との関係をみてみよう．化学者にとっては，エントロピーと分子論とのかかわりを理解することは重要なので，少し内容は高度になるが統計力学の知識を借りて分子論的にエントロピーに理解する方法も紹介する．繰り返すが，大切なのは「エントロピーとは乱雑さである」というような単純な説明を求めないことである．エントロピーが見せるさまざまな面を包括的に理解できるよう努力してほしい．

4.3.1 マクロな視点のエントロピー

クラウジウスがエントロピーという物理量を導入したとき，不可逆過程では少なくとも 2 つの要因でエントロピーが増大すると考えていた．1 つは熱のエネルギーとしての質の低下であり，もう 1 つは物質の拡散である．

熱エネルギーの質の低下は，熱が物体間を伝わるときに必ず温度差を利用することに起因する．図 4.12 にこのことを模式的に示す．

準静的過程では，部分系と熱源の温度が T で状態変化の前後の系のエントロピー差が ΔS_{sys} となるように，熱源から熱を移行することができる ($\Delta q_{\mathrm{rev}} = T\Delta S_{\mathrm{sys}}$)．この場合，「熱源＋系」全体のエントロピー ΔS_{all} の変化はない．一方，不可逆過程で熱源から系に熱が移る場合には，熱伝導の過程で熱が失われる (Δq_{irr})．したがって，系が $T\,\Delta S_{\mathrm{sys}}$ のエネルギーを得るために熱源が系に移行させる熱は，準静的過程の場合に比べて必ず大きくなる ($\Delta q_{\mathrm{rev}} + \Delta q_{\mathrm{irr}} = T\,\Delta S_{\mathrm{sys}}$)．このとき，「熱源＋系」全体のエントロピー ΔS_{all} は必ず増加する．クラウジウスの不等式は，不可逆過程では Δq_{irr} が常にプラスであることを主張している．クラウジウスの不等式も熱力学第二法則の 1 つの表現である．損失した熱 Δq_{irr} を回収して再利用して仕事に変換する術はない．回収・再利用ができてしまうと**第二種永久機関**ができあがってしまい，熱力学第二法則が破られてしまう．このような観点から，Δq_{irr} は質の低下した熱エネルギーであるといわれる．熱機関で低熱源に回収される熱 (図 4.5 の q_{L}) は Δq_{irr} ではないことに注意しよう．準静的過程で動く可逆機関 (**カルノーサイクル**) においても，熱 $\Rightarrow$ 仕事の変換では，高熱源から流れた熱の一部は低熱源に移動させなければならない．しかし，カルノーサイクルであれば，外部から系に仕事をしてサイクルを逆回転させることによって，準静的過程で低熱源から高熱源へと熱を移動させることができる．したがって，低熱源へ移行した熱は Δq_{irr} ではない．Δq_{irr} は，マクロ系の住民である私たちが仕事 $\Leftrightarrow$ 熱の変換に利用できなくなってしまった熱なのである．

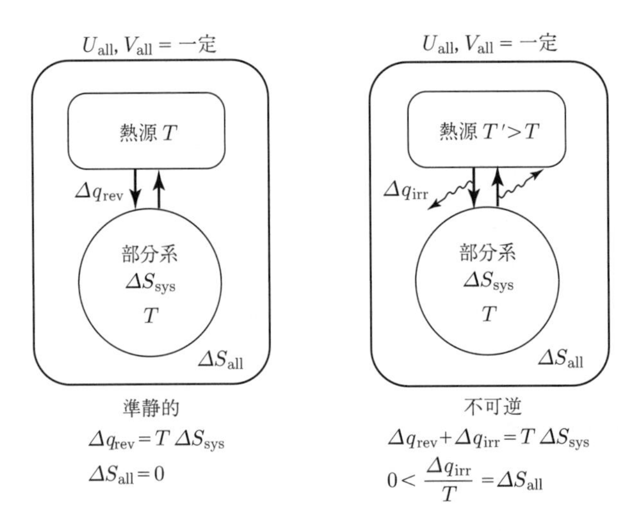

図 4.12 熱伝導の不完全性によって「熱源＋系」全体のエントロピー ΔS_{all} は増加する．

物質の拡散に伴うエントロピーの増加に関しては，4.2.1 項で説明した通りである．この過程では，気体が容器全体に広がる (非局在化する) ことでエントロピーが増加した．理想気体の**断熱自由膨張** (図 4.11) を直接計算する方法は，残念ながら平衡系の熱力学の範疇を超えてしまっている．変化量のみを計算したい場合には，当量を与える準静的過程について計算を実行する．図 4.13 にその例を示す．本来解析すべき系では $U, V =$ 一定 で変化が起こるが，当量を与える系では V に依存して S が変化する [42]．後者の変化では，エントロピーが増加しても自発的に変化が進行することはないので，本質的に異なった過程の計算を行っているが，変化後の系の状態は断熱自由膨張した後と変わらない [43] ので，S の差分だけは正しく計算される．

42) U は一定．理想気体の断熱膨張では系内の温度は変化しない．実験事実 (例えば $U = \frac{3}{2}RT$) から，$\mathrm{d}T = 0$ なら $\mathrm{d}U = 0$ である．

43) オイラー方程式を思い出そう．

図 4.13 (b) の過程は準静的に行われるので，式 (4.12) を始状態 s から終状態 e まで積分を行えばよい．このとき，$\mathrm{d}U = 0$ であることを用いれば

$$\mathrm{d}S(U,V) = \frac{P}{T}\,\mathrm{d}V$$

$$\int_s^e \mathrm{d}S(U,V) = \frac{1}{T}\int_{V_1}^{V_1+V_2} P\,\mathrm{d}V$$

$$\therefore\quad \Delta S = R\ln\frac{V_1+V_2}{V_1} > 0 \tag{4.42}$$

となる [44]．これが，理想気体の断熱自由膨張によって増加したエントロピーの当量 (1 mol あたり) である．式 (4.42) の右辺は，理想気体が断熱自由膨張過程で体積変化したことを表しているわけではない．気体の断熱自由膨張における ΔS の増加は，$U, V =$ 一定 の孤立系内の気体の非局在化，すなわち気体の拡散によって系内で生成するエントロピーに起因する．

44) $PV = RT$ を用いた．

ここでは，自発変化や不可逆変化においてエントロピーが増加する例を 2 つみた．この 2 つの例をみるだけでも，エントロピー増加にはさまざまな物理的背景がありそうである．巨視的に現れるエントロピーは高度に抽象化された量であり，その変化を引き起こす物理化学的背景は無数に存在する．もし，読者がここであげた例のうち 1 つだけでエントロピーを理解しようとしたら，もう一方の理解は困難になるだろう．

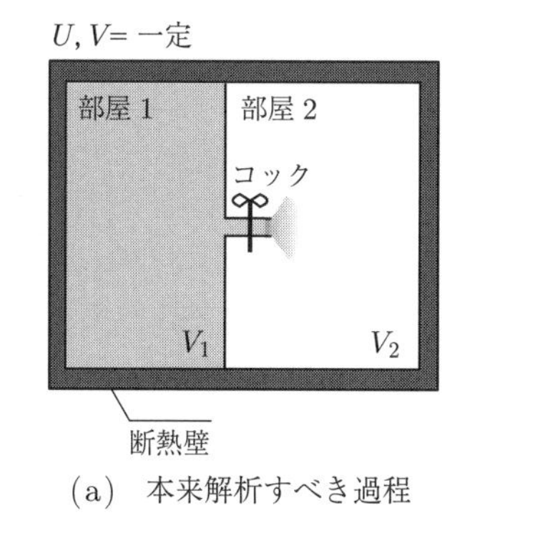

(a) 本来解析すべき過程

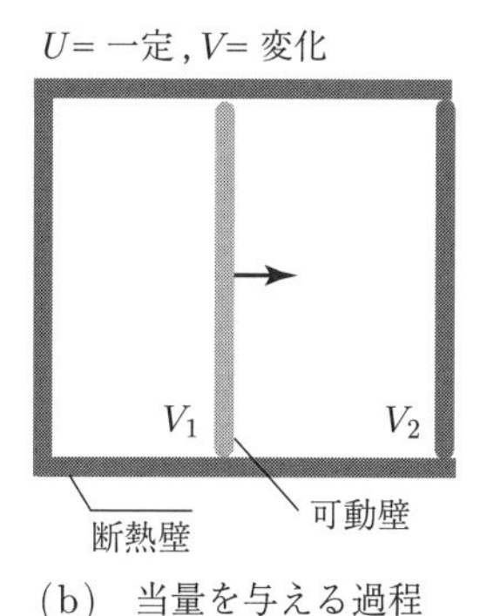

(b) 当量を与える過程

図 4.13 理想気体の断熱自由膨張における ΔS の当量を与える準静的過程の例

4.3.2 ミクロな視点でみた系の状態と巨視的なエントロピーの関係

原子・分子を相手にする化学者にとって，巨視的なエントロピーを分子レベルの言葉で理解したいと思うのは当然のことである．統計力学は，分子レベルのミクロな世界と私たちの目の前で起こるマクロな現象との橋渡しをする理論体系である．本来，統計力学を習得するためには専門書をしっかりと読む必要があるが，ここではミクロとマクロの世界をつなげる方法について最も単純な例をあげて説明し，ミクロからみたエントロピーの一面を紹介する．

ミクロの世界とマクロの世界をつなげる鍵は，確率という考え方である．これは，決定論的な古典物理学の世界からすると受け入れ難い妥協に思えるかもしれないが，ミクロとマクロの世界を結び付けるときには避けて通れない考え方である．

系が含む粒子の数を n とし，それがバラバラに並進運動している様子を思い浮かべよう．このとき，系が巨視的にみれば同じ状態 (系のエネルギー，体積，構成粒子の数が一定) であったとしても，粒子の運動量や位置の立場からすると異なっているような場面を想像することは難しくない．その一例を図 4.14 に示す．

統計力学の基礎を築いたボルツマン (1844-1906) は，微視的な状態と巨視的な (熱力学的な) 系の状態の間には，次のような関係があると考えた．

系の巨視的状態と微視的状態の対応

平衡状態においては，系の全エネルギーが変わらないならば，可能な微視的状態の数が最も多い巨視的状態が実現する．

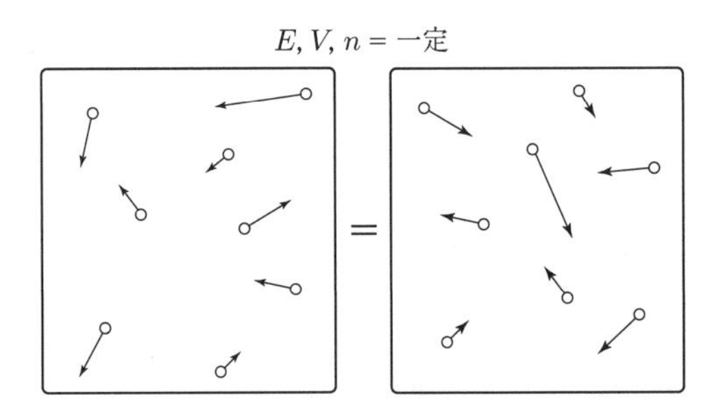

図 4.14 巨視的には同じだが微視的には異なっている 2 つの状態の例
左と右では各粒子の位置や運動の方向が異なっているが，全エネルギー E は同じである．このように巨視的に同じでも，微視的に異なっている状態はたくさんある．

すべての粒子がさまざまな運動量をもって存在し，それらの粒子が体積 V の中に偏って存在しないような微視的状態の数は莫大な数になるが，すべての分子が空間内の一部分に集まったり，すべての分子が同じ運動量をもったりするような微視的状態の数は極めて少ない．前者と後者にエネルギー的な差異がまったくないとしても，前者に対応した系が実現するというのが統計力学の考え方である．このことは，理想気体の断熱自由膨張におけるエントロピー増加を思い起こさせる．断熱自由膨張の前後で系にエネルギー的な変化はないが，エントロピーは増加する．

ボルツマンは，微視的状態の数がエントロピーに比例すると考えた．この考え方を数式で表すにはどうしたらよいだろうか．系の微視的状態の数を Ω で表す．巨視的な系の中に 2 つの部分系が存在し，それぞれの微視的状態の数を Ω_1, Ω_2 とすれば，全系の微視的状態の数は

$$\Omega = \Omega_1 \Omega_2$$

と積で表される．一方，熱力学で定義されるエントロピーは示量性をもっているので，部分系 1, 2 のエントロピーがそれぞれ S_1, S_2 であれば，全エントロピー S は

$$S = S_1 + S_2$$

とならなければならない．したがって，Ω と S が 1 つの関係式で表されるならば

$$S = k \ln \Omega \tag{4.43}$$

となるに違いない[45]．これが統計力学の基礎となる**ボルツマンの式**である．k は**ボルツマン定数**という比例係数で，$\ln \Omega$ が無次元量であるため，エントロピーと同じ次元の単位 $\mathrm{J\,K^{-1}}$ をもつ．以上のように，各微視的状態の出現確率は同じである[46]，という束縛のもとで数え上げられた微視的状態の組み合わせを**小正準集合** (**ミクロカノニカルアンサンブル**) という[47]．

Ω の計算で，頻繁に例に出される碁石の配置問題をみてみよう．碁石をマスに置くエネルギーは，どのマスでも変わらないとする．マスが n 個存在し，黒の碁石が n_1 個，白の碁石が n_2 個あるとしよう．このとき，黒の碁石 (もしくは白の碁石) を全マスに並べる方法の数 Ω_a は

$$\Omega_a = \frac{(n_1 + n_2)!}{n_1! n_2!}$$

である[48]．一方，黒の碁石を全マスの右側だけに並べる方法の数 Ω_b は

$$\Omega_b = \frac{n_1!}{n_1!} = 1$$

となる．Ω_a と Ω_b の違いは歴然としている．全マスの数が 16 で黒の碁石が 8 個しかない場合でも，Ω_a は 12870 通りの並べ方が存在する．それに対して，Ω_b は 1 通りしかない．もし，黒の碁石を片側に拘束しておく物理的な理由 (敷居があるなど) が何もないなら，黒の碁石が右側に偏在する巨視的状態を観測

45) $\ln \Omega_1 \Omega_2 = \ln \Omega_1 + \ln \Omega_2$ という計算式を思い出そう．

46) 各微視的状態の全エネルギーはまったく同じだから．

47) 名前を覚える必要はないのだが，多くの物理化学の教科書では，ミクロカノニカルアンサンブルとカノニカルアンサンブルの対応関係があいまいで，統計力学を勉強する際に混乱するので，あえて専門用語を載せた．

48) 順列・組合せ．区別できないものの並べ方．

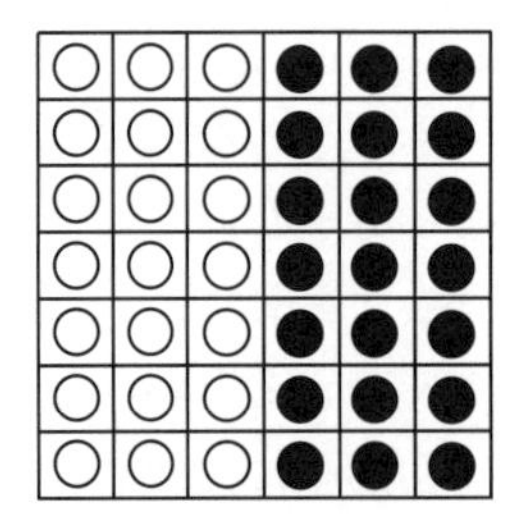

(a) 黒を右側半分だけに並べた例

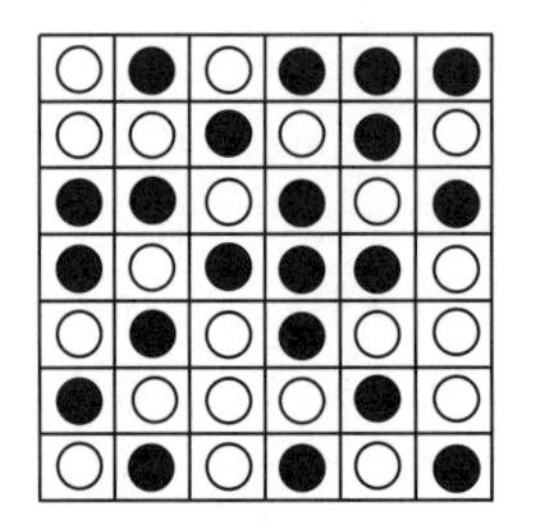

(b) 黒を全体に並べる例

図 4.15　決まった数のマスへの碁石の並べ方

することは，黒の碁石が全系に散らばっている確率に比べて極めて少ない．もし碁石の数が 1 mol ほどあるなら，Ω_a と Ω_b に対するエントロピーの差が，極めて大きくなることが理解できるだろう．

この碁石の例をみて，図 4.15 (b) の方が図 4.15 (a) に比べて乱雑にみえるから，「エントロピーとは乱雑さである」と単純に理解することは，人間の勝手な主観を自然の法則に当てはめて誤解を助長する悪い見本である．黒い碁石を正確に右側のように並べる並べ方は，やはり 1 通りしか存在しない[49]．図 (b) は，黒い碁石を置いてもよい場所が増えていることを示す一例でしかないことに注意しよう．

再び，理想気体の断熱膨張の話に戻ってみよう．図 4.11 では，コックを開けば気体は自発的に系全体に広がり，エントロピーは増加する．この自発変化がなぜ起こったかということを分子論的に考えると，全エネルギーが一定のままで気体分子が動いてよい空間が増える[50] からであると理解される．

49) 他人にとってはどんなに雑多に散らかっているように見える部屋でも，当人にとってはそれが一番整理された状態であるということが人間ではよくあること．

50) 気体分子は必ず並進運動エネルギーをもっている．

補　足

1)　2 成分開放系のエントロピーでは，式 (4.14) に相当する関係式として

$$\frac{1}{T} = \left(\frac{\partial S}{\partial U}\right)_{V,N}, \quad \frac{P}{T} = \left(\frac{\partial S}{\partial V}\right)_{U,N}, \quad -\frac{\mu}{T} = \left(\frac{\partial S}{\partial N}\right)_{U,V}$$

が得られる．

2)　閉鎖系ならば

$$\mathrm{d}A(T,V) = \left(\frac{\partial A}{\partial T}\right)_V \mathrm{d}T + \left(\frac{\partial A}{\partial V}\right)_T \mathrm{d}V$$

$$S = \left(\frac{\partial A}{\partial T}\right)_V, \quad -P = \left(\frac{\partial A}{\partial V}\right)_T$$

である．

3)　$S(T,P)$ の全微分は

$$\mathrm{d}S = \left(\frac{\partial S}{\partial T}\right)_P \mathrm{d}T + \left(\frac{\partial S}{\partial P}\right)_T \mathrm{d}P$$

と表される．完全な熱力学関数 $H(S,P)$ の全微分は

$$dH = \left(\frac{\partial H}{\partial S}\right)_P dS + \left(\frac{\partial H}{\partial P}\right)_S dP$$

である．この右辺に上の dS を代入することによって

$$\begin{aligned}
&\left(\frac{\partial H}{\partial S}\right)_P dS + \left(\frac{\partial H}{\partial P}\right)_S dP \\
&= \left(\frac{\partial H}{\partial S}\right)_P \left\{\left(\frac{\partial S}{\partial T}\right)_P dT + \left(\frac{\partial S}{\partial P}\right)_T dP\right\} + \left(\frac{\partial H}{\partial P}\right)_S dP \\
&= \left(\frac{\partial H}{\partial T}\right)_P dT + \left\{\left(\frac{\partial H}{\partial S}\right)_P \left(\frac{\partial S}{\partial P}\right)_T + \left(\frac{\partial H}{\partial P}\right)_S\right\} dP \\
&= C_p\, dT + \left(\frac{\partial H}{\partial P}\right)_T dP
\end{aligned}$$

が得られる．右辺の第 1 項は定義そのまま．$P =$ 一定 ($dP = 0$) の条件下ならば，この式の最初と最後を比較して式 (4.39) が導出される ($\left(\frac{\partial H}{\partial S}\right)_P = T$).

演習問題 4

4.1 $f = 2x_2 + x_1 \ln x_2$ を x_2 で偏微分し，$(\partial f/\partial x_2)_{x_1}$ を求めなさい．

4.2 系の圧力が $P = \frac{RT}{V}$ で表されるとする ($R = 8.31\ \mathrm{J\,K^{-1}\,mol^{-1}}$ は気体定数，V は体積)．$T = 300$ K 一定の準静的過程で系の体積が $V_1 \to 2V_1$ となるとき，系が外部に与える仕事を求めなさい．

4.3 $U(S,V) = V^{-2/3} \exp\left(\frac{2}{3R}S\right)$ となる系がある (R は気体定数)．この系の P, V, T 関係式 (状態方程式) を導きなさい．

4.4 内部エネルギーが $U = \frac{3}{2}RT$，状態方程式が $PV = RT$ と表される系において ($R = 8.31\ \mathrm{J\,K^{-1}\,mol^{-1}}$ は気体定数)，準静的等温過程で体積が倍になったときの S を求めなさい．

4.5 次の関係式を確認しなさい．

$$T = \left(\frac{\partial H}{\partial S}\right)_{P,N}, \quad V = \left(\frac{\partial H}{\partial P}\right)_{S,N}, \quad \mu = \left(\frac{\partial H}{\partial N}\right)_{S,P}$$

4.6 $\Delta A < 0$ ($T, V, N =$ 一定) の自発変化が起こったときに，ΔS を測定するとほぼ 0 であった．このとき，内部エネルギーはどのように変化するか考えなさい．

4.7 エントロピー $S(T,V) = R \ln T^{3/2} V$，内部エネルギー $U = \frac{3}{2}RT$ と表される閉鎖系の圧力 P を求めなさい．

4.8 内部エネルギー $U(T,V) = \frac{3}{2}RT - \frac{a}{V}$ (a は定数) で表される系の C_v を求めなさい．

4.9 対象としている系のエントロピー S が T と V の関数で表されるとき，$V =$ 一定の条件下で C_v と S を微分関係式で表しなさい．

4.10 理想気体に対する $C_p - C_v = R$ の関係式 (マイヤーの関係式) は，理想気体では C_p は常に C_v よりも R だけ大きいことを示している．この原因について考察しなさい．

5

物質の性質

本章では，気体，液体，固体などの物質の性質を学ぶ．1章で学んだように，物質が固体，液体，気体のいずれの状態にあっても，分子は絶えず振動，回転をしている．固体中では回転しても分子の重心の位置は変わらないので，規則正しく並んだ状態を保っている．温度が上がると振動，回転の運動がさらに活発になり重心の位置も動くようになる．これが液体である．さらに温度が上がって気体になると，分子は激しく動き回るようになるため，体積が急激に大きくなるのである．

5.1 気体，液体，固体の性質

5.1.1 物質の状態

物質には固体，液体，気体の3つの状態が存在し，これらをまとめて**物質の三態**という．これらの3つの状態は，物質を構成している原子や分子の動きが，どの程度活発であるかどうかで決まる．これらの原子，分子の動きは目で見ることはできないが，私たちはその動きや並び方を，マクロな状態 (固体，液体，気体) の変化としてとらえることができる．水は1気圧 (1013 hPa) の下では，0°C 以下で氷になり，100°C では水蒸気となる．固体の氷では水分子は規則正しく並んだ結晶構造をとるが，液体の水では流動性が増し，分子が動き回るようになる．気体である水蒸気になると，さらに活発に空間を自由に動き回る．最近では，三態の中間のような状態も1つの状態として考えられるようになってきた．液体と固体の中間的な性質を示す**液晶**や，気体でも液体でもない，その中間的な性質を示す**超臨界流体**などである．液晶は，系は液体状態にあるが，分子がある特定の方向に規則的な配列をもつため，この規則的な配列によって，液体状態でありながら結晶に似た光学的性質をもち，光の屈折率が変化する．これを利用してテレビのディスプレイなどに利用されている．超臨界流体は，温度や圧力が高くなり液体とも気体とも区別できない状態にある流体のことで，非常に反応性が高くさまざまな有機反応に利用されている．

気圧の単位は，大気を意味する atmosphere に因んで atm が使用される．

5.1.2 気体の性質

ここでは，高校で学んだ気体の状態方程式の導入から述べる．実在気体では分子の体積が無視できず，気体を構成している分子間に働く分子間力も無視できない．これらを理想気体の状態方程式に補正項として入れることで，理想気体とのずれを解消し，実在気体でも成り立つ PVT 関係式を導く．

(1) 気体の状態方程式の導入

1660 年，ボイル (1627–1691) は有名な**ボイルの法則**を見いだした．気体の圧力は図 5.1 のように，分子のシリンジの壁に当たる数や運動エネルギーによって決まる．温度一定のとき，分子の運動エネルギー (熱運動) は変わらないので，体積が半分になると，分子が壁に衝突する回数は増え，圧力が大きくなる．したがって，温度が一定のとき，気体の圧力 P は気体の占める体積 V に反比例するのである．これがボイルの法則である (図 5.2)．

このような分子運動論的解釈は「ボイルの法則」を見つけた当時はまだなく，ずっと後になってからである．

(a) 体積 1　(b) 体積 1/2

図 **5.1** ボイルの法則

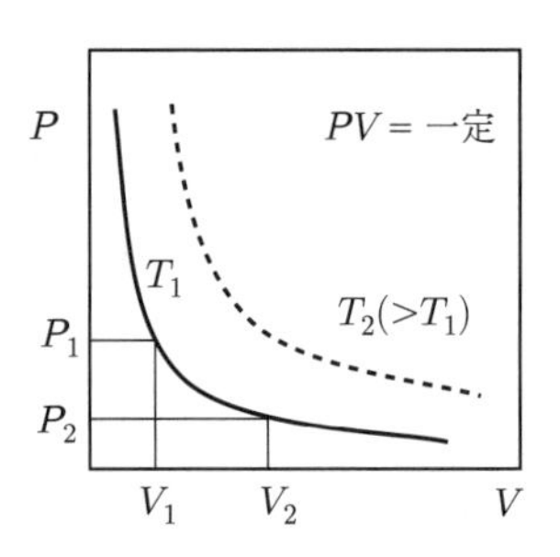

図 **5.2** ボイルの法則に従う気体の等温線

ボイルの法則

温度一定のとき，気体の占める体積 V は圧力 P に反比例する．

$$PV = 一定 \tag{5.1}$$

ボイルの法則が見いだされ100年以上が経った後，1787年，シャルル(1746–1823)により**シャルルの法則**が発見された．その後，ゲイ＝リュサック(1778–1850)によって詳細な研究がなされ，「圧力一定のとき，一定の質量の気体の体積 V は絶対温度 T に比例する」という結論を得た．これはシャルルの法則として知られている．図5.3のように，シリンダー内に閉じ込めた気体を温めると，シリンダー中の分子は温める前と比べてより活発に動くようになり，体積が増える．逆に，シリンダー内の気体を冷やすと体積が減る．

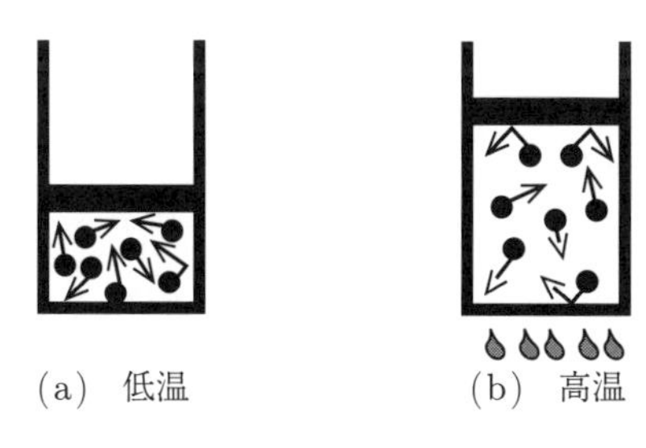

図 5.3 シャルルの法則

シャルルの法則

圧力一定のとき，一定の質量の気体の体積 V は絶対温度 T に比例する．

$$\frac{V}{T} = 一定 \tag{5.2}$$

図5.4にシャルルの法則に従う気体の体積の温度変化の模式図を示す．図の実線を低温にまで補外すると，すべての曲線は約 -273°C で体積 V が0となる．この温度を0 K (ケルビン) とし，すべての分子の運動が停止する温度 (**絶対零度**) とした．

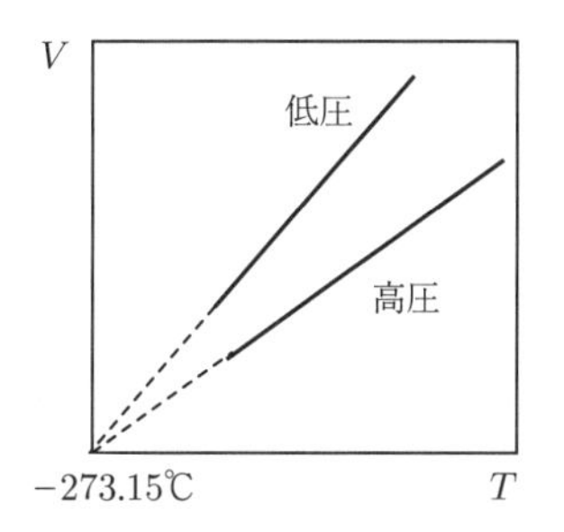

図 5.4 シャルルの法則に従う気体の体積の温度変化

理想気体の状態方程式は，上記の2つの法則を合わせて，実験による経験則(**ボイル-シャルルの法則**) として導かれた．このボイル-シャルルの法則は，理論上，絶対零度0 Kにおいて体積が0 m^3 となるので，実在気体では厳密には成り立たない．なぜなら，実在の気体の分子には大きさ (体積) もあり，分子間の相互作用もあるので，誤差が出てしまうからである．特に，低温や高圧の状況下では，実在気体は気体から液体や固体になるため有限の体積をもち，分子間の距離も互いに近くなるため相互作用の効果も無視できないものとなり，理想気体との差が大きく現れる．

ボイル-シャルルの法則

質量が一定のとき，気体の体積 V は，圧力 p に反比例し，絶対温度 T に比例する．

$$\frac{PV}{T} = 一定 \tag{5.3}$$

ボイル-シャルルの法則は，アボガドロによって導入されたモルの概念も含めて理想気体の状態方程式として導かれる．アボガドロは，同じ温度，圧力，体積の気体には同じ数の分子が存在するという法則を提唱した．いま，1 mol の気体を考えると，どの気体でも温度と圧力が同じなら，その体積は同じであるので，その比例定数を R とすると，n [mol] の気体では

$$PV = nRT \tag{5.4}$$

となる．ただし，R は気体定数で，その値は 1013 hPa, 1 mol, 0°C (273.15 K) の気体の体積が 22.4 L であることから容易に計算することができる．

今度は，気体の分子運動論の立場から，なぜ気体分子がボイル-シャルルの法則に従うかを考えてみる．気体分子は激しく動き回っているため，1 つの気体分子の運動をとらえて議論することは難しい．そこで，ある容器に入った気体分子を考え，それが壁の壁面に衝突するというモデルを使って気体分子の運動を考える．このときモデルを簡単にするために，①気体分子は容器に比べると十分に小さいので気体分子の体積は無視できる，②分子間の相互作用はない，③壁や他の分子との衝突の際には気体分子は完全な弾性体として振る舞う，と仮定する．

いま，温度 T は一定とし，1 辺が L の長さの立方体の容器に質量 m の分子が N 個存在するとする．その中のある 1 つの分子に注目して，分子の速度を v とし，x, y, z 成分をそれぞれ v_x, v_y, v_z とする (図 5.5)．この分子が壁面 A に衝突するときの運動量の変化を考えると，完全な弾性衝突であれば並進の運動エネルギーは衝突によって分子の内部エネルギーに変わることはなく，衝突前と後とでは，y 成分 v_y と z 成分 v_z は変わらないので，衝突前の運動量は mv_x，衝突後の運動量は $-mv_x$ となり，1 個の分子が壁面 A に衝突する際の運動量の変化は

$$mv_x - (-mv_x) = 2mv_x \tag{5.5}$$

となる．

分子は x 軸方向に 1 秒間で v_x だけ進み，一度壁面 A に衝突してから再度壁面 A に衝突するまでの移動距離は 2 L であるから，この分子が 1 秒間に壁面 A に衝突する回数は $v_x/2L$ である．また，1 つの分子が壁面 A に与える力

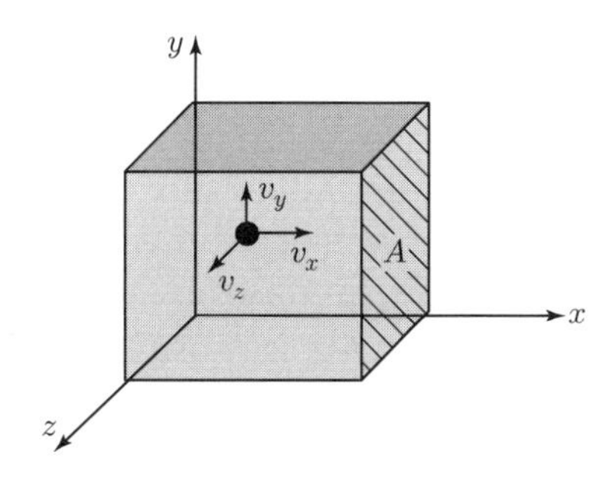

図 5.5　気体の分子運動のモデル

は，1 秒間に与える運動量の変化であるから，(1 回の衝突での運動量の変化；$2mv_x$) × (1 秒間に壁面 A に衝突する回数；$v_x/2L$) となり

$$2mv_x \times \frac{v_x}{2L} = \frac{mv_x^2}{L} \tag{5.6}$$

となる．圧力 P は単位面積あたりの力であるから，これを壁面 A の面積である L^2 で割って

$$P = \frac{mv_x^2}{L} \times \frac{1}{L^2} = \frac{mv_x^2}{L^3} = \frac{mv_x^2}{V} \tag{5.7}$$

と表すことができる．ここで，V $(= L^3)$ は容器の体積である．いま，N 個の分子を考え，分子の平均 2 乗速度 $\overline{v^2}$ $(\overline{v_x^2} = \overline{v_y^2} = \overline{v_z^2})$ を使って表すと

$$\overline{v^2} = \overline{v_x^2} + \overline{v_y^2} + \overline{v_z^2} \tag{5.8}$$

$$\overline{v_x^2} = \frac{\overline{v^2}}{3} \tag{5.9}$$

であるから，式 (5.7) の圧力 P は

$$P = N\frac{m\overline{v_x^2}}{V} = N\frac{m\overline{v^2}}{3V} \tag{5.10}$$

と書き直すことができる．

また，質量 m，速度 v で運動している 1 個の分子の運動エネルギー E は

$$E = \frac{1}{2}m\overline{v^2} \tag{5.11}$$

であるから，式 (5.10) は

$$PV = N\frac{2}{3}E \tag{5.12}$$

となる．また，アボガドロ数 N_{A}，分子数 N，モル数 n との間には

$$N = nN_{\mathrm{A}} \tag{5.13}$$

の関係が成り立つので，1 mol の分子の並進による運動エネルギー E が

$$E = \frac{3}{2}RT \tag{5.14}$$

となる．ここで，R は気体定数 $R = 8.31\ \mathrm{J\,K^{-1}\,mol^{-1}}$ と書けることを利用すると，1 個の分子のエネルギーは $\frac{1}{N_{\mathrm{A}}}\frac{3}{2}RT$ となるので，式 (5.12) は

$$PV = nN_A\frac{2}{3}E = nN_A\frac{2}{3} \times \frac{1}{N_A}\frac{3}{2}RT = nRT \tag{5.15}$$

$$\therefore \ PV = nRT \tag{5.16}$$

となる．

ボイル-シャルルの法則は実在気体では厳密には成り立たないが，この法則に従う気体を**理想気体**という．理想気体は分子の大きさと分子間の相互作用を無視したもので，このような気体は実在しない．しかし，分子の大きさが無視できるくらい小さく，無極性な場合には相互作用も小さいので，理想気体に近い振舞いをする．

(2) 実在気体

理想気体では気体分子の体積は無視したものであった．しかし，現実の気体では分子の体積は小さいが無視することはできない．1873 年，ファンデルワールス (1837–1923) は，①気体分子が実際に占める体積，②分子間に働く引力の 2 つの項を理想気体の状態方程式に加えると，実在気体とのずれをうまく表すことができることを示した．理想気体の体積を補正して $V - nb$ (n はモル数，b は体積の補正因子) とし，a を分子間の相互作用を表す定数とすると，実在気体の体積を考慮した状態方程式は次のように表される．

ファンデルワールスの状態方程式

$$\left(P + \frac{n^2a}{V^2}\right)(V - nb) = nRT \tag{5.17}$$

ここで，b は 1 mol の気体が排除する体積である．

式 (5.17) を導き出すために，まずは排除体積の効果だけを考えてみる．実在気体のように，分子が有限の体積をもつということは，言い換えれば，分子が入ることができない領域が存在するということになる．この領域のことを**排除体積**といい，次のように考えることができる．

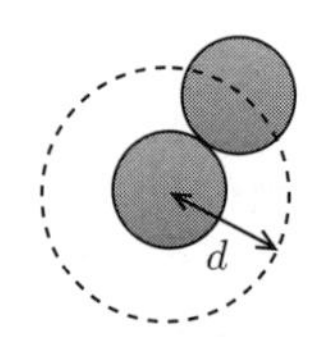

図 5.6 排除体積

気体分子の直径を d とし，接触する 2 つの分子を考えたとき，互いが入り込めない領域 (排除体積) は破線で描いた球の体積 $\frac{4}{3}\pi d^3$ である (図 5.6)．これは 2 つの分子による排除体積なので，1 分子あたりに換算すると

$$\frac{1}{2} \times \frac{4}{3}\pi d^3 = 4 \times \frac{4}{3}\pi\left(\frac{d}{2}\right)^3 = 4 \times (1\text{ 分子の体積}) \tag{5.18}$$

となる．つまり，1 分子あたりの排除体積は 1 分子の体積の 4 倍ということになる．b は 1 mol あたりの体積として定義した値なので，アボガドロ数 N_A を使って書き直すと

$$b = N_A \times 4 \times (1\,\text{分子の体積}) \tag{5.19}$$

となる．理想気体の状態方程式に導入した実在気体の分子の体積の補正項は n [mol] の気体の体積 nb なので，結局のところ補正項は

$$nb = nN_A \times 4 \times (1\,\text{分子の体積}) \tag{5.20}$$

と書くことができ，全分子数 N $(= nN_A)$ を使って書き表すと $N \times 4 \times$ (1 分子の体積)，つまり全分子の体積の 4 倍となる．この値は，排除体積を 2 つの分子が衝突する場合で考えたときに成り立つものであり，圧力が高い場合や一度に衝突する分子の数が多いような場合には，1 つの分子のまわりに 2 つ以上の分子が存在するため，1 分子あたりの排除体積はもっと小さな値となる．

次に，2 つ目の補正項について考える．2 つ目の補正項は分子間に働く引力である．隣接する分子と分子の間には，互いに引力が働き，引き寄せ合う．いま，ある 1 つの分子に注目すると，その分子がまわりの分子に及ぼす引力は，まわりにある分子の数が多ければ多いほど大きくなる．体積 V に n [mol] の気体が存在するとき，分子の数は，単位体積中のモル数 $\frac{n}{V}$ に比例するので，分子間に働く引力は，分子の数，つまり単位体積中のモル数 $\frac{n}{V}$ に比例する．さらに，この引力はすべての分子に対して働くので，さらに分子の数を乗じた $\left(\frac{n}{V}\right)^2$ に比例することになる．その比例定数を a とすると，分子間力による引力は $a\left(\frac{n}{V}\right)^2$ となる．ここで，ボイルの法則を導き出したときの気体の圧力を思い出してみよう．気体の圧力は，分子のシリンジの壁に当たる数や運動エネルギーによって決まるので (図 5.1)，シリンジの壁に衝突する回数が増えると，圧力は大きくなる．分子間力が働くことで，この壁に当たる数や運動エネルギーが減るので，分子の体積による影響だけを考えた圧力の式 $P = \frac{nRT}{V-nb}$ から，分子間力による圧力減分を差し引くと，ファンデルワールスが考えた分子の体積の効果と分子間力の効果の両方を考慮したものとなり

$$P = \frac{nRT}{V - nb} - \frac{n^2 a}{V^2} \tag{5.21}$$

と表される．式 (5.21) の両辺を整理すると，式 (5.17) が得られる．

以上のように，ファンデルワールス方程式は分子の大きさと分子間の相互作用を考慮した状態方程式であり，実在気体の状態方程式といえる．

5.1.3 液体の性質

溶液の一般的な性質については 6 章で詳しく述べる．ここでは，液体特有の性質として表面張力と粘性について解説する．

液体は気体と固体の中間の状態であり，気体のように，たえず分子は動いているが，気体ほど自由に空間を飛び回っているわけではないので，隙間はほとんどなく，圧縮しても体積も密度もほとんど変化しない．

(1) 表面張力

液体を構成している分子は，気体分子とは異なり，互いに接近して存在している．それらの分子には互いに接近したときに引き合うような力が働くので，液体中のある分子に注目すると，その分子は四方八方から引力が働いている状態にある．しかし，液相と気相の界面である液相表面では様子が異なる．液体と気体では密度が 1000 倍も違うので，気体では分子が互いに引き寄せ合うようなことはない．つまり，液相と気相の界面である液相表面では，液体を構成している分子は液相側から別の液体分子によって引っ張られているが，気相側からは引力が働かない (図 5.7)．このため，表面付近の分子は液体内部の分子に比べて大きな**ヘルムホルツエネルギー**をもつことになる．この大きなヘルムホルツエネルギーをもつ分子をできるだけ少なくするためには，表面積を小さくすればよい．この液体の表面積を最小にするように働く力を**表面張力**という．

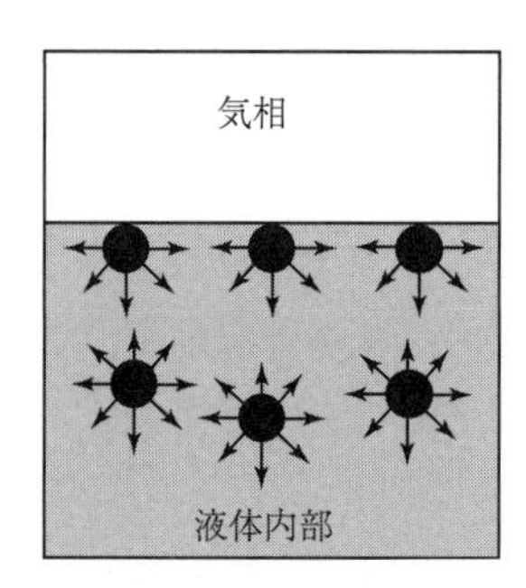

図 5.7 表面張力

(2) 粘　度

私たちは，油は水に比べて粘性の高い液体であることを経験的に理解できる．この粘性とは，液体を変形させようとしたときの抵抗である．液体の流れにくさや，粘っこさの程度を示す物質定数を**粘度**といい，ねばねばした粘度の高い液体は流動性が低く，ある一定の体積の毛細管を流れるのに時間がかかるが，さらさらした粘度の低い液体はさっと流れる．これを利用して，液体の粘度はその流動性によって評価することができる (粘度測定)．粘度は，運動している液体分子同士が互いに衝突し合うために，分子が運動しにくくなる程度を表している (気体の場合，高温になり分子運動が活発になることで衝突頻度が増え，粘性が大きくなる)．

粘性流体が管を流れるとき，管の中心部で最も速く，管の壁面付近では遅く

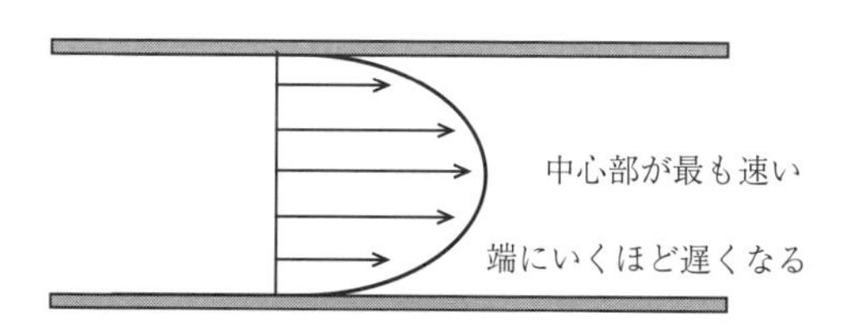

図 5.8　ニュートン粘性

なる (図 5.8)．このように速度が異なるのは，粘性のある液体の場合には摩擦力が働くためである．いま，管の中のある断片を考えると，単位面積あたりの力 F/S は速度勾配 $\mathrm{d}v/\mathrm{d}z$ (z は管壁から中央部にかけての距離) に比例する．すなわち

$$\frac{F}{S} = \eta \frac{\mathrm{d}v}{\mathrm{d}z} \tag{5.22}$$

となる．このときの係数 η を**粘性率**あるいは**粘度**という．式 (5.22) は**ニュートンの粘性法則**として知られており，このような法則に従う流体を**ニュートン流体**という．液体の粘度は，毛細管を流れる液体の内部に生じる摩擦の大きさを表したものである．

(3)　液　晶

液体状態にあるが，物質を構成している分子がある方向に規則的に並んだ構造をとっており，固体と液体の中間の性質をもつような状態を**液晶**という．液晶には，温度によって相が変化するサーモトロピック液晶と，濃度によって相が変化するリオトロピック液晶がある．さらに配向の仕方からサーモトロピック液晶は，ネマティック液晶，スメクティック液晶，コレスティック液晶の大きく 3 つに分けることができる．テレビの液晶ディスプレイなどに利用されているのはネマティック液晶であることが多い．ネマティック液晶は細長い分子が一方向に配向しているが，スメクティック液晶のように層を形成しておらず，長軸方向には自由に動くことができる (図 5.9)．

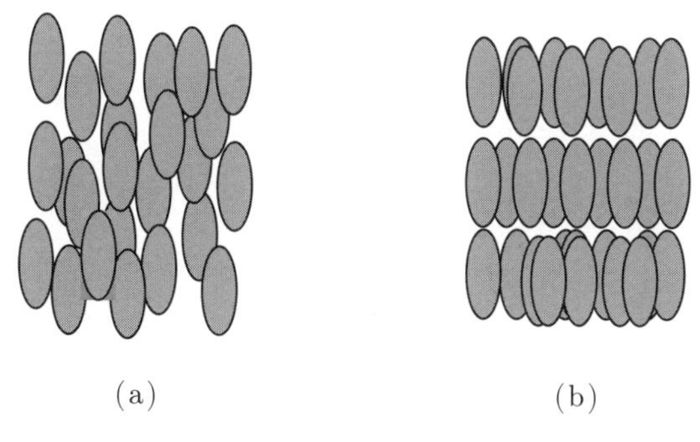

図 5.9　(a) ネマティック液晶，(b) スメクティック液晶

一般的に，液晶分子は細長い形をしており，電圧をかけるとある種の液晶分子は電界の方向に規則正しく配列する．2 枚の偏光板に分子の長軸方向を 90 度ねじるように液晶分子を挟み込み，電圧によって液晶分子の配向を制御して，これらの層を通り抜ける光の量を調整するのが液晶ディスプレイの原理である．

5.1.4 固体の性質

固体には結晶と結晶でない物質が存在する．結晶でないものを**非晶**(**アモルファス**) といい，その代表がガラスである．アモルファスは，結晶のように規則的に原子や分子が並んでおらず，配列は不規則である．

(1) 結　晶

固体の多くは結晶構造をとり，結晶は原子や分子が規則正しく並んだ状態にある (表 5.1)．原子同士が電子を共有して結合した共有結合でできた結晶を**共有結晶**という．ダイヤモンドに代表される共有結晶は，すべての原子間の結合が共有結合でできていて非常に強いので，硬くて融点が高いものが多い．

また，金属を構成している原子は中心に陽イオンが存在し，そのまわりには**自由電子**とよばれる電子が存在している．自由電子は複数の金属陽イオンのまわりを自由に動き回ることができるため，結晶中ではこの自由電子が金属陽イオンを結び付ける役割をしている．これを**金属結合**といい，金属結合でできた結晶を**金属結晶**という．金属結晶の構造は，体心立方格子，面心立方格子，最密六方格子のような原子ができるだけ密に詰まった構造をとる (図 5.10)．

この他にも，イオン結晶，分子結晶などがある．正電荷をもつ陽イオンと負電荷をもつ陰イオンが電気的に引き付け合うことにより結合するものを**イオン結合**といい，このイオン結合でできた結晶が**イオン結晶**である．**分子結晶**は分

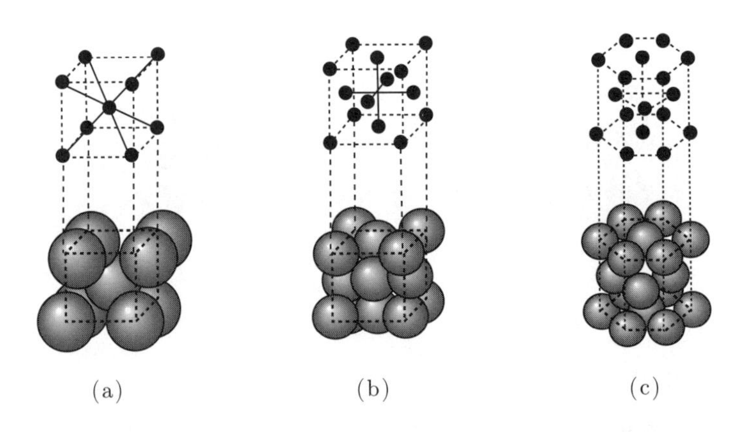

図 5.10　(a) 体心立方格子，(b) 面心立方格子，(c) 最密六方格子

表 **5.1**　結晶系と結晶格子

晶系	結晶格子			
三斜	$\alpha \neq \beta \neq \gamma$ $a \neq b \neq c$ 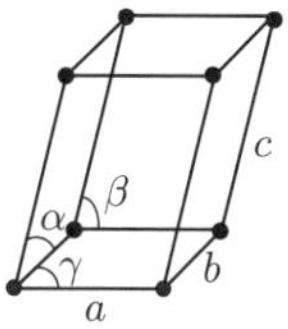			
単斜	$\alpha = \gamma = 90^\circ$ 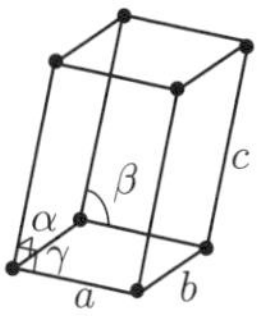	$\alpha = \gamma = 90^\circ$ 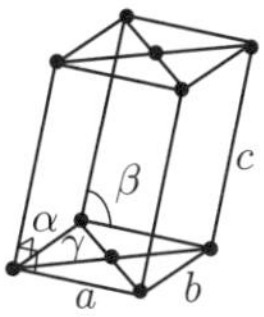		
斜方	$a \neq b \neq c$ 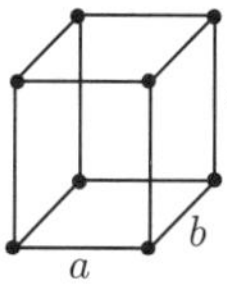	$a \neq b \neq c$ 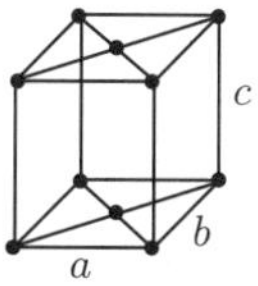	$a \neq b \neq c$ 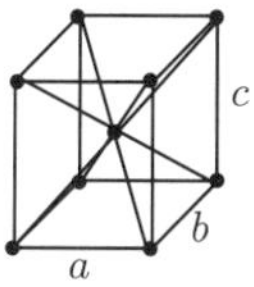	$a \neq b \neq c$ 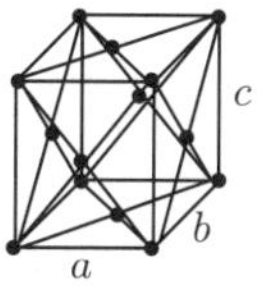
正方	$a = b \neq c$ 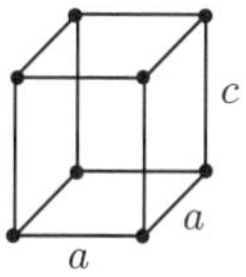	$a = b \neq c$ 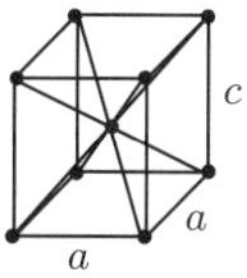		
立方	$a = b = c$ 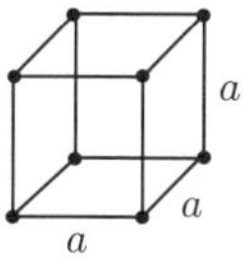	$a = b = c$ 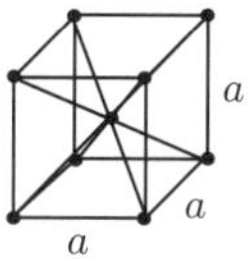	$a = b = c$ 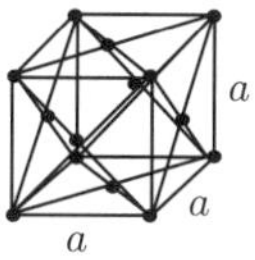	
三方	$\alpha = \beta = \gamma \neq 90^\circ$ $a = b = c$ 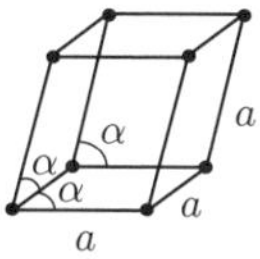			
六方	$\alpha = \beta = 90^\circ$ 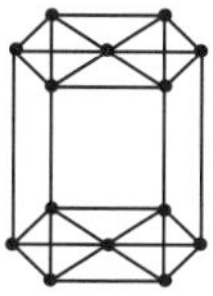			

子が規則正しく並んでいるものをいい，温度が下がって原子や分子の運動がだんだん弱くなってくると，分子間に働くファンデルワールス力 (引力) によって引き合い，できるだけ密な構造となるように規則正しく配列する．

また，結晶のように規則正しく並んでいないものを**非晶** (**アモルファス**) といい，ガラスはその代表である．アモルファス構造では，短い距離では秩序があるが，長距離間の秩序はない状態にある．

(2) X 線回折

結晶構造を調べる手段の代表的なものとして **X 線回折法**がある．X 線回折法は X 線の回折現象を利用して結晶の内部で原子がどのように並んでいるかを調べる方法である．

X 線はレントゲンによって 1895 年に発見され，その後ラウエが回折現象を発見し，ブラッグ父子によって X 線回折が起こる条件が理論的に明らかにされた．

原子が規則正しく並んでいる結晶にその間隔と同程度の波長を有する X 線を照射すると，並んでいる原子によって散乱された X 線はある特定の方向で干渉し合う．それらが互いに強め合う場合に回折線が観測される．これが X 線の回折現象である．図 5.11 のように，X 線の波長を λ，原子の並んでいる間隔を d，X 線の入射方向と原子が規則正しく並んだ平衡平面とのなす角を θ とすると，第 1 の面と第 2 の面で反射された X 線の行路差は $2d\sin\theta$ となる．この行路差が入射 X 線の波数 λ の n 倍 (整数倍) のとき波が互いに干渉し強め合うことになる．この関係式は

$$2d\sin\theta = n\lambda \tag{5.23}$$

となり，上式を**ブラッグの式**という．つまり，角度 θ (ブラッグの角度) がわかると，格子面間隔を知ることができる．これにより原子が規則正しく並んでいる間隔を知ることができ，結晶中での原子の並びや位置がわかる．

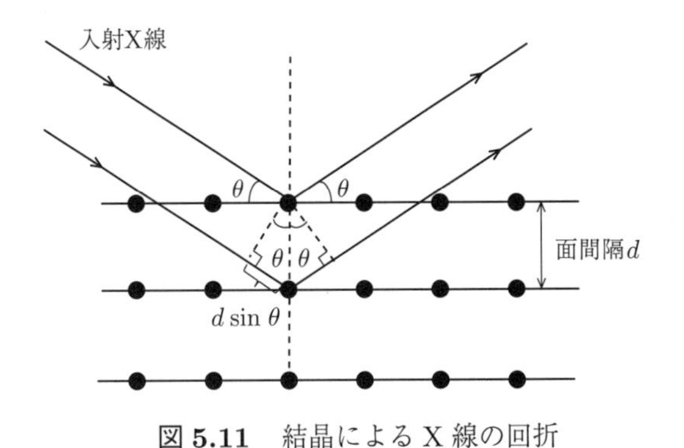

図 5.11 結晶による X 線の回折

(3) 弾　性

物体に力 (応力) を加えると変形 (ひずみ) が生じるが，力を取り除くともとに戻る．この性質を**弾性**という．バネを引っ張ったり，押し縮めようとすると，もとに戻そうとする力が働く．これが**弾性力**である．物体に加える応力とひずみの割合を**弾性率**といい，いくつか種類がある．物体を引っ張ったときの力と伸びの弾性率を**ヤング率**，圧力と体積の縮みの関係からは求められる弾性率を**体積弾性率**，せん断応力とずれから求められる弾性率を**剛性率**という (図 5.12).

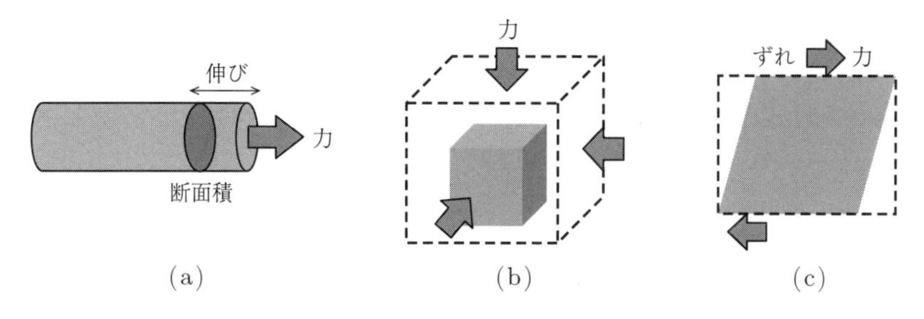

図 5.12　(a) ヤング率，(b) 体積弾性率，(c) 剛性率

プラスチックに代表される高分子材料は，急に変形させると固体のように固く弾性体として振舞い，ゆっくり変形させると液体のように粘性を示す．つまり高分子は固体と液体の両方の性質をもち，**粘弾性** (弾性と粘性) を示すのである．高分子の場合，弾性の部分をフックの法則が成り立つバネで表し，粘性をピストン (ダッシュポット) で表し，それらを組み合わせることで実在の高分子の粘弾性挙動をモデル化して考えることができる (図 5.13).

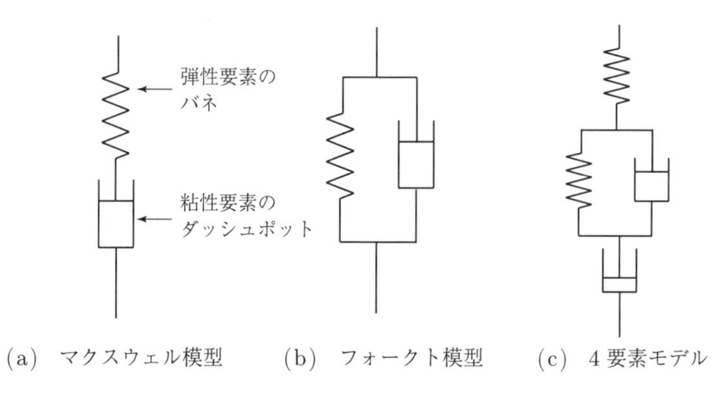

図 5.13　粘弾性挙動のモデル化の例
要素を組み合わせて，実際の現象に近づける．

イオン液体

イオンのみでできている液体状態にある「塩」のことを**イオン液体**といい，低粘性，高電気伝導性，蒸気圧が低いなどの特異な性質をもつため，反応溶媒や電池材料などさまざまな分野での研究が進められている．NaCl に代表される無機塩は，かなり高温にしないと液体にならないが，イオン液体は幅広い温度範囲で液体状態にあるのが特徴である．アミノ酸を用いたイオン液体は，環境負荷が小さく今後の展開が期待されている．

5.2 物質の相変化

5.2.1 相図と相転移

(1) 相平衡

「相」とは気相，液相，固相のように，ある物理的境界によって他とはっきり区別される均一な部分系をさす．水は常温常圧下では液体であるが，圧力一定のまま温度を下げると固体である氷になり，温度を上げると気体である水蒸気になる．氷から水，水から水蒸気への変化は固相から液相，液相から気相への**相変化**である．このような相の変化を表す方法として，圧力と温度の関係を示した図が用いられる．図 5.14 に，その例として水の**相図**を示す．ここでは，閉鎖系にある水の圧力と温度を変化させたときの状態変化を模式的に表したものである．図の実線は，固相，液相，気相のそれぞれの相の境を示している．また，この線上の点では，固体と液体，液体と気体，固体と気体のそれぞれの相が共存している．この線上のある点のように，一定の温度や圧力の下で，固相と液相，液相と気相の相が平衡状態にあることを**相平衡**という．これらの線の交点である**三重点**は，固相，液相，気相の三相が共存することができる点である．線 OA は固体と液体が共存し平衡状態にあるので**融解曲線**，OB は気体と液体が共存するので**蒸気圧曲線**，OC は固体と気体が共存する**昇華曲線**である．また，温度や圧力を上げていき，点 B を超えると液体と気体の区別がつ

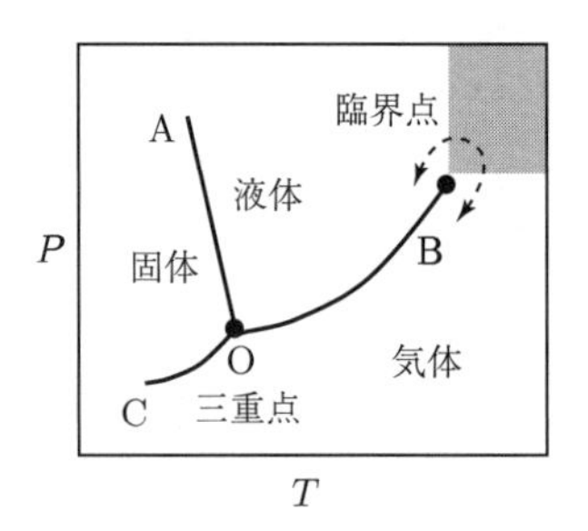

図 5.14 閉鎖系での水の相図
水の場合は線 OA はマイナスの勾配をもつが，一般的にはプラスの勾配をもつことに注意.

かない状態になる．この点を**臨界点**という．さらに，図の破線のように状態を変化させると，液体から気体へと**相転移**をまたがずに連続的に変わることができる．

また，曲線 OB 上では気相と液相が平衡状態にあるので，各相におけるギブスエネルギーは

$$G_{液相} = G_{気相} \tag{5.24}$$

となり等しくなる．平衡を保ったまま微小変化させたとき，変化分のギブスエネルギーも等しくなるので

$$\mathrm{d}G_{液相} = \mathrm{d}G_{気相} \tag{5.25}$$

となる．ギブスエネルギーは式 (4.27) より

$$\mathrm{d}G = V\,\mathrm{d}P - S\,\mathrm{d}T \tag{5.26}$$

であるから

$$V_{液相}\mathrm{d}P - S_{液相}\mathrm{d}T = V_{気相}\mathrm{d}P - S_{気相}\mathrm{d}T \tag{5.27}$$

$$\frac{\mathrm{d}P}{\mathrm{d}T} = \frac{S_{気相} - S_{液相}}{V_{気相} - V_{液相}} = \frac{\Delta S}{\Delta V} = \frac{\Delta H}{T\Delta V} \tag{5.28}$$

となる．ここで $\Delta H = T\Delta S$ である．また，液体の体積 $V_{液相}$ と気体の体積 $V_{気相}$ を比べると $V_{液相}$ は非常に小さいので無視できるので，上式は

$$\frac{\mathrm{d}P}{\mathrm{d}T} = \frac{\Delta H}{TV_{気相}} \tag{5.29}$$

となる．これを**クラペイロン - クラウジウスの式**という．

$V = \frac{RT}{P}$ より $\frac{\mathrm{d}P}{\mathrm{d}T} = \frac{\Delta H}{T}\frac{P}{RT}$ となるので，クラペイロン-クラウジウスの一般式

$$\frac{\mathrm{d}(\ln P)}{\mathrm{d}T} = \frac{\Delta H}{RT^2} \tag{5.30}$$

が求まる．

(2) 臨界点

図 5.14 のような PT 曲線だけでなく，PV 曲線 (あるいは $P\rho$ 曲線; ρ は密度) を考えてみる．図 5.15 には，例として CO_2 の等温曲線を示す．

実在気体を圧縮するとき，ある温度以上ではどんなに圧力を高くしても液化が起こらず，PV 曲線は連続的となる．しかし，温度が低くなってくると不連続な曲線になる．このように，実在気体を圧縮し液化するとき，等温曲線には傾きが 0 になるような領域ができる．圧力が高い状態では液体であるが，圧力が低くなると系は気体になり，その中間である PV 曲線が水平な領域 (傾き 0 の領域) では，液体と気体の両方が存在することになる．また，PV 曲線が連続から不連続になるちょうど境目の温度では，PV 曲線は**変曲点** C をもつ．こ

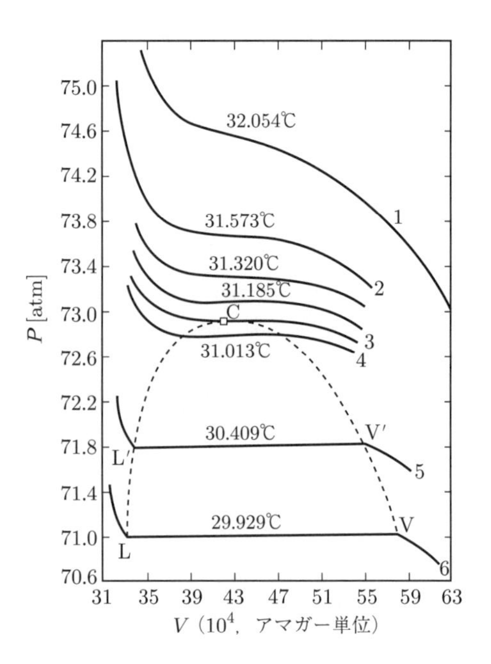

図 5.15 CO_2 の等温曲線

の変曲点は相転移における臨界状態を示す点であり，1 相 (図では液相または気相) と 2 相 (図では液相と気相) の境の点となる．この臨界点では系は 1 相状態でも 2 相状態でもない．また，後述するが，臨界点は共存曲線とスピノダル曲線の交わるただ 1 つの点でもある．図 5.15 にみられる変曲点 C は水平の勾配をもつので次の条件

$$\left(\frac{\partial P}{\partial V}\right)_{T_\mathrm{c}} = 0 \tag{5.31}$$

$$\left(\frac{\partial^2 P}{\partial V^2}\right)_{T_\mathrm{c}} = 0 \tag{5.32}$$

を満たす．ここで，$T\mathrm{c}$ は点 C を通る PV 曲線の温度で**臨界温度**である．点 C を通る PV 曲線のことを**臨界等温線**という．図 5.15 において臨界点よりも上側では系は気体状態にあるが，臨界点よりも下側になると液相と気相が共存するので，臨界点は液相と気相が共存する上限の温度であるといえる．

臨界温度以下の温度でファンデルワールスの状態方程式を解くと，図 5.16 (b) のようになる．臨界点での条件 (第 1 微分係数および第 2 微分係数は 0 となる) から

$$\left(\frac{\partial P}{\partial V}\right)_{T_\mathrm{c}} = -\frac{RT_\mathrm{c}}{(V_\mathrm{c}-b)^2} + \frac{2a}{V_\mathrm{c}^3} = 0 \tag{5.33}$$

$$\left(\frac{\partial^2 P}{\partial V^2}\right)_{T_\mathrm{c}} = -\frac{2RT_\mathrm{c}}{(V_\mathrm{c}-b)^3} + \frac{6a}{V_\mathrm{c}^4} = 0 \tag{5.34}$$

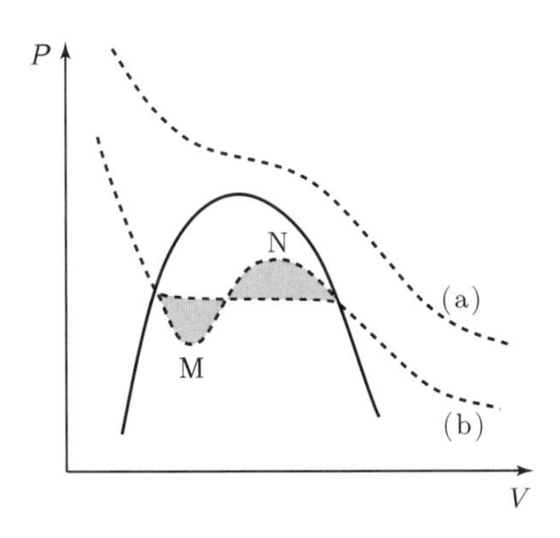

図 5.16 等温曲線とファンデルワールスの状態方程式

となる．これを解くと

$$V_c = 3b \tag{5.35}$$

$$P_c = \frac{a}{27b^2} \tag{5.36}$$

となる．ただし，a, b は気体の種類によって変わるので，V_c や P_c は物質固有の値になる．

ここで，4 章で習った熱力学関数を使って考えてみる．式 (4.24) よりヘルムホルツエネルギー A がわかっていれば，圧力 P と T, V, N との関係がわかる．また，式 (4.28) からギブスエネルギー G がわかれば，V を T, P, N の関数として求めることができる．実際には，A や G を直接実験的に求めることはできないので，観察できる P, V, T などの，実際に測定できる状態量からヘルムホルツエネルギーやギブスエネルギーの変化を見積ることになる．ヘルムホルツエネルギーは相の平衡を考えるときに最もわかりやすいので，安定性を議論するときはヘルムホルツエネルギーを使って考えてみる．式 (4.24) より

マクスウェルの定理

臨界温度以下でのファンデルワールス方程式と実在気体の PV 曲線は形状が異なっている．しかし，ファンデルワールス方程式による曲線に上図の S と S′ が同じ面積になるように水平な線を引くと，実在気体の PV 曲線をよく表す．これを**マクスウェルの定理**という．

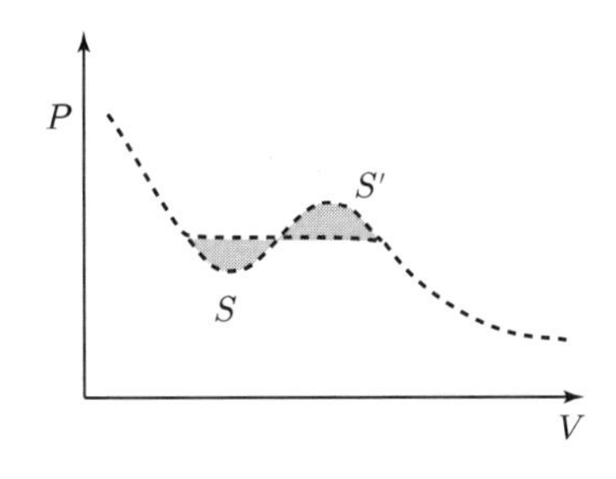

$$\left(\frac{\partial^2 A}{\partial V^2}\right)_T = -\left(\frac{\partial P}{\partial V}\right)_T \tag{5.37}$$

安定な相では，圧縮率は常にプラスの値をとらなければならないという機械的安定条件は

$$\text{圧縮率}\beta \equiv -\left(\frac{\partial P}{\partial V}\right)_T > 0 \tag{5.38}$$

であるから，式 (5.37) より

$$\left(\frac{\partial^2 A}{\partial V^2}\right)_T > 0 \tag{5.39}$$

となり，ヘルムホルツエネルギーを V に対してプロットしたとき，下に凸となる．また，図 5.16 の MN で結ばれた曲線の部分は傾きがプラスであるから $\left(\frac{\partial P}{\partial V}\right)_T > 0$ となり，現実には存在できない．したがって，MN 間ではヘルムホルツエネルギーは上に凸となり，不安定であることがわかる．

(3) 超臨界流体

1 成分の系では，固体の状態から系の温度を上げていくと液体になり，さらに温度を上げると気体になる．これをさらに温度を上げていき，臨界点のある温度・圧力 (臨界温度・臨界圧力) を超えると超臨界状態になる (図 5.14 の灰色部分)．ここでは，液体と気体の密度が同じで，液体なのか気体なのか区別がつかない状態にある．**超臨界流体**は，気体と液体の両方の性質を有するので，気体の性質である拡散性と液体の性質である溶解性を示し，活性が高く反応性に優れるため，グリーンケミストリーの立場から反応溶媒として注目されるようになった．

5.2.2 相 分 離

(1) 臨界現象

相転移の際に潜熱 (相が変化する際に必要な熱エネルギー) を伴うものを **1 次相転移**といい，融解や沸騰などがこれに相当する．それに対し，潜熱を伴わない相転移を **2 次相転移** (**高次の相転移**) という．2 次相転移の転移点の近くでは，いろいろな物理量に異常が現れる．この異常とは，通常は相対的に小さく無視できたゆらぎが，転移点で無視できないほど大きく増大することをいう．このような 2 次相転移の転移点でみられる物理量の異常な振舞いを**臨界現象**という．

いま，成分 A と成分 B からなる 2 成分混合物を考える．この混合物は低温では，互いに混ざり合わない方がエネルギーが低く安定で，成分 A のリッチな相と成分 B のリッチな相とに分離する．高温では，分子の熱運動が活発になり，互いに混ざり合っている方が全体としてエネルギー的に安定な状態となる．こ

ファンデルワールスの状態方程式とビリアル方程式

ファンデルワールスの状態方程式は理想気体の状態方程式に分子の体積と相互作用の補正項を入れたものである．一方，理想気体の状態方程式をべき級数で展開したものがビリアル方程式である．

1 mol の気体を考えたとき，理想気体の状態方程式

$$PV = nRT$$

より $\frac{PV}{RT}$ の値は 1 となるはずなので，1 からのずれは実在気体の非理想性を示す．すなわち

$$Z = \frac{PV}{RT}$$

となる．ここで，Z は**圧縮率因子**である．また，$\frac{PV}{RT}$ を圧力のべき級数で展開すると

$$\frac{PV}{RT} = 1 + B_{\mathrm{p}}(T)P + B'_{\mathrm{p}}(T)p^2 + \cdots$$

と書くことができる．この状態方程式を**ビリアル方程式**という．$B_{\mathrm{p}}(T)$ の添字 p は圧力のべき級数で展開したことを示す．また，圧力ではなく体積のべき級数で展開すると

$$\frac{PV}{RT} = 1 + \frac{B_{\mathrm{v}}(T)}{V} + \frac{B'_{\mathrm{v}}(T)}{V^2} + \cdots$$

となる．上式において，$B_{\mathrm{p}}(T), B'_{\mathrm{p}}(T), B_{\mathrm{v}}(T), B'_{\mathrm{v}}(T)$ は**ビリアル係数**といい，第 2 項の $B_{\mathrm{p}}(T)$ と $B_{\mathrm{v}}(T)$ はその項の数から**第 2 ビリアル係数**という．さらに，上の 2 つの式から $\frac{B_{\mathrm{v}}(T)}{B_{\mathrm{p}}(T)} = RT$ であることが容易に導かれる．第 2 ビリアル係数は 1 つの分子が他の分子と相互作用することを表しており，高次のビリアル係数はもっと複雑な相互作用の寄与を表している．

ファンデルワールスの状態方程式 (式 (5.17) もしくは式 (5.21)) において $n = 1$ とし，同様にべき級数で展開して第 3 項まで示すと

$$\frac{PV}{RT} = 1 + \left(b - \frac{a}{RT}\right)\frac{1}{V} + \frac{b^2}{V^2} + \cdots$$

となる．これを理想気体の状態方程式を体積のべき級数で展開したビリアル方程式と比較すると，ファンデルワールスの状態方程式におけるビリアル係数は

$$B_{\mathrm{v}}(T) = b - \frac{a}{RT}$$

となることが導かれる．温度が高いとき，2 項目の値は小さくなるため無視でき，第 2 ビリアル係数の値は b に近づく．温度が低いとき，$-\frac{a}{RT}$ の項が支配的となりマイナスの値をとる．

また，第 2 ビリアル係数 $B_{\mathrm{v}}(T)$ が 0 になる温度は**ボイル温度** T_{B} といい

$$T_{\mathrm{B}} = \frac{a}{RT_{\mathrm{B}}}$$

と表される．

のとき，同じ成分同士が互いにくっついていようとする効果と，熱的な無秩序さを増そうとする効果とのつり合いで定まる温度を**臨界温度**という．

また，2つの成分からなる混合物は，巨視的には均一に混ざり合っているようにみえるが，溶液の微小な部分をあちこちから取り出して，その濃度を調べてみると，どれも正確に同じ濃度というわけではない．これが**濃度ゆらぎ**である．この濃度のばらつきは，普通の溶液では非常に小さいものであるが，混ざり合うか混ざり合わないかのぎりぎりのところ (臨界点) の近傍では，濃度の不均一性は異常に大きくなる．成分 A の分子のまわりには他の成分 A の分子が存在しやすいとすれば，成分 A の濃度が高い部分のすぐ隣の微小体積では，やはり成分 A の濃度が高いであろう．しかし，さらにもう少し離れたところでは，もはや成分 A が濃いとも薄いともいえない．この濃度の影響が及んでいる距離，言い換えれば，相互作用の届く距離を濃度に相関があるという意味で**相関距離**という．臨界点の近傍では濃度の不均一性は異常に大きくなるので，この相関距離も大きくなり，臨界点では無限大になってしまう．このように，臨界温度へ近づけたときに発散を示す物理量を Q とすると，Q は臨界温度 T_c からのずれ $|T - T_\mathrm{c}|$ のべき乗として

$$Q \propto |T - T_\mathrm{c}|^{-\Phi} \tag{5.40}$$

と表される．このような臨界点近傍で成立するべき乗則を総称して，**臨界現象のスケーリング則**という．ここで，Φ は**臨界指数**とよばれるもので，例えば 2 成分の混合溶液では，温度の変化とともに混合液体が 2 相分離を起こす割合を示すものである．

また，相関距離は臨界点近傍における光散乱実験の散乱光強度の角度依存性を観察することにより見積ることができ，臨界指数 ν を用いて

$$\xi \propto |T - T_\mathrm{c}|^{-\nu} \tag{5.41}$$

で表される．臨界点付近では，濃度ゆらぎを波にたとえると，その振幅が大きいばかりでなく，その波長も非常に大きい．濃度が濃い部分あるいは薄い部分の大きさは，分子の大きさよりもずっと大きくなっている．このように，相関距離が異常に大きくなること，つまり相互作用が遠くにまで及んでいることが，臨界現象の大きな特徴であるとともに，最も本質的なことである．

(2) 共存曲線とスピノダル曲線

2 成分混合系における臨界共溶現象を，ギブスエネルギーを使って考えてみる．図 5.17 には，**上限臨界相溶温度** (upper critical solution temperature; **UCST**) 型の相図の模式図を示す．実線の下側の領域が 2 相域，上側が 1 相域である．

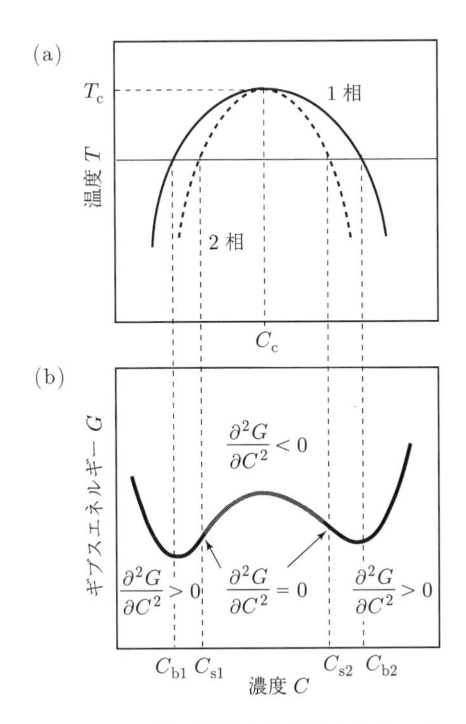

図 5.17　UCST 型の相図と対応する自由エネルギー

系が 1 相状態で安定であるためには，G は全領域にわたり下に凸の形をとらなければならず，それは

$$\frac{\partial^2 G}{\partial C^2} > 0 \tag{5.42}$$

によって与えられる．しかし，温度を下げ自由エネルギーが図 5.17 (b) にあるように極小値，極大値をもつようになると，上に凸の

$$\frac{\partial^2 G}{\partial C^2} < 0 \tag{5.43}$$

で示される領域が現れる．また，その変曲点は

$$\frac{\partial^2 G}{\partial C^2} = 0 \tag{5.44}$$

で与えられる．式 (5.43) で表される領域では，あらゆるゆらぎに対して系の自由エネルギーは減少してしまう．したがって，系は熱力学的に不安定となり，ギブスエネルギーが最小となる C_{b_1}, C_{b_2} の 2 相に相分離が進行することになる．式 (5.43) で与えられる不安定領域は，系の状態が不安定で現実には存在できない領域であることを意味し，この曲線はその内側で微妙な濃度変動から相分離が始まり，連続的に濃度変化が大きくなるようなスピノダル分解が生じるので**スピノダル曲線**という (破線)．そして，最終的には

$$\left(\frac{\partial G}{\partial C}\right)_{C_{b_1}} = \left(\frac{\partial G}{\partial C}\right)_{C_{b_2}} \tag{5.45}$$

を満足する組成 C_{b_1}, C_{b_2} に分離する．

これらの組成を各温度に対して結んだ曲線は相分離の境界を示し，**共存曲線** (**バイノダル曲線**) という (実線)．共存曲線とスピノダル曲線で囲まれた領域は**準安定領域**といい，この領域は過飽和蒸気または過膨張の液体に相当し，現実に存在することはできるが準安定で，何らかの要因によって核形成 - 成長型の相分離が生じる領域である．この領域では，偶発的に発生する熱的ゆらぎのうち，ある大きさ以上に達したものが濃度ゆらぎ (臨界核に相当した大きなゆらぎ) に対して不安定となり，自発的に相分離が進行する．このような安定相の核の生成によって進行する相分離は自然界では一般的であり，理論的な課題は大きく次の 2 つに分かれる．

(1) 臨界核がいかにして生まれるか．

(2) 臨界核より大きなドメインがいかにして成長していくか．

この準安定領域での相分離の特徴は，相分離したドメインの組成は最初から $C_{\mathrm{b}_1}, C_{\mathrm{b}_2}$ で一定であり，ドメインの大きさが時間とともに増大していくことである．

また，$T = T_\mathrm{c}$ のとき

$$\frac{\partial^2 G}{\partial C^2} = \frac{\partial^3 G}{\partial C^3} = 0 \tag{5.46}$$

を満足する組成 C_c が存在し，この $T_\mathrm{c}, C_\mathrm{c}$ をそれぞれ**臨界温度**，**臨界組成**という．この臨界点近傍における系の振舞いの特徴は，時空の拡大が起こることである．臨界点に近づくにつれ，時間のスケールは拡大し，臨界点に近いほど緩和時間はゆっくりとなる．また，臨界点に近づくにつれて空間の臨界発散が起こり，空間のスケールも変化する．臨界点から離れたところでは空間スケールは小さく，臨界点に近づくと大きくなる．このように，臨界点近傍でゆらぎがゆっくり減衰し，時空の拡大が起こることを**臨界減速** (critical slowing down) という．

また，2 つの液体を混ぜたとき，系の混合の自由エネルギーがプラスになる場合とマイナスになる場合がある．混合の自由エネルギーがプラスになるということは，2 つの系を混ぜることで系全体のエネルギーが増加してしまう．熱力学の法則として，系全体のエネルギーができるだけ小さくなろうとするので，互いに混ざり合って自由エネルギーが増加するよりは，混ざらない方がエネルギー的に得をすることになる．したがって，系は互いに混ざり合って 1 相になるのではなく，2 相に分離した状態をとる．一方，混合の自由エネルギーがマイナスになる場合には，互いに混ざり合った方が系全体のエネルギーが小さくなるので 1 相状態になる．

臨界タンパク光

臨界点では，密度や濃度のゆらぎが異常に増大し，光の波長と同程度 (μm 程度) にまで大きくなると，光が強く散乱される．この現象は**臨界タンパク光**といい，臨界点を示す最も特徴的な現象である．この臨界タンパク光は，アンドルーズによって発見され，アインシュタインをはじめ多くの理論家によって議論された．

演習問題 5

5.1 ボイルの法則に従う気体が 0°C，1 atm で 5 L の体積を占めるとする．この気体の温度を 0°C に保ったまま 0.25 atm にしたとき，いくらの体積を占めるか．

5.2 気体定数 R の値を求めよ．ただし，1 atm，1 mol，0°C の気体の体積が 22.4 L であるとする．

5.3 ファンデルワールスの状態方程式において，臨界温度 T_c，臨界体積 V_c，臨界圧力 P_c を a, b を用いて次のように表せることを示せ．

$$T_c = \frac{8a}{27bR}, \qquad V_c = 3b, \qquad P_c = \frac{a}{27b^2}$$

5.4 圧力 P，体積 V，温度 T を，臨界点における圧力，体積，温度 (臨界圧力，臨界体積，臨界温度) で割った換算変数を使ってファンデルワールスの状態方程式を書き換えると，気体固有のパラメータ a, b が含まれないことを示せ．ただし，換算変数は

$$P_r = \frac{P}{P_c}, \qquad V_r = \frac{V}{V_c}, \qquad T_r = \frac{T}{T_c}$$

とする．

5.5 実在気体である水素は理想気体の状態方程式に比較的従う．一方，水分子は理想気体の状態方程式から大きくずれる．この理由を述べよ．

5.6 分子の運動エネルギーは $E = \frac{1}{2}mv^2$，気体分子 1 mol の並進運動による運動エネルギーは $\frac{3}{2}RT$ であることを利用して，気体の分子の 2 乗平均の平方根の速度が

$$\sqrt{\overline{v^2}} = \sqrt{\frac{3RT}{M}}$$

と表されることを示せ．ただし，M はモル質量，R は気体定数，T は温度である．

5.7 25°C での O_2 の気体分子の平均の速さが 440 $\mathrm{m\,s^{-1}}$ のとき，温度が上昇して 1000°C になったときの平均の速さはいくらか．ただし，R は 8.3143 $\mathrm{J\,K^{-1}mol^{-1}}$ とする．

6

化 学 平 衡

6.1　溶液の一般的性質

6.1.1　溶質と溶液

前章までに物質の三態に関する性質を学んできた．それらは純粋な状態における物質についての理論および実験的議論が主であった．しかし，私たちを取り巻く自然界には，金属塩の単結晶に代表されるような純粋な物質はむしろ少なく，ほとんどは数種類の物質が混合された混合物である．

混合物の１つとして**溶液**がある．これは均一な液体であり，それを構成する主成分である液体を**溶媒**といい，溶媒に溶けている物質を**溶質**という．溶媒中に不均一に物質が存在する混合物を**懸濁液**という．化学においては，懸濁液ではなく溶液を対象とすることが圧倒的に多い．これは，懸濁液においては微視的な二相 (溶媒相および分散物相) の存在を考慮しなければならないのに対し，溶液においては均一な相としてその反応を議論できるからである．本章では溶液の平衡および反応について学ぶ．

溶液において溶媒は必ず液体であるが，溶質はその純粋状態において固体，液体，気体のどの状態をとってもよい．例えば，食塩水において溶質は固体 (食塩) であるが，食酢において溶質は液体 (酢酸)，塩酸においては気体 (塩化水素 HCl) などである．

6.1.2　濃度の単位

溶液中に存在する溶質の割合を**濃度**という．溶液の濃度はいくつかの方法によって表すことが可能である．ここでは，一般的に用いられている以下の濃度単位について説明する．

(1) モル濃度

1 mol の溶質を含む 1 L の溶液が，1 モル濃度の溶液である．単位は M である．ある物質の 1 モル濃度の溶液を調製するには，溶媒に 1 mol 分の物質を溶かし，溶媒を追加し全体積を 1 L とすればよい．

(2) 重量モル濃度

1 kg の溶媒に 1 mol の溶質を溶かした場合，その溶液の重量モル濃度は 1 mol kg^{-1} である．

【例題 6.1】 一般的に，純液体の濃度は問題とされないが，ここでは純水のモル濃度を求めよ．ただし，純水の密度を 1.00 g cm^{-3} とする．

解 純水 1.000 L の質量は

$$1.00\ \mathrm{g\,cm^{-3}} \times 1000\ \mathrm{cm^3} = 1.00 \times 10^3\ \mathrm{g}$$

である．水分子のモル質量は 18.02 g mol^{-1} であるので，この質量は

$$1.00 \times 10^3\ [\mathrm{g}] \div 18.02\ \mathrm{g\,mol^{-1}} = 55.5\ \mathrm{mol}$$

に相当する．よって，純水のモル濃度は 55.5 M である．

【例題 6.2】 重量%において，35%の塩酸水溶液の濃度をモル濃度へ変換せよ．ただし，塩酸水溶液の密度を 1.18 g cm^{-3} とする．

解 35%塩酸水溶液 1.000 L に含まれる塩酸の質量は

$$1.18\ \mathrm{g\,cm^{-3}} \times 1000\ \mathrm{cm^3} \times 0.35 = 4.1 \times 10^2\ \mathrm{g}$$

である．塩酸のモル質量は 36.46 g mol^{-1} であるので，この質量は

$$4.1 \times 10^2\ \mathrm{g} \div 36.46\ \mathrm{g\,mol^{-1}} = 11\ \mathrm{mol}$$

に相当する．よって，35%塩酸水溶液のモル濃度は 11 M である．

6.1.3 溶 解 度

(1) 溶けやすさ，溶け難さ

溶質が溶媒に溶けるという現象は，溶質粒子と溶質分子と溶媒分子との間に働く引力が溶質分子同士，溶媒分子同士の引力より十分大きな場合に起こる．溶質が溶媒に溶けた状態の自由エネルギーが，溶質と溶媒がそれぞれ独立に存在している場合の自由エネルギーに比べて十分小さい場合に**溶解**が起こる．

似た分子同士は溶けやすいという経験則が知られている．一般に，非極性分子同士や極性分子同士はよく互いに溶かし合うが，極性の異なる分子同士は互いに溶け難くなる．例えば，水は極性分子であるエタノールと任意に混ざり合うが，非極性であるトルエンとはほとんど混和しない．エタノールの付着したガラス器具を水によって洗浄することは可能だが，トルエンが付着した場合は有機溶媒によって洗浄する必要がある．

水溶液を考える．水分子間に存在する水素結合を切って，非極性分子が水中に入り込むには大きなエネルギー ($\Delta H > 0$) が必要である．溶解によって，エントロピーが増大しても，室温ではそれほど大きくはならないため，結果的に ΔG がマイナスとなることは少なく，溶解度は低いと予想できる．一方で，無機塩類が水に溶ける場合を考える．結晶中の陽イオンと陰イオン間に働くイオン性結合を切るには大きなエネルギー ($\Delta H_1 > 0$) が必要である．しかし，これらイオンが水中に入り，水分子の双極子と相互作用を行うとエネルギーが放出される ($\Delta H_2 < 0$)．このエンタルピー低下が支配的である場合，つまりイオン性結合の解離に勝る場合，ΔG がマイナスとなり溶解が起こる．

【例題 6.3】 n-ドデカンが付着したビーカーを洗浄するためには，水，トルエン，エタノールのうち，どの液体を用いるのが最も適当か．洗浄液の使用による環境への負荷も考慮し選べ．

解　n-ドデカンは水にはほとんど溶けないので，水は洗浄液として使えない．トルエンには溶けるので，トルエンを洗浄液として用いることは不可能ではない．しかし，トルエンは人体および自然環境への負荷が大きいため適切ではない．n-ドデカンをよく溶かし，負荷の少ないエタノールが適切である．

(2)　溶解度の温度および圧力への依存性

一定温度において一定量の溶媒に溶ける溶質の量には限界がある．溶質が限界まで溶けた溶液のことを**飽和溶液**という．このときの溶液の濃度を，溶媒 100g に溶けた溶質の質量として表したものが**溶解度**である．一般的に，溶質が水和物の場合は無水物の質量で表すので注意が必要である．

溶解度は温度に依存する．ある温度において飽和状態にある溶液をゆっくりと冷却すると，そのときの溶解度を超えた過剰な溶質は溶け切れず析出する．再結晶法による溶質の精製においては，この溶解度の温度依存性を利用している．一般に，固体の溶解度は温度上昇とともに大きくなる傾向があるが (図 6.1)，炭酸カルシウムのように温度上昇とともに溶解度が低下する化合物も稀

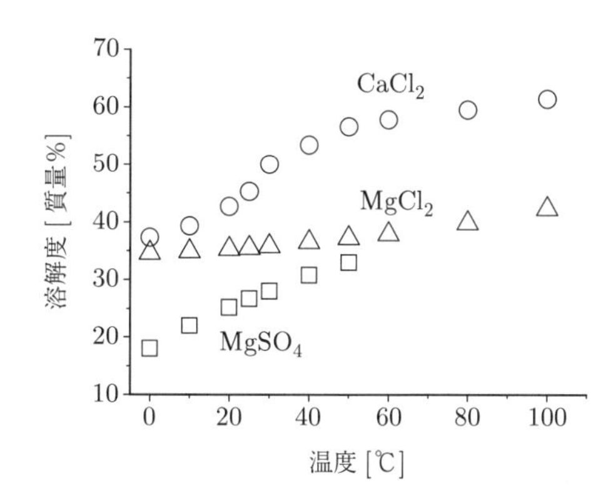

図 6.1　水への固体の溶解度の温度依存性

に存在する．

固体や液体状態にある溶質の溶解度は，圧力にほとんど影響を受けないが，気体の溶解度は圧力に強く依存し，圧力の増加とともに増大する．また，気体の溶解度は高温において減少する．気体の溶解度および濃度が十分小さい場合には，ヘンリーの法則が成り立ち，ある温度において一定量の液体に溶ける気体の濃度は，溶液に接し平衡にある気体の圧力に比例する．

炭酸水と潜水病

瓶や缶入りの炭酸水は，圧力をかけた状態で容器に密閉されているために，室温においても多くの CO_2 分子が溶解状態にある．栓を開け圧力を開放し，室温に放置しておけば，CO_2 の溶解度は下がり，ほとんど揮発してしまう．同様のことは潜水病の際にも起こる．温度の低く，圧力の高い海面下から，暖かく大気圧下の水面に急激に浮上すると，高圧において血液中に溶けていた空気が溶けきれなくなり，血管中で気体となり欠陥を塞ぐことがある．

6.1.4 希薄溶液の束一的性質

溶質の種類に依存せず，溶質濃度のみに依存する溶液の性質を**束一的性質**という．ここでは，4 つの性質について説明する．

(1) 沸点上昇

不揮発性溶質の溶液においては，純粋な溶媒に比べて沸点が上昇する．これは，以下のように理解できる．溶液の蒸気圧が下がるために，沸点，つまり大気圧と蒸気圧が等しくなる温度が上昇する．沸点上昇 ΔT_{b} は溶質の重量モル濃度 m に比例し

$$\Delta T_{\mathrm{b}} = K_{\mathrm{b}} m \tag{6.1}$$

によって表される．ここで，比例定数 K_{b} は**モル沸点上昇定数**といい，溶媒固有の値である．K_{b} の単位は kg K mol^{-1} である．

(2) 凝固点降下

不揮発性溶質の溶液においては，純粋な溶媒に比べて凝固点が下がる．凝固点降下 ΔT_{m} は溶質の重量モル濃度 m に比例し

$$\Delta T_{\mathrm{m}} = K_{\mathrm{m}} m \tag{6.2}$$

によって表される．ここで，比例定数 K_{m} は**モル凝固点降下定数**といい，溶媒固有の値である．K_{m} の単位は kg K mol^{-1} である．

(3)　浸透圧

溶媒分子は通過させるが溶質分子を通過させない膜を**半透膜** (**逆浸透膜**) という．純溶媒とある溶質濃度の溶液を半透膜によって隔離すると，溶媒の一部が膜を通り溶液に浸透し，平衡に達する．ある温度において観測される 2 つの溶液の圧力差を**浸透圧**という．希薄溶液において浸透圧 Π は

$$\Pi = cRT \tag{6.3}$$

で与えられる．ここで，c は溶質のモル濃度，R は気体定数である．Π の単位は kg K mol^{-1} である．

半透膜は多孔質の材料からできており，水溶液に用いられるものは穴径が 2 nm 以下である．

(4)　蒸気圧降下 (ラウールの法則)

不揮発性の溶質が溶媒に溶けると，純溶媒と比べて蒸気圧は下がる．これは，混合溶液の各成分の蒸気圧は，それぞれの純液体の蒸気圧と混合溶液中のモル分率の積で表される**ラウールの法則**から説明できる (図 6.2)．溶質濃度が低い場合，溶液の蒸気圧は純溶媒の蒸気圧と，溶液における溶媒のモル分率との積となる．

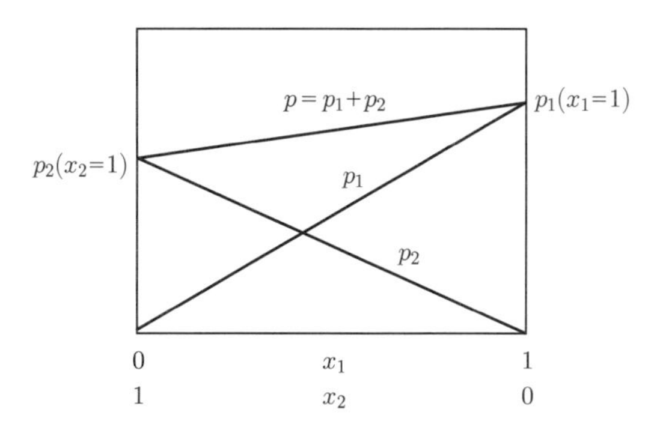

図 6.2　ラウールの法則

6.1.5　化 学 平 衡

ある化学反応が完了し，化学種の濃度変化が観測されなくなったとき，その系は**平衡状態**にあるという．しかし，平衡状態はすべての反応が起こっていない静的な状態ではなく，両方向の反応速度がつり合った動的な状態である．ある化学反応が見かけ上，一方向に進んでいる場合であっても，厳密にみれば常に反対方向の反応も小さな確率で起こっている．ここでは，化学平衡の概念と平衡定数について解説する．

(1) 速度論，平衡定数の定義

2つの化学種が可逆的に反応し，2つの化学種を生成する化学反応を考える．

$$aA + bB \rightleftarrows cC + dD \tag{6.4}$$

大文字は化学種を表し，小文字は化学種のモル数を示す．順方向の反応速度 v_f はAおよびBの時間あたりの衝突回数に依存する．衝突回数はAおよびBの数に比例して増加するため，v_f はAの濃度の a 乗およびBの濃度の b 乗に比例する．これは

$$v_f = k_f[A]^a[B]^b \tag{6.5}$$

となる．ここで，括弧 [X] は化学種Xのモル濃度，k_f は速度定数である．速度定数は反応の起こる衝突の発生確率を表す目安であり，温度や触媒などに依存する．同様に，逆方向の反応速度 v_b は

$$v_b = k_b[C]^c[D]^d \tag{6.6}$$

となる．反応開始時にAとBしか存在しない場合を考えると，反応初期においては順方向の反応速度が大きくなる．このとき，CとDは少ないため逆反応は遅い．反応が進むにつれてAとBは減少し，CとDが増加する．そのため，順方向の反応速度は減少し，逆反応の速度が大きくなる．最終的には，双方の反応速度は等しくなり，それぞれの化学種の濃度は一定となる．この状態を**平衡状態**という．平衡状態においても，2つの反応は起こっていることに注意しよう．ただし，その反応速度は順方向と逆方向で同じであるため，見かけ上，反応は停止したようにみえる．

平衡にある系については $v_f = v_b$ であるから

$$k_f[A]^a[B]^b = k_b[C]^c[D]^d \tag{6.7}$$

となる．速度定数の比 k_f/k_b を**モル平衡定数** K で表すと

$$K = \frac{k_f}{k_b} = \frac{[C]^c[D]^d}{[A]^a[B]^b} \tag{6.8}$$

となる．ただし，後で述べるように，これは希薄溶液にのみ適用できる．

モル平衡定数 K の値が大きいと，順方向の速度定数が逆方向のものより大きくなり，反応は生成物 (C, D) に片寄った状態において平衡状態となる．逆に，K の値が小さいと，反応物 (A, B) に片寄った状態が平衡状態となる．

モル平衡定数 K は系の化学種濃度の比率を与えるが，系の反応の速さを表すものではないことに注意すべきである．K が大きくても反応速度は非常に小さい場合もある．また，初期状態においてすでに生成物が多量に存在する場合は，たとえ K の値が大きくても反応は順方向には進み難く，逆方向に反応が進む場合もある．

(2)　ルシャトリエの原理 (化学平衡における温度，圧力，濃度の影響)

化学反応における平衡時の濃度は，温度変化，圧力変化，濃度変化などの摂動を加えることで変化させることができる．**ルシャトリエの原理**によると，ある化学平衡系に摂動を加えると，平衡はその摂動を打ち消す方向に移動する．

反応の速度定数は温度に強く依存する．これは，反応物の時間あたりの衝突回数と衝突時のエネルギーが温度上昇とともに大きくなるからである．平衡定数は速度定数に依存するため，やはり温度依存性を示す．多くの場合，室温付近における反応速度は温度が 10°C 上昇するごとに 2,3 倍に大きくなる．

温度が上昇すると，その影響を抑えるために，熱を吸収する反応速度が増し，平衡が移動する．順方向の反応が吸熱的である場合には，温度が上昇すると反応はより順方向へ進むことになる．

液体の体積は圧力依存性が小さいため，溶液における化学反応においては通常圧力の影響は無視できる．

平衡定数の値は，反応物および生成物の濃度に依存しない．よって，式 (6.4) によって表される反応系に新たに化学種 C が添加されるとすると，平衡はその濃度増加を打ち消すように左に移動する．最終的に反応は平衡に達し，そのときの濃度比はやはり同一の平衡定数によって決定される．

(3)　平衡定数とギブス自由エネルギーの関係

4 章では化学熱力学の考え方について学んだ．それを化学反応に適用してみよう．温度と圧力が一定の系において，ある化学反応が自発的に起こるかどうかを知るためには，その反応における**ギブス自由エネルギー**の変化 ΔG を知る必要がある．ΔG がマイナスの場合には反応は自発的に起こり，プラスの場合は逆方向に反応が起こる．反応系が平衡状態にある場合には ΔG は 0 となり，どちらの方向にも反応は進まない．

4 章における議論を考慮すると，式 (6.4) の反応の ΔG は

$$\Delta G = -aG_{\mathrm{A}} - bG_{\mathrm{B}} + cG_{\mathrm{C}} + dG_{\mathrm{D}} \tag{6.9}$$

$$G_{\mathrm{X}} = x(G_{\mathrm{X}}^\circ + RT\ln a_{\mathrm{X}}) \quad (\mathrm{X} = \mathrm{A, B, C, D}) \tag{6.10}$$

となる．ここで，G_{X} は物質 X の**モルギブスエネルギー**である．a は**活量**であり，溶液中における化学種の有効濃度と考えられる量である．希薄溶液においては，活量の代わりにモル濃度を用いることができる．よって

$$\Delta G = \Delta G^\circ + RT\ln K \tag{6.11}$$

$$K = \frac{[\mathrm{C}]^c[\mathrm{D}]^d}{[\mathrm{A}]^a[\mathrm{B}]^b} \tag{6.12}$$

となる．

反応の平衡状態においては $\Delta G = 0$ となるので，**標準ギブス自由エネルギーの変化** ΔG° は濃度平衡定数 K と次の関係

$$\Delta G^\circ = -RT\ln K \tag{6.13}$$

にある．ここで，R は気体定数であり，8.314 J $K^{-1}mol^{-1}$ である．反応の平衡定数 K から ΔG° を計算できることがわかる．

さらに，$\Delta G^\circ = \Delta H^\circ - T\Delta S^\circ$ より

$$\ln K = -\frac{\Delta H^\circ}{RT} + \frac{\Delta S^\circ}{R} \tag{6.14}$$

となる．

【例題 6.4】 次の反応の平衡定数が温度 298 K において 1.38×10^6 であった．

$$NO + \frac{1}{2}O_2 \rightleftarrows NO_2$$

この平衡の標準ギブス自由エネルギーの変化 ΔG° を求めよ．

解 式 (6.13) より

$$\begin{aligned}\Delta G^\circ &= -RT\ln K \\ &= -8.314\ \mathrm{J\,K^{-1}\,mol^{-1}} \times 298\ \mathrm{K} \times \ln(1.38 \times 10^6) \\ &= -3.50 \times 10^4\ \mathrm{J\,mol^{-1}}\end{aligned}$$

となる．

(4) 活量とイオン強度

溶液中にイオンが高濃度に存在すると，イオンの電荷は効果的に遮蔽される．そのため，高濃度の電解質溶液は，あたかもイオン濃度が低くなったかのように振る舞う．このことはイオンの活量が低下することを示している．活量の低下は，イオン間の静電的相互作用によると考えられるので，希釈された溶液においてはモル濃度を活量としても問題はない．一般に，10^{-4} M 以下の希薄溶液においては，単純な電解質の活量はモル濃度とほぼ等しい．以上のことから，イオンの活量は電解質存在下におけるイオンの有効濃度と考えてよい．

あるイオン種 i の活量 a_i とモル濃度 C_i との関係は

$$a_i = f_i C_i \tag{6.15}$$

で定義される．ここで，f_i は活量係数であり，1 以下の値をとる．無限に希釈された溶液においては $f_i = 1$ となる．電解質の濃度が上がるほど，活量係数は小さな値をとる．その結果，活量はモル濃度より小さくなる．

活量係数は，溶液中の電解質濃度に依存した値である．**イオン強度** μ は溶液中の電解質濃度の尺度であり

$$\mu = \frac{1}{2}\sum_i C_i {z_i}^2 \tag{6.16}$$

で定義される．ここで，C_i は溶液中のイオン種 i のモル濃度であり，z_i はイオンの電荷である．溶液中のすべてのイオンが計算に含まれる．

活量係数 f_i はデバイ-ヒュッケルの式

$$-\log f_i = \frac{A{z_i}^2\sqrt{\mu}}{1 + B\alpha_i\sqrt{\mu}} \tag{6.17}$$

によって計算できる．ここで，A および B は温度に依存する定数であり，25℃の水については $A = 0.51$，$B = 0.33$ である．α_i は**イオンサイズパラメータ**という経験的パラメータであり，Å 単位で表される水和イオンの有効半径である．ほとんどの1価イオンの α_i は約 3Å である．デバイ-ヒュッケルの式は希薄溶液について考案されたもので，$0 \leq \mu \leq 0.01$ M の範囲において適用可能である．

【例題 6.5】 1.0 mM の $CaCl_2$ 水溶液のイオン強度および個々のイオンの活量係数を求めよ．ただし，Ca^{2+} のイオンサイズパラメータを 6Å とする．

解　式 (6.16) よりイオン強度は

$$\begin{aligned}\mu &= \frac{1}{2}(C_{Ca}z_{Ca^2} + C_{Cl}z_{Cl^2})\\ &= \frac{1}{2}(1.0\ \text{mM} \times (+2)^2 + 2.0\ \text{mM} \times (-1)^2)\\ &= 3.0\ \text{mM}\end{aligned}$$

となる．このとき，活量係数は

Ca^{2+} は $-\log f_{Ca} = \dfrac{0.51 \times 2^2 \times \sqrt{3.0 \times 10^{-3}}}{1 + 0.33 \times 6 \times \sqrt{3.0 \times 10^{-3}}} = 0.099$．よって，$f_{Ca} = 0.796$

Cl^- は $-\log f_{Cl} = \dfrac{0.51 \times (-1)^2 \times \sqrt{3.0 \times 10^{-3}}}{1 + 0.33 \times 3 \times \sqrt{3.0 \times 10^{-3}}} = 0.027$．よって，$f_{Cl} = 0.940$

となる．

6.2 酸と塩基

6.2.1 酸，塩基の定義

酸や塩基は日常生活においても認識することの多い概念の1つである．酢の酸っぱさや灰汁の苦さなどの味覚から，酸塩基の区別が経験的に行われてきた．食品の調理や洗濯などの家事において，酸塩基の平衡を利用することは古くから実践されている．例えば，料理において肉や魚の生臭さを除くために，それらを酢に浸すことがあるが，それは生臭さの一因であるアルキルアミン分子を酸性条件においてイオン化し，酢中に溶解させることによる．また，生姜を酢に漬けておくと生姜が薄桃色に染まるが，これは生姜に含まれるアントシアニン分子が酸型になることによる．伝統的な製法による石鹸は，油脂をアルカリによって加水分解することで得られる．

酸や塩基の定義は以下のようにいくつか存在する．

(1) アレニウスの定義 (1887 年)

酸: 水溶液中において解離し，水素イオン H^+ を生じる物質

塩基: 水溶液中において解離し，水酸化物イオン OH^- を生じる物質

この定義においては，水素イオンを含まない化合物は酸とはならず，水酸化物イオンを含まない化合物は塩基とならない点を注意しよう．しかし，実際には，それらを含まない化合物であっても，酸性または塩基性を示すものが多く存在する．例えば，アンモニア NH_3 水溶液はアルカリ性，塩化鉄 $FeCl_3$ 水溶液は酸性である．

(2) ブレンステッド-ローリーの定義 (1923 年)

酸: 他の物質へ水素イオンを供与しうる物質 [**プロトン供与体**]

塩基: 別の物質から水素イオンを受容しうる物質 [**プロトン受容体**]

水素イオン H^+ はプロトンともいう．

この定義においては，酸と塩基は常に対となって存在する．以下の平衡を考えよう．

$$HCl + H_2O \rightleftarrows Cl^- + H_3O^+ \tag{6.18}$$

ここで，塩酸 HCl は水分子に水素イオンを供与しているため酸である．このとき，生成する塩化物イオン Cl^- は塩酸と対になった塩基であり**共役塩基**という．一方，水分子は水素イオンを受容しているため塩基である．生成するヒドロニウムイオン H_3O^+ は水分子の対をなす酸であるため**共役酸**という．

$$NH_3 + H_2O \rightleftarrows {NH_4}^+ + OH^- \tag{6.19}$$

この反応においては，アンモニアは塩基であり，水分子は酸である．アンモニアの共役酸はアンモニウムイオン ${NH_4}^+$ であり，水分子の共役塩基は水酸化物イオン OH^- である．この定義においては，ある物質は反応する相手物質の酸・塩基の強さによって，酸や塩基にもなることに注意しよう．

(3) ルイスの定義 (1923 年)

酸: 孤立電子対の受容体

塩基: 孤立電子対の供与体

この定義においては，アレニウス説やブレンステッド-ローリー説のように水素イオンの受け渡しを問題としていない．そのため，溶液の水素イオン濃度の見積りなどのように酸塩基を定量的に扱うことができない．

【例題 6.6】 酸および塩基に分類される分子をそれぞれ 3 つあげ，それぞれがどの定義において酸または塩基となりうるか答えよ．

解　省略

6.2.2 水中における酸塩基の平衡

(1) 酸解離定数 K_a

水溶液中における物質の酸性および塩基性を説明するには，アレニウスの定義もしくはブレンステッドの定義が適当である．

酸または塩基が水に溶けると，イオンに解離し，その解離の程度は酸の強さに依存する．塩酸のように "強い" 酸は完全に解離する．

$$\mathrm{HCl} + \mathrm{H_2O} \rightarrow \mathrm{H_3O^+} + \mathrm{Cl^-} \tag{6.20}$$

解離によって生成する水素イオンは水中においては水分子と結合したイオン，すなわちヒドロニウムイオン H_3O^+ として存在すると考えることができる．実際の水溶液中においては，より多くの水分子に水和されたイオンが存在するが，ここでは便宜的に，それらイオン種すべてを含めた意味で H_3O^+ と記述する．

酢酸のような "弱い" 酸は水溶液中で部分的にイオンに解離している．

$$\mathrm{CH_3COOH} + \mathrm{H_2O} \rightleftarrows \mathrm{H_3O^+} + \mathrm{CH_3COO^-} \tag{6.21}$$

この反応の平衡定数は

$$K^\circ = \frac{a_{\mathrm{H_3O^+}} \times a_{\mathrm{CH_3COO^-}}}{a_{\mathrm{CH_3COOH}} \times a_{\mathrm{H_2O}}} \tag{6.22}$$

となる．ここで，a_{X} は化学種 X の活量である．前述のように，活量はイオンの有効濃度を表すとみなせる．酸解離定数はこの活量によって決定されることを注意すべきである．

希薄溶液においては水分子の活量は一定であるので

$$K_{\mathrm{a}}^\circ = K_{a\mathrm{H_2O}}^\circ = \frac{a_{\mathrm{H_3O}} + a_{\mathrm{CH_3COO^-}}}{a_{\mathrm{CH_3COOH}}} \tag{6.23}$$

となる．ここで，K_{a}° は**酸解離定数**である．

希薄溶液においては活量係数を 1 としても誤差は少なく，平衡を説明するのに差し支えない．また，計算が単純となる．以後は希薄溶液を扱うため，以下の濃度平衡定数 K_{a} を用いて議論を行う．さらに，H_3O^+ を H^+ と表現すると

$$K_{\mathrm{a}} = \frac{[\mathrm{H^+}][\mathrm{CH_3COO^-}]}{[\mathrm{CH_3COOH}]} \tag{6.24}$$

となる．

(2) 水のイオン積

水中において，水分子は以下の酸解離平衡にある．

$$\mathrm{H_2O} \rightleftarrows \mathrm{H^+} + \mathrm{OH^-} \tag{6.25}$$

この平衡の酸解離定数 K は

$$K = \frac{[\mathrm{H^+}][\mathrm{OH^-}]}{[\mathrm{H_2O}]} \tag{6.26}$$

となる．ここで，ある温度の希薄溶液において水の濃度は一定であるので

$$K[\mathrm{H_2O}] = [\mathrm{H^+}][\mathrm{OH^-}] \tag{6.27}$$

は一定値となる．この値を**水のイオン積** K_w という．すなわち

$$K_\mathrm{w} = [\mathrm{H^+}][\mathrm{OH^-}] \tag{6.28}$$

となる．ただし，25°C において $K_\mathrm{w} = 1.01 \times 10^{-14}$ である．

純水中においては，水分子の解離以外に H^+ と OH^- の供給源はないため，両イオン濃度は等しい．したがって

$$[\mathrm{H^+}] = [\mathrm{OH^-}] = 1.0 \times 10^{-7} \tag{6.29}$$

となる．

一定温度においては，純水に酸や塩基が溶けた場合であっても，K_w の値は一定である．つまり室温 25°C の水溶液中においては，水素イオン濃度と水酸化物イオン濃度の積は常に 1.01×10^{-14} に等しい．したがって

$$[\mathrm{H^+}][\mathrm{OH^-}] = 1.0 \times 10^{-14} \tag{6.30}$$

となる．

加える酸に由来する水素イオン濃度が非常に小さく，10^{-6} M 程度かそれ以下である場合を除いて，水の解離による水素イオン濃度への寄与は無視できるほど小さい．

6.2.3 pH の定義

水溶液中の H^+ または OH^- の濃度は何桁にもわたって変化する．例えば，濃い酸においては $[\mathrm{H^+}]$ が 1 M 以上となるし，生理緩衝液中では $[\mathrm{H^+}]\sim 10^{-7}$ M である．この場合，対数スケールを用いると広範な濃度変化を記述できて便利である．溶液の pH は

$$\mathrm{pH} = -\log[\mathrm{H^+}] \tag{6.31}$$

と定義されている．通常，化学において扱われる水素イオン濃度は 1 M 以下であるため，pH はプラスの値となる．

同様に，水酸化物イオンの濃度も

$$\mathrm{pOH} = -\log[\mathrm{OH^-}] \tag{6.32}$$

と定義できる．

(1) $\boldsymbol{K_\mathrm{w}}$ との関係

式 (6.28) は pH と pOH を用いて

$$pK_w = pH + pOH \tag{6.33}$$

と表される．25°C においては，$pK_w = 14.0$ である．このとき，純水の水素イオン濃度は 10^{-7} M であり，pH7 である．pH7 を**中性**として水溶液の酸性度を表す．7 より大きな pH は**アルカリ性**，小さな pH は**酸性**である．

(2) K_a との関係

酢酸水溶液の酸解離平衡定数 K_a は

$$K_a = \frac{[H^+][CH_3COO^-]}{[CH_3COOH]} \tag{6.34}$$

であることを思い出そう．上式の両辺の対数をとると

$$pK_a = pH - \log \frac{[CH_3COO^-]}{[CH_3COOH]} \tag{6.35}$$

となる．温度一定であれば pK_a の値は一定であるので，酢酸水溶液の pH は酸 (CH_3COOH) とその共役塩基 (CH_3COO^-) の濃度比の関数となることがわかる．

(3) K_w の温度依存性

25°C において，pK_w の値が 14.0 と記憶しやすい値であることは偶然である．この値は温度に依存して変化する．例えば，100°C においては $K_w = 5.5 \times 10^{-13}$, $pK_w = 12.26$ であり，中性溶液 ($[H^+] = [OH^-]$) においては

$$pH = pOH = 6.13 \tag{6.36}$$

となる．化学の実験は室温以外においても行われるので，pK_w の温度依存性には注意を払う必要がある (表 6.1)．

表 6.1 水のイオン積の温度依存性

温度/°C	0	10	20	25	30	35	40	50	60
pK_w	14.94	14.53	14.17	14.00	13.83	13.68	13.54	13.26	13.02

(「分析化学便覧」(2001) より)

人の血液の pH を考えよう．平時の体温 (37°C) においては，血液の pH は通常 7.35 から 7.45 の間の狭い領域に調節されている．37°C おいては $K_w = 2.5 \times 10^{-14}$, $pK_w = 13.60$ であるから，中性溶液の pH 6.80 となり，25°C における中性溶液の pH 7.0 よりも 0.2 だけ異なっている．この pH 変化は人体にとっては大きいものであるため，pH の温度依存性には注意を払う必要がある．

6.2.4 酸塩基の強さ弱さ

(1) 強い酸，強い塩基

塩酸のように，水溶液中においてイオンへの解離がほぼ完全に行われる酸を**強酸**という．同様に，水酸化ナトリウムのような塩基を**強塩基**という．これら強酸・強塩基の場合は，H^+ および OH^- の濃度が酸または塩基の濃度から直接決定される．ただし，1M 程度以上の高濃度溶液においては強酸・強塩基であっても完全にはイオン解離しない場合がある．例えば，100%の硫酸 H_2SO_4 はほとんど解離せず，鉄製容器にも保存可能であるが，より濃度の低い希硫酸は鉄を溶かしてしまう．

(2) 弱い酸，弱い塩基

酢酸やアンモニアのように，水溶液中においてイオンへの解離が部分的にしか行われない酸または塩基を**弱酸**，**弱塩基**という．酢酸の場合，酸解離定数 K_a は 25°C において 1.75×10^{-5} である．すなわち

$$K_\mathrm{a} = \frac{[\mathrm{H^+}][\mathrm{CH_3COO^-}]}{[\mathrm{CH_3COOH}]} = 1.75 \times 10^{-5} \tag{6.37}$$

である．酢酸は常に右辺の値が 1.75×10^{-5} となるようにイオン解離を行う．

実際に，酢酸水溶液における平衡時の pH を求めてみよう．酢酸の初濃度を C [M]，イオン解離の割合を α とすると，平衡状態における各化学種の濃度は

$$\begin{array}{ccccc} \mathrm{CH_3COOH} & \rightleftarrows & \mathrm{H^+} & + & \mathrm{CH_3COO^-} \\ C(1-\alpha) & & C\alpha & & C\alpha \end{array} \tag{6.38}$$

となる．このとき，K_a は

$$K_\mathrm{a} = \frac{C\alpha \cdot C\alpha}{C(1-\alpha)} = \frac{C\alpha^2}{1-\alpha} \tag{6.39}$$

となる．イオン解離度 α は～0.01 程度であり，1 に比べて無視できるほど小さいので，$1-\alpha \approx 1$ とできる．よって

$$K_\mathrm{a} = C\alpha^2 \tag{6.40}$$

となる．ここで，$C = 0.100$ M とすると，$K_\mathrm{a} = 1.75 \times 10^{-5}$ より $\alpha = 1.32 \times 10^{-2}$ と求まる．よって，$[\mathrm{H^+}] = C\alpha = 1.32 \times 10^{-3}$ M となる．したがって，pH 2.88 である．

ここで用いた近似 $1-\alpha \approx 1$ を適用せず，式 (6.39) の α についての 2 次方程式を解くと，やはり $\alpha = 1.32 \times 10^{-2}$ となる．近似を用いた場合の誤差は 1%未満であるので，この近似は妥当であるといえる．一般的な pH メーターの測定精度は pH の値で ±0.02 程度であり，かつ私たちは活量ではなく濃度を用いていることを考慮すると，この近似は正しいとみなせる．

【例題 6.7】 市販の食酢の酢酸濃度は 0.7 M 程度である．このときの pH を求めよ．また，水で 10 倍希釈した食酢の pH を計算せよ．

解 式 (6.40) より，イオン解離度 α は

$$\alpha = \sqrt{\frac{K_a}{C}} = \sqrt{\frac{1.75 \times 10^{-5}}{0.7}} = 5.0 \times 10^{-3}$$

となる．よって

$$[H^+] = 0.7 \text{ M} \times 5.0 \times 10^{-3} = 3.5 \times 10^{-3} \text{ M}$$

となる．したがって，pH 2.46 である．

また，10 倍希釈した食酢についても同様に計算すると pH 2.96 である．

酸っぱさの原因は？

運動をした後に砂糖漬けのレモンをかじると気分がよいものだ．あのレモンの酸っぱさは，ヨーグルトの酸味 (酸っぱさ) とは異なるように思える．実際，酸味の原因となっている分子は，食品によって異なる．例えば，食酢には酢酸，レモンやミカンなどの柑橘類にはクエン酸が含まれている．ヨーグルト，キムチ，ドイツのザワークラウト，日本の漬物には乳酸がおもに含まれている．これら発酵食品には他の有機酸 (コハク酸，オロト酸など) も含まれており，それらが複雑な酸味の原因となっている．

弱酸および弱塩基の塩を水に溶かした場合，水中において解離したイオンはどのような平衡にあるだろうか．酢酸ナトリウム CH_3COONa が水に溶けた場合，解離によって Na^+ と CH_3COO^- が生成する．CH_3COO^- は水中において

$$CH_3COO^- + H_2O \rightleftarrows CH_3COOH + OH^- \tag{6.41}$$

の平衡にある．この平衡定数 K_s は

$$K_s = \frac{[CH_3COOH][OH^-]}{[CH_3COO^-]} \tag{6.42}$$

となり，変形によって

$$K_s = \frac{[H^+][OH^-]}{\dfrac{[H^+][CH_3COO^-]}{[CH_3COOH]}} = \frac{K_w}{K_s} \tag{6.43}$$

となる．よって，室温 25°C において $K_s = 5.71 \times 10^{-10}$ となる．したがって，式 (6.41) の平衡は左に大きく偏っていて，ほとんどが酢酸イオンとして存在していることがわかる．

酢酸ナトリウム水溶液の pH を求めてみよう．酢酸ナトリウムの初濃度を C [M]，平衡時の酢酸および水酸化物イオンの濃度を x [M] とすると

$$K_s = \frac{[CH_3COOH][OH^-]}{[CH_3COO^-]} = \frac{x \cdot x}{C - x} \tag{6.44}$$

となる．$C = 0.100$ M の場合，$C \gg x$ となるため，$C - x \approx C$ と近似できる．よって

$$K_s = \frac{x \cdot x}{C} = 5.7 \times 10^{-10} \tag{6.45}$$

となる．上式を解いて，$x = [OH^-] = 7.6 \times 10^{-6}$ M となる．これは確かに酢酸イオンの初濃度 C と比べて無視できるほど小さい．このとき，$[H^+] = 1.3 \times 10^{-9}$ M，pH 8.89 となる．

【例題 6.8】 25°C における 0.01 M の塩化アンモニウム NH_4Cl 水溶液の pH を求めよ．ただし，アンモニウムイオン $NH_4{}^+$ の酸解離平衡定数 K_a は 5.69×10^{-10} とする．

解 $NH_4{}^+$ は水中において

$$NH_4{}^+ \rightleftarrows NH_3 + H^+$$

$$K_a = \frac{[NH_3][H^+]}{[NH_4{}^+]}$$

の平衡にある．NH_4Cl の初濃度が 0.01 M であり，平衡時の NH_3 および H^+ の濃度を x [M] とすると

$$K_a = \frac{x^2}{0.01 - x} \cong \frac{x^2}{0.01}$$

となる．よって，$[H^+] = 2.39 \times 10^{-6}$ M となり，pH 5.62 である．

6.2.5 緩 衝 液

緩衝液とは，少量の酸または塩基が加えられた場合，もしくは溶液が希釈された場合に pH の変化を抑制する作用 (**緩衝作用**) をもつ溶液のことである．溶液中の化学反応においては pH をある範囲に保つ必要のある場合が多いが，緩衝液はそのために有効である．

緩衝液は弱酸とその塩，もしくは弱塩基とその塩の混合水溶液である．例として，酢酸と酢酸ナトリウムからなる緩衝液を考えよう．この系の酸濃度を決定する化学平衡は

$$CH_3COOH \rightleftarrows H^+ + CH_3COO^- \tag{6.46}$$

である．ただし，ここでは酢酸ナトリウムを添加しているため，平衡状態において水素イオン濃度と酢酸イオン濃度が等しくなる必要はない．式 (6.35) を変形して

$$pH = pK_a + \log \frac{[CH_3COO^-]}{[CH_3COOH]} \tag{6.47}$$

となる．上式から，弱酸と共役塩基の濃度比によって緩衝液の pH が決定されることがわかる．

0.1 M の酢酸水溶液と酢酸ナトリウム水溶液を体積比 4 : 1 の割合により混合し調製した緩衝液の pH を求めてみよう．混合溶液における酢酸および酢酸ナトリウムの初期濃度はそれぞれ 8.0×10^{-2} および 2.0×10^{-2} M である．す

でに学んだように，水溶液において酢酸イオンはほとんどがイオンのまま存在し，一方で酢酸分子の一部はイオン解離するが，その解離は無視できるほどである．よって，初期濃度を平衡濃度と考えることができ, pH は

$$\begin{aligned} \mathrm{pH} &= -\log(1.75 \times 10^{-5}) + \log \frac{2.0 \times 10^{-2}}{8.0 \times 10^{-2}} \\ &= 4.76 - 0.60 = 4.16 \end{aligned} \tag{6.48}$$

と計算できる．

緩衝液が水によって希釈される場合，pH は変化するだろうか．希釈によって，酢酸と酢酸イオンの濃度は同じように変化するため，式 (6.47) の右辺第 2 項の比は変化しない．よって緩衝液に水を添加しても pH は変わらない．ここでは活量を考えていないため希釈の影響はないとみなせるが，実際には希釈によって pH は若干ではあるが増加する．これは希釈によりイオン強度が減少し，酢酸イオンの活量が増加するためである．ここで，緩衝液を用いずに塩酸などの強酸によって pH を 4.0 とした場合を考えてみる．この場合は，$[\mathrm{HCl}] = 1.0\times10^{-4}$ M であるから 1/10 に希釈したとすると，$[\mathrm{HCl}] = 1.0\times10^{-5}$ M となり，pH 5.0 となるはずである．希釈による pH 変化を避けるためには緩衝液を用いる．

緩衝作用には限界があることを記憶すべきである．緩衝液であっても，大量の酸や塩基を加えられると，pH 変化が起きる．大きな pH 変化を起こすことなく溶液に添加できる酸や塩基の量は，緩衝液の弱酸 (弱塩基) とその共役塩の濃度によって決まる．高濃度の緩衝液を用いるほど，多くの酸塩基を加えることができる．普通，緩衝液の濃度は加える酸塩基の濃度の 10 倍以上となるように調製して用いる．

緩衝作用は酸 (塩基) と共役塩との濃度比にも依存する．濃度比が 1 のとき，つまり pH が $\mathrm{p}K_\mathrm{a}$ と等しくなるときに緩衝作用は最大となる．したがって

$$\mathrm{pH} = \mathrm{p}K_\mathrm{a} + \log 1 = \mathrm{p}K_\mathrm{a} \tag{6.49}$$

である．一般的に，$\mathrm{p}K_\mathrm{a} \pm 1.5$ の範囲の pH において緩衝作用がある．酢酸-酢酸ナトリウム緩衝液の場合は $\mathrm{p}K_\mathrm{a} = 4.76$ であるので，pH 4.76 のときに緩衝作用が最大となる．また，酢酸-酢酸ナトリウムの濃度比を変えて溶液を調製すれば，pH は 3〜6 の間に有意な緩衝作用をもった緩衝液が得られる．

目的の pH によって緩衝液の種類と混合比を変えることができる．例えば，リン酸二水素カリウム (KH_2PO_4)-リン酸水素二ナトリウム (Na_2HPO_4) 緩衝液において pH は 5〜8，アンモニア (NH_3)-塩化アンモニウム (NH_4Cl) 緩衝液において pH は 8〜11 にそれぞれ緩衝作用をもつ緩衝液を調製可能である．

【例題 6.9】 0.10 M 酢酸と 0.10 M 酢酸ナトリウムからなる緩衝液 10 mL がビーカーに入っている．そこへ 0.10 M 塩酸を 1.0 mL 加えたときの平衡時の pH の値を求めよ．

解 まず，塩酸を加える前の pH を考える．酢酸とその共役塩である酢酸ナトリウムの濃度が等しいため，$pH = pK_a = 4.76$ である．塩酸を加えたときの初濃度は

$$[CH_3COOH] = [CH_3COO^-] = 9.1 \times 10^{-2}\ M, \qquad [H^+] = 9.1 \times 10^{-3}\ M$$

となる．平衡時の H^+ 濃度を x とすると

$$K_a = \frac{(0.082 + x)x}{0.100 - x} = 1.75 \times 10^{-5}$$

となる．これを解いて，$x = 2.1 \times 10^{-5}$ M となる．したがって，pH 4.68 である．塩酸を加える前が pH 4.76 であるから，pH の値は 0.08 だけ変わっていることがわかる．

血液の pH と生理緩衝液

健康な人間の血液の pH は 7.35〜7.45 の範囲に調節されている．これは血液に緩衝作用をもつ物質が含まれていることによる．生理学的には ±0.3 の pH 変化は非常に大きい．通常，代謝物には酸性のものが多く，二酸化炭素 CO_2 はその代表である．よって，血液中の CO_2 濃度の増減に対して pH を一定に保つ必要がある．血液中の緩衝作用をもつ化学種としてはタンパク質，リン酸イオン，炭酸水素塩などが知られている．タンパク質は普通いくつかのカルボキシル基およびアミノ基をもっており，それらは弱酸および弱塩基であるため緩衝作用をもつ．

生物学的に興味深い化学反応の多くは，pH は 6〜8 の間に起こる．そのため，生化学や細胞生物学においては緩衝液が頻繁に使用される．KH_2PO_4-Na_2HPO_4 緩衝液は緩衝作用が最大となる pH がこの付近を含むため，よく使用される．しかし，リン酸イオンは Ca^{2+} イオンなどの多価陽イオンと錯形成し，時には沈殿が生じる場合もある．さらに，生化学反応に関与したり，阻害したりする場合もある．そのような場合には他の緩衝液を用いる．例えば，HEPES 緩衝液が用いられる．これは 4-(2-hydroxyethyl)-1-peperazineethnasulfonic acid とその共役塩から調製される緩衝液である．水によく溶け，金属イオンと錯形成し難い．

6.2.6 多段階に解離する酸塩基とその塩を用いた緩衝液(リン酸緩衝液)

酸や塩基の多くは解離可能な水素イオンまたは水酸化物イオンを 1 つ以上含んでおり，**多塩基酸**または**多酸塩基**という．これらは段階的にイオン解離し，その平衡定数も各段階ごとに決定できる．

リン酸 H_3PO_4 は多塩基酸であり，以下のように多段階に解離できる．

$$H_3PO_4 \rightleftarrows H^+ + H_2PO_4^-, \qquad K_{a_1} = \frac{[H^+][H_2PO_4^-]}{[H_3PO_4]} = 1.1 \times 10^{-2} \tag{6.50}$$

$$H_2PO_4^- \rightleftarrows H^+ + HPO_4^{2-}, \qquad K_{a_2} = \frac{[H^+][HPO_4^{2-}]}{[HPO_4^-]} = 7.5 \times 10^{-8} \tag{6.51}$$

$$HPO_4{}^{2-} \rightleftarrows H^+ + PO_4{}^{3-}, \qquad K_{a_3} = \frac{[H^+][PO_4{}^{3-}]}{[HPO_4{}^{2-}]} = 4.8 \times 10^{-13} \tag{6.52}$$

ここに示す酸解離定数の値は25°Cのものである．リン酸水溶液のpHを厳密に計算するためには，すべての平衡からの水素イオン濃度への寄与を計算する必要がある．個々のリン酸化学種の濃度が未知であることからも，それは容易ではない．しかし，以下の近似を用いることで，煩雑を回避し，かつ十分に正確なpHの値を求めることができる．

リン酸の平衡においては，K_{a1}, K_{a2}, K_{a3} の値はそれぞれ4桁以上離れている．このことは，水素イオン濃度を考える際に，1つの平衡からの寄与のみを考えれば十分であり，他の2つの平衡からの水素イオン濃度への寄与は無視できるほど小さいことを示している．一般的に，個々の平衡定数が4桁以上異なる場合は，それぞれの平衡が独立に起こるとみなせる．

0.10 Mリン酸水溶液のpHを求めてみよう．K_{a1} に比べて K_{a2}, K_{a3} は6桁以上小さいため，式(6.50)の最初のイオン解離によって生成した水素イオンは，続く2つの平衡を十分左へ偏らせる．よって，後の2つの平衡による水素イオン濃度への寄与は無視できるほど小さい．平衡時の水素イオン濃度を x [M]とすると，平衡時の化学種の濃度は

$$\begin{matrix} H_3PO_4 & \rightleftarrows & H^+ & + & H_2PO_4{}^- \\ (0.10 - x) & & x & & x \end{matrix} \tag{6.53}$$

となる．式(6.50)より

$$K_{a1} = \frac{x \cdot x}{0.10 - x} = 1.1 \times 10^{-2} \tag{6.54}$$

となる．ここで，K_{a1} の値は初濃度0.10と比べて無視できない大きさであるから，2次方程式を解くと，$x = [H^+] = 2.8 \times 10^{-2}$ Mとなる．したがって，pH 1.6である．

6.3 酸化還元反応

6.3.1 酸化と還元

酸化はある化学種が電子を放出し，より高い酸化状態となること，**還元**は電子を受け取り，より低い酸化状態になることと定義される．酸化および還元が同時に起こる反応を**酸化還元反応**という．酸化還元反応においては，一方の化学種が酸化されると同時に他方は還元される．相手の化学種を酸化する物質を**酸化剤**といい，還元する物質を**還元剤**という．酸化剤をOX，還元剤をREとすると，酸化還元反応は

$$OX_1 + RE_2 \rightleftarrows RE_1 + OX_2 \tag{6.55}$$

と表される．酸化剤 OX_1 は RE_1 に還元されており，還元剤 RE_2 は OX_2 に酸化されていることに注意しよう．酸化剤は電子を受け取り，より低い酸化状態へ還元される．

$$X^{m+} + ne^- \rightarrow X^{(m-n)+} \tag{6.56}$$

一方，還元剤は電子を失い，より高い酸化状態へ酸化される．

$$X^{m+} \rightarrow X^{(m+n)+} + ne^- \tag{6.57}$$

後述のように，ある物質が酸化剤または還元剤として働く傾向は，還元電位に依存する．

6.3.2 電池と電解セル

(1) 電位測定電池

ガルバニ電池においては，電池内において自発的に起こる化学反応が電気エネルギーを生成する．次の酸化還元反応を考えよう．

$$Fe^{2+} + Ce^{4+} \rightleftarrows Fe^{3+} + Ce^{3+} \tag{6.58}$$

Fe^{2+} 水溶液と Ce^{4+} 水溶液を混合すると，それらは上の反応に従って電子を受け渡す．図 6.3 のように，Fe^{2+} 水溶液と Ce^{4+} 水溶液が別のビーカーに入った場合を考える．この 2 つのビーカーは**塩橋**によって繋がれている．塩橋は電荷を移動させることはできるが，2 つの溶液が混ざることはないため，この反応は起こらない．それぞれのビーカーに化学的に不活性な白金電極を入れ，導線により接続すると，導線には図に示した方向に電子が流れる．これによりガルバニ電池ができたことになる．Fe^{2+} は電極表面において酸化され，電子を電極に渡す．

$$Fe^{2+} \rightleftarrows Fe^{3+} + e^- \tag{6.59}$$

電子は導線を介して Ce^{4+} 溶液へ流れ，電極表面において Ce^{4+} が還元される．

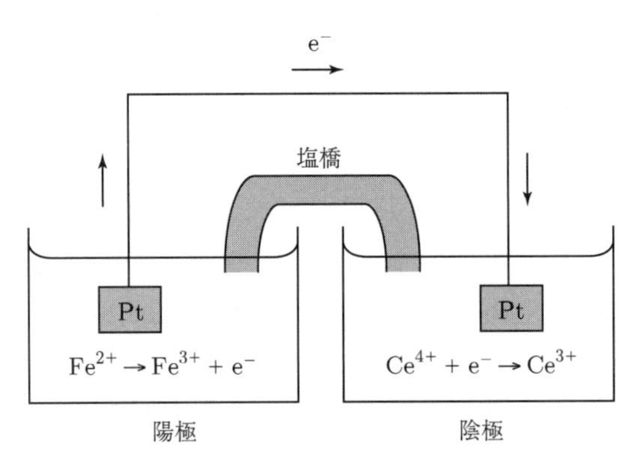

図 6.3 ガルバニ電池

$$Ce^{4+} + e^- \rightleftarrows Ce^{3+} \tag{6.60}$$

酸化反応の起こる電極を**陽極**，還元反応の起こる電極を**陰極**という．

それぞれの溶液中のイオンが電子を受け取りやすいか，放出しやすいかの傾向に従って，陽極，陰極において電位が生じる．これを**電極電位**という．電極電位の差が，化学反応から取り出すことのできる電池の**電位** (**電圧**) に対応する．

式 (6.59)，式 (6.60) はどちらも**半反応**である．これらは酸化還元反応に含まれる酸化または還元反応を別個に記述したものである．半反応は固有の電極電位を示す．

電池においては自発的な酸化還元反応が起こり，それによって電気エネルギーを系から取り出すことができる．一方で，**電気分解**においては，自発的でない反応が起こるように，電気エネルギーを系に与えて反応を進ませる．つまり，電池とは逆の現象が電気分解においては起こっている．水の電気分解がその例である．

(2) 標準水素電極と還元電位

すべての半反応の電位を測定できれば，どの組合せの化学種について酸化還元反応が起こるのか予測できる．しかし，半反応の電位を直接測定できる方法はない．常に，2 組の電極間の電位差，言い換えれば，2 つの半反応の電位差しか測定することはできない．標準として，次の水素イオンの半反応の電極電位が 0 V と決められている．

$$2H^+ + 2e^- \rightleftarrows H_2 \tag{6.61}$$

これは**標準水素電極**または**基準水素電極**という (図 6.4)．この半反応と他の半反応との電位差が**標準電位**である．表 6.2 にいくつかの半反応についての値を

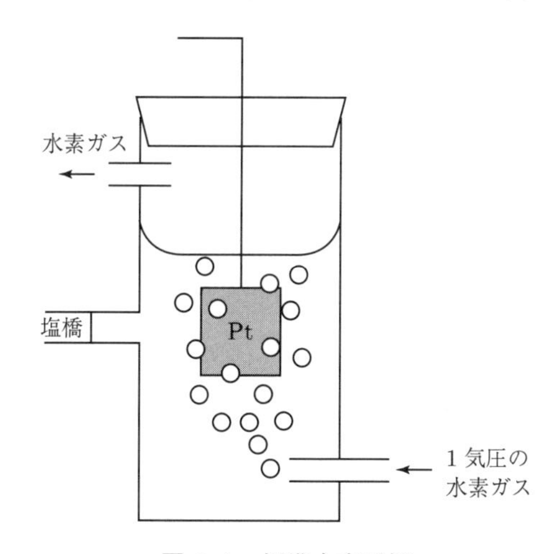

図 6.4 標準水素電極

表 **6.2** 標準還元電位

半反応	$E°$ [V]
$H_2O_2 + 2H + 2e^- \rightleftarrows 2H_2O$	1.763
$Ce^{4+} + e^- \rightleftarrows Ce^{3+}$	1.72
$MnO_4{}^- + 4H^+ + 3e^- \rightleftarrows MnO_2 + 2H_2O$	1.70
$Au^{3+} + 3e^- \rightleftarrows Au$	1.52
$MnO_4{}^- + 8H^+ + 5e^- \rightleftarrows Mn^{2+} + 4H_2O$	1.51
Cl_2(液体) $+ 2e^- \rightleftarrows 2Cl^-$	1.396
$Cr_2O_7{}^{2-} + 14H^+ + 6e^- \rightleftarrows 2Cr^{3+} + 7H_2O$	1.36
Cl_2(気体) $+ 2e^- \rightleftarrows 2Cl^-$	1.3583
$ClO_4{}^- + 2H^+ + 2e^- \rightleftarrows ClO_3{}^- + H_2O$	1.201
Br_2(液体) $+ 2e^- \rightleftarrows 2Br^-$	1.087
$Pd^{2+} + 2e^- \rightleftarrows Pd$	0.915
$Ag^+ + e^- \rightleftarrows Ag$	0.7991
$Fe^{3+} + e^- \rightleftarrows Fe^{2+}$	0.771
O_2(気体) $+ 2H^+ + 2e^- \rightleftarrows H_2O_2$(液体)	0.695
$Cu^+ + e^- \rightleftarrows Cu$	0.520
$AgCl$(固体) $+ e^- \rightleftarrows Ag + Cl^-$	0.2223
$Cu^{2+} + e^- \rightleftarrows Cu^+$	0.159
$Sn^{4+} + 2e^- \rightleftarrows Sn^{2+}$	0.15
$2H^+ + 2e^- \rightleftarrows H_2$	0
$Pb^{2+} + 2e^- \rightleftarrows Pb$	−0.1251
$Sn^{2+} + 2e^- \rightleftarrows Sn$	−0.136
$Ni^{2+} + 2e^- \rightleftarrows Ni$	−0.257
$Co^{2+} + 2e^- \rightleftarrows Co$	−0.277
$Fe^{2+} + 2e^- \rightleftarrows Fe$	−0.44
$Zn^{2+} + 2e^- \rightleftarrows Zn$	−0.7626
$Cr^{2+} + 2e^- \rightleftarrows Cr$	−0.90
$Al^{3+} + 3e^- \rightleftarrows Al$	−1.662
$Na^+ + e^- \rightleftarrows Na$	−2.714
$Sr^{2+} + 2e^- \rightleftarrows Sr$	−2.89
$K^+ + e^- \rightleftarrows K$	−2.925
$Li^+ + e^- \rightleftarrows Li$	−3.045

(「分析化学便覧」(2001) より)

示す．この標準電位は各化学種が単位活量だけ存在する場合の値である．標準電位はすべて還元反応についての値であるので**標準還元電位**ともいう．

標準電位が大きいほど還元反応が起こりやすくなる．$Cr_2O_7{}^{2-} + 14H^+ + 6e^- \rightleftarrows 2Cr^{3+} + 7H_2O$ の標準還元電位 E° は 1.33 V であり，プラスの大きな値をとる．これは $Cr_2O_7{}^{2-}$ が H^+ よりも還元されやすいことを示している．$Cr_2O_7{}^{2-}$ は強い酸化剤である．$Fe^{3+} + e^- \rightleftarrows Fe^{2+}$ の標準還元電位は 0.771 V であるから，Fe^{3+} は $Cr_2O_7{}^{2-}$ よりも弱い酸化剤であることがわかる．この 2 つの半反応式から電子を消去すると

$$Cr_2O_7{}^{2-} + 14H^+ + 6Fe^{2+} \rightleftarrows 2Cr^{3+} + 7H_2O + 6Fe^{3+} \tag{6.62}$$

となる．Fe^{3+} は $Cr_2O_7{}^{2-}$ よりも弱い酸化剤であるため，この酸化還元反応は順方向へ進む．つまり，$Cr_2O_7{}^{2-}$ が Cr^{3+} へ還元される方向へ進む．このように，2 つの半反応の標準還元電位を比較すると，酸化還元反応が自発的に進む方向を予測することができる．

【例題 6.10】 表 6.2 より 2 つの半反応を選び，自発的に進む酸化還元反応を示せ．

解　例えば，以下の反応を選んだ場合を考える．

$$\begin{aligned} &MnO_4{}^- + 8H^+ + 5e^- \rightleftarrows Mn^{2+} + 4H_2O, \quad && E^\circ = 1.51\ \mathrm{V} \\ &Cu^+ + e^- \rightleftarrows Cu, && E^\circ = 0.520\ \mathrm{V} \end{aligned}$$

前出の半反応の酸化還元電位は後出の半反応より大きいので，自発的に進む反応は

$$MnO_4{}^- + 5Cu + 8H^+ \rightleftarrows Mn^{2+} + 5Cu^+ + 4H_2O$$

となる．

6.3.3　ネルンストの式

(1)　酸化還元電位と化学種の濃度

表 6.2 の標準還元電位 E° はすべての化学種が単位活量存在する場合の値である．電位は化学種の濃度に依存する．

以下の 2 つの半反応からなる酸化還元反応を考えよう．

$$a\,\mathrm{OX}_1 + ne^- \rightleftarrows b\,\mathrm{RE}_1 \tag{6.63}$$

$$c\,\mathrm{OX}_2 + ne^- \rightleftarrows d\,\mathrm{RE}_2 \tag{6.64}$$

式 (6.63) から式 (6.64) を差し引き，電子を消去すると

$$a\,\mathrm{OX}_1 + d\,\mathrm{RE}_2 \rightleftarrows b\,\mathrm{RE}_1 + c\,\mathrm{OX}_2 \tag{6.65}$$

となる．さて，2 つの半反応の電位は，**ネルンストの式**に従うと

$$E_1 = E_1^\circ - \frac{RT}{nF}\ln\frac{[\mathrm{RE}_1]^b}{[\mathrm{OX}_1]^a} \tag{6.66}$$

$$E_2 = E_2^\circ - \frac{RT}{nF}\ln\frac{[\mathrm{RE}_2]^d}{[\mathrm{OX}_2]^c} \tag{6.67}$$

と書ける．ここで，F は**ファラデー定数** (9.6485 C mol^{-1}) である．

$E_1^\circ > E_2^\circ$ である場合，この酸化還元反応から得られる電池の電位 E_c は $E_\mathrm{c} = E_1 - E_2$ となる．

平衡状態においては，$E_\mathrm{c} = E_1 - E_2 = 0$ であるから

$$E_1^\circ - \frac{RT}{nF}\ln\frac{[\mathrm{RE}_1]^b}{[\mathrm{OX}_1]^a} = E_2^\circ - \frac{RT}{nF}\ln\frac{[\mathrm{RE}_2]^d}{[\mathrm{OX}_2]^c} \tag{6.68}$$

$$\begin{aligned} E_1^\circ - E_2^\circ &= \frac{RT}{nF}\ln\frac{[\mathrm{RE}_1]^b[\mathrm{OX}_2]^c}{[\mathrm{OX}_1]^a[\mathrm{RE}_2]^d} \\ &= \frac{RT}{nF}\ln K \end{aligned} \tag{6.69}$$

となる．酸化還元反応の平衡定数 K は標準還元電位差 $E_1^\circ - E_2^\circ$ によって決まることがわかる．

【例題 6.11】 例題 6.10 により選択した半反応からなる電池の電位を求めよ．

解 以下の酸化還元反応を選択した場合を考える．

$$MnO_4^- + 5Cu + 8H^+ \rightleftarrows Mn^{2+} + 5Cu^+ + 4H_2O$$

電池の電位は $E_\mathrm{c} = 1.51\ \mathrm{V} - 0.520\ \mathrm{V} = 0.99\ \mathrm{V}$ となる．

(2) 自由エネルギーと電位の関係

平衡定数とギブス自由エネルギーとの関係は

$$\varDelta G^\circ = -RT\ln K \tag{6.70}$$

であることを思い出そう．式 (6.69) と式 (6.70) よりを消去すると

$$\begin{aligned} \varDelta G^\circ &= -nF(E_1^\circ - E_2^\circ) \\ &= -nF\varDelta E^\circ \end{aligned} \tag{6.71}$$

となる．よって，プラスの電位差はマイナスの自由エネルギー差を与え，このとき反応は自発的となる．

演習問題 6

6.1 1.0 M の HCl, 1.0 M の NaOH, 10% (質量体積%) HBr の水溶液を調製した．以下の水溶液を調製するために必要な各水溶液の体積を求めよ．

(1) 0.050 M の HCl, 25 ml
(2) 0.010 M の NaOH, 50 ml
(3) 5.0 g L^{-1} の HBr, 1.0 L

6.2 CO_2 分子の 25°C における水への溶解度の圧力依存性を調べて，グラフを作成せよ．25°C において，500 mL の水に 5 倍体積の CO_2 を溶かすために必要な圧力を推定せよ．

6.3 化学種 A および B は次のように反応し生成物 C を生じる．$A + B \rightleftarrows 2C$．この平衡定数は 2.0×10^6 である．A, B, C の初濃度がそれぞれ 0.30 M, 0.60 M, 0.00 M である場合，反応後の A, B, C の濃度を求めよ．

6.4 以下の水溶液のイオン強度を計算せよ．

(1) 0.50 M の NaCl
(2) 0.10 M の Na_2SO_4
(3) 0.010 M の Na_2SO_4

6.5 1.0×10^{-3} M の K_2SO_4 水溶液中の各イオンの活量係数を求めよ．

6.6 0.70 M のプロピオン酸水溶液の pH を求め，酢酸と比較せよ．

6.7 硫酸 H_2SO_4 は水中において 2 段階に解離し，酸解離定数の値は $pK_{a1} = -5$, $pK_{a2} = 1.99$ となる．0.10 M 硫酸水溶液の pH を求めよ．

6.8 0.10 M の酢酸水溶液と酢酸ナトリウム水溶液を 1.0 : 16 の体積割合で混合した．溶液の pH はいくらになるか求めよ．

6.9 リン酸イオンの全濃度が 0.10 M である水溶液がある．pH を測定すると 7.0 であった．このとき，リン酸イオン種の濃度を求めよ．

7

化学反応

7.1　いろいろな化学反応

7.1.1　身のまわりの化学反応

化学は“変化”の学問であると1章で述べた．まさに，化学反応は化学の学習あるいは研究の中心であるといっても過言ではない．古代の金属鋳造技術や錬金術などもそうであるが，化学の研究は，ある物質を他の物質に変える試みから始まったと考えてもよいだろう．ここでは，まず身のまわりの化学反応から考えてみよう．例えば，料理の中にはたくさんの化学反応が含まれているし，食品が腐るのも化学反応である．私たちの体内では酵素とよばれる触媒が極めて多くの化学反応を進行させている．人体の成長や老化もまたさまざまな化学反応の結果である．まわりの環境をみてみると，さびが進行していたり，光合成が起こっていたり，オゾン層が変化したりなど，いろいろな化学反応がみられる．言うまでもなく，工場の中では多くの化学反応が進行している．

したがって，化学反応をしっかり学ぶことは，生活を豊かにし，命を守り，環境を守ることにつながる．まずどのような種類の化学反応があるのかを知り，それを分類することが大切である．次に化学反応の速度について学び，最後に反応の機構について理解する．化学反応について学ぶということは，何が，どれだけ，どのような速さで変化するかを知ることである．そのため4章，6章で学んだことが本章の学習の基礎となる．

7.1.2　化学反応の種類

化学反応を引き起こすためにはエネルギーが必要である．そのエネルギーの種類によって化学反応を分類することができる．

(1) 熱化学反応

大方の化学反応は，一般に "熱" の形でエネルギーを吸収あるいは放出する．熱エネルギーで起こる化学反応を**熱化学反応**という (4 章)．

$$2H_2\ (\text{気体}) + O_2\ (\text{気体}) \rightarrow 2H_2O\ (\text{液体}) + \text{熱エネルギー} \qquad (7.1)$$

のように熱エネルギーを放出する反応を**発熱反応**という．一方

$$\text{熱エネルギー} + N_2\ (\text{気体}) + 3H_2\ (\text{気体}) \rightarrow 2NH_3\ (\text{気体}) \qquad (7.2)$$

のように熱エネルギーが外部から供給される反応を**吸熱反応**という．熱化学反応の中にはグルコースの発酵

$$C_6H_{12}O_6\ (\text{液体}) \rightarrow 2C_2H_5OH + 2CO_2\ (\text{液体}) \qquad (7.3)$$

のように比較的ゆっくり進む反応もあれば

$$2Na + Br_2 \rightarrow 2NaBr \qquad (7.4)$$

のように速い速度で進む反応もある．熱化学反応は一般に

$$CH_4\ (\text{気体}) + 2O_2\ (\text{気体}) \rightarrow CO_2\ (\text{気体}) + 2H_2O\ (\text{気体})$$
$$\Delta H = -802.4\ \text{kJ mol}^{-1} \qquad (7.5)$$

で示すような**熱化学方程式**によって表されることが多い．

熱化学方程式では物質の量的関係とともにエンタルピー変化も表記する．熱化学方程式を書くときには，必ず反応物と生成物の物理的状態を指定する必要がある．それは生成物が液体か気体かによっても ΔH が変化するからである．式 (7.5) において H_2O (液体) となれば，ΔH は -890.4 kJ mol^{-1} となる．

(2) 光化学反応

光のエネルギーにより起こる反応を**光化学反応**という．光化学反応は分子による電磁波の吸収によって起こるが，ここでいう電磁波はおもに紫外線と可視光線である．X 線や γ 線のような高エネルギーの放射線によって引き起こされる反応は**放射線化学反応**という．光合成は光化学反応の例である．植物は光のエネルギーを利用して二酸化炭素と水から $C_6H_{12}O_6$ (グルコース，フルクトース)，デンプンなどの多糖類をつくる．すなわち

$$6CO_2 + 6H_2O + \text{光エネルギー} \rightarrow C_6H_{12}O_6 + 6O_2 \qquad (7.6)$$

となる．

光を捕集する中心的役割を果たすのがクロロフィルである．動物の視覚過程にもやはり光化学反応が含まれている．

光化学反応においては，反応に関与する光の波長，すなわちエネルギーが大切になってくる (2 章)．波長 200 nm の紫外線と波長 600 nm の可視光線を比較すると，紫外線の波長は可視光線の波長の 1/3，エネルギーは逆に 3 倍にな

る．紫外線のエネルギーでは日焼けが起こる可能性があるが，可視光線のエネルギーでは日焼けは起こらない．光合成を起こすには，クロロフィルが吸収帯をもつ 600 nm 付近の光が効率的である．光化学反応では光異性化反応，光分解反応なども起こる．

(3) 放射線化学反応

X 線，γ 線など高エネルギー放射線によって引き起こされる反応を**放射線化学反応**という．これらの放射線も紫外線，可視光線と同じ電磁波の仲間であるが，そのエネルギーは桁違いに大きい．例えば，波長 0.001 nm (10^{-12} m) の X 線は，波長 100 nm (10^{-7} m) の紫外線と比べ，10^5 倍のエネルギーをもつ．電磁波のエネルギーが非常に大きく異なるため，光化学反応と放射線化学反応を区別して扱う．後者では化学結合の切断やイオン化なども起こる．

(4) 放射化学反応

放射化学反応とは原子核壊変によって起こる反応のことをいう．例えば

$$^{238}_{92}\mathrm{U} \ \rightarrow \ ^{234}_{90}\mathrm{Th} + ^{4}_{2}\mathrm{He}\ (\alpha\ 粒子) \tag{7.7}$$

は，α 粒子を放出して $^{238}_{92}\mathrm{U}$ が安定化する反応 (**$\boldsymbol{\alpha}$ 崩壊**) である．一方

$$^{14}_{6}\mathrm{C} \ \rightarrow \ ^{14}_{7}\mathrm{N} + \mathrm{e}^- \tag{7.8}$$

は，$^{14}_{6}\mathrm{C}$ が電子線を放出して $^{14}_{7}\mathrm{N}$ に変わる反応 (**$\boldsymbol{\beta}$ 崩壊**) である．

放射性同位体の崩壊の中には，$^{238}\mathrm{U}$ の崩壊のように半減期 4.51×10^9 年で進むものもあれば，$^{131}\mathrm{I}$ のように半減期 8.1 日と短いものもある．

(5) 電気化学反応

電気エネルギーが引き起こす反応を**電気化学反応**という (6 章)．電気化学反応は，電池，腐食，防食，メッキ，半導体の表面加工などの他に，化学センサーなどにも関係する．さらに，神経伝達など生体内でもさまざまな電気化学反応が起こっている．

7.2 化学反応の速度と次数

7.2.1 反 応 速 度

化学反応の速度は日常生活においてもしばしば認識できることである．沸騰したお湯とぬるま湯とでは，食品の茹で上がり時間が大きく異なる．一般に，温度を上げれば反応は速く進む．温度を 10°C 上げると反応速度は約 2 倍になるといわれている．反応する化学物質の濃度を上げてもやはり反応が速く進む．**反応速度**は

$$反応速度 = \frac{生成物 (あるいは反応物) の濃度変化}{時間変化} \tag{7.9}$$

によって定義される．すなわち，反応速度は生成物の濃度の単位時間あたりの増加，あるいは反応物の濃度の単位時間あたりの減少として定義される．次のような反応

$$\mathrm{A + B \ \to\ C + D} \tag{7.10}$$

を考えると，反応速度 v_R は

$$v_\mathrm{R} = -\frac{\mathrm{d[A]}}{\mathrm{d}t} = -\frac{\mathrm{d[B]}}{\mathrm{d}t} = \frac{\mathrm{d[C]}}{\mathrm{d}t} = \frac{\mathrm{d[D]}}{\mathrm{d}t} \tag{7.11}$$

となる．ここで，[A], [B], [C], [D] は，A, B, C, D の濃度を表している．

$$a\,\mathrm{A} + b\,\mathrm{B} \ \to\ c\,\mathrm{C} + d\,\mathrm{D} \tag{7.12}$$

の反応では

$$v_\mathrm{R} = -\frac{1}{a}\frac{\mathrm{d[A]}}{\mathrm{d}t} = -\frac{1}{b}\frac{\mathrm{d[B]}}{\mathrm{d}t} = \frac{1}{c}\frac{\mathrm{d[C]}}{\mathrm{d}t} = \frac{1}{d}\frac{\mathrm{d[D]}}{\mathrm{d}t} \tag{7.13}$$

となる．

グルコースの発酵過程を考えてみよう．この反応は

$$\mathrm{C_6H_{12}O_6 \ \to\ 2C_2H_5OH + 2CO_2} \tag{7.14}$$

である．式 (7.13) から考えると

$$-2\frac{\mathrm{d[C_6H_{12}O_6]}}{\mathrm{d}t} = \frac{\mathrm{d[C_2H_5OH]}}{\mathrm{d}t} \tag{7.15}$$

となる．すなわち，2 mol のエタノールが 1 mol のグルコースから生成するので，エタノールの生成速度はグルコースの反応速度の 2 倍になる．式 (7.14) の場合，グルコースが減少する速度は未反応のグルコースの濃度に比例する．したがって

$$v_\mathrm{R} = -\frac{\mathrm{d[C_6H_{12}O_6]}}{\mathrm{d}t} = k\mathrm{[C_6H_{12}O_6]} \tag{7.16}$$

と書くことができる．比例定数 k を反応の**速度定数**という．式 (7.16) のように，反応速度が各反応物の濃度にどのように依存するかを表した式を**反応速度式**という．$\mathrm{[C_6H_{12}O_6]} = c$ とおくと

$$-\frac{\mathrm{d}c}{\mathrm{d}t} = kc \tag{7.17}$$

となる．変形すると

$$\frac{1}{c}\,\mathrm{d}c = -k\,\mathrm{d}t \tag{7.18}$$

よって，$\ln c = -kt + 定数$ であるから，$t = 0$ において $c = c_0$ とおくと

$$c = c_0\mathrm{e}^{-kt} \tag{7.19}$$

となる．したがって，グルコースの濃度は時間ととも指数関数的に減少する．

7.2.2 反応次数

再び，式 (7.12) を考える．このとき，反応速度式は

$$-\frac{\mathrm{d[A]}}{\mathrm{d}t} = k[\mathrm{A}]^m[\mathrm{B}]^n \tag{7.20}$$

となる．反応速度式はもちろん $-\frac{\mathrm{d[B]}}{\mathrm{d}t}$ と表してもよいし，生成物の生成速度で表してもよい．指数 m, n は，一般には整数 0, 1, 2 であるが，分数となることもある．

$m = 1$ であれば，[A] が 2 倍になれば反応速度も 2 倍になる．$m = 2$ であれば，[A] が 2 倍になれば，反応速度は 4 倍になる．$m = 0$ なら反応速度は濃度によらない．m, n をそれぞれ A, B の**反応次数**という．また，m と n の和を**全反応次数**という．

式 (7.20) の場合，A について m 次，B について n 次，全体で $(m + n)$ 次である．反応速度式の指数の値は，一般に実験によって決定される．化学反応式の係数と反応速度式の次数の間には何の関係もないことに注意しなければならない．例えば

$$\underset{\text{スクロース}}{\mathrm{C_{12}H_{22}O_{11}}} + \mathrm{H_2O} \rightleftarrows \underset{\text{グルコース}}{\mathrm{C_6H_{12}O_6}} + \underset{\text{フルクトース}}{\mathrm{C_6H_{12}O_6}} \tag{7.21}$$

の反応においては

$$-\frac{\mathrm{d[C_{12}H_{22}O_{11}]}}{\mathrm{d}t} = k[\mathrm{C_{12}H_{22}O_{11}}]^1[\mathrm{H_2O}]^0 \tag{7.22}$$

となり，$C_{12}H_{22}O_{11}$ と H_2O の係数は式 (7.21) においてともに 1 であるが，反応次数は $C_{12}H_{22}O_{11}$ が 1，H_2O は 0 である．

N_2O_5 と NO_2 の分解は

$$2\mathrm{N_2O_5} \rightleftarrows 4\mathrm{NO_2} + \mathrm{O_2} \tag{7.23}$$

$$2\mathrm{NO_2} \rightleftarrows 2\mathrm{NO} + \mathrm{O_2} \tag{7.24}$$

となり，似たような化学量論的な式で書ける．しかし，式 (7.23) は 1 次反応，式 (7.24) は 2 次反応である．すなわち

$$-\frac{\mathrm{d[N_2O_5]}}{\mathrm{d}t} = k_1[\mathrm{N_2O_5}] \tag{7.25}$$

$$-\frac{\mathrm{d[NO_2]}}{\mathrm{d}t} = k_2[\mathrm{NO_2}]^2 \tag{7.26}$$

である．式 (7.25)，式 (7.26) からも明らかなように，速度定数 k の単位は反応の次数によって変わる．1 次と 2 次の速度定数の単位は，それぞれ，$\mathrm{s^{-1}}$ と $\mathrm{mol^{-1}dm^3\ s^{-1}}$ である．

7.3 反応速度

7.3.1 反応速度の解析

一般に，化学反応では反応物が**遷移状態**を経て生成物へと変化する (図 7.1)．遷移状態のエネルギーは反応物や生成物のエネルギーより高いので，化学反応が進むためにはエネルギーの障壁を超えなければならない．この障壁の高さのことを**活性化エネルギー**という．活性化エネルギーは化学反応の速度に関係する最も重要な因子の 1 つで，反応速度定数の温度変化から決定することができる (7.5 節で詳しく述べる)．そこで，まず速度定数について学ぶ必要がある．一般に，反応速度は反応物質の濃度に依存するが，その依存の仕方により，化学反応は 0 次反応，1 次反応，2 次反応に分けられる．

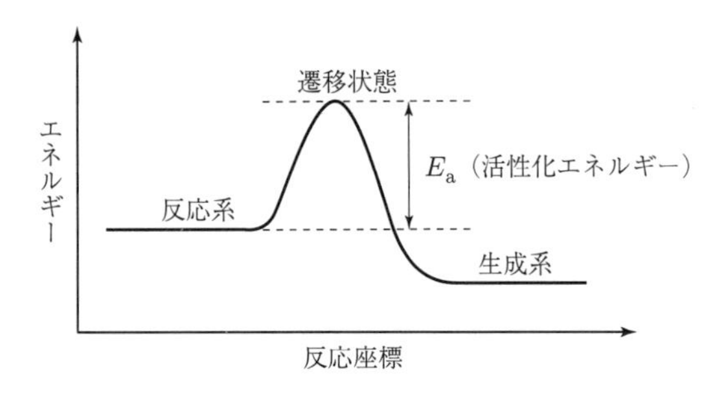

図 7.1 化学反応のエネルギー曲線

7.3.2 0 次反応

0 次反応とは，反応速度が濃度に依存しない反応である．大方の場合，反応速度は反応物の濃度に依存するので，0 次反応はややめずらしい．0 次反応がみられるのは，金属表面上での気体反応などの場合である．0 次反応の反応速度は反応物質の濃度に依存しないので，0 次反応は

$$v_\mathrm{R} = -\frac{\mathrm{d[A]}}{\mathrm{d}t} = k_0 \tag{7.27}$$

の反応速度式で表される．ここで，$[\mathrm{A}]_0$ を反応物質の初期濃度とすると，式 (7.27) から

$$[\mathrm{A}] = -k_0 t + [\mathrm{A}]_0 \tag{7.28}$$

となる．これは簡単な 1 次式である．すなわち，濃度 [A] を時間に対してプロットすると，傾き $-k_0$ の直線が得られる (図 7.2 (a))．

7.3.3 1 次反応

1 次反応とは，反応速度が反応物質の濃度の 1 次に比例する反応である．$\mathrm{A} \rightarrow \mathrm{B} + \mathrm{C}$ の反応を考えると，1 次反応は

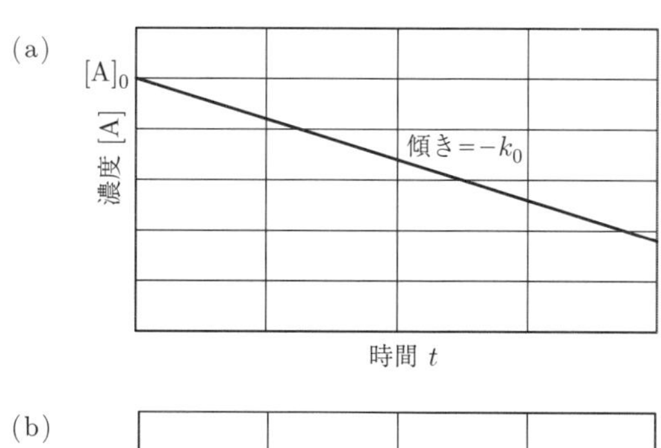

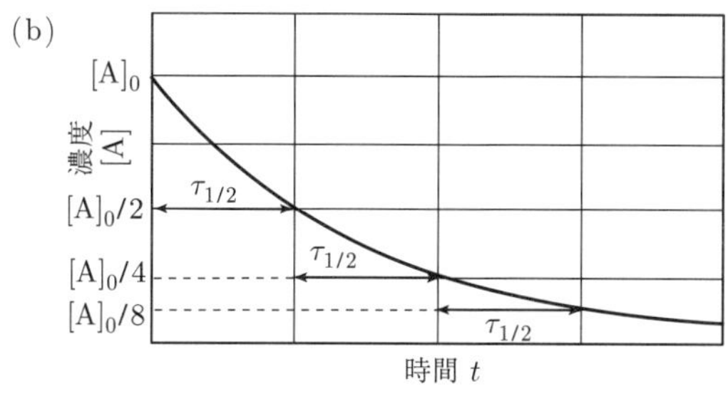

図 7.2 0 次反応 (a)，1 次反応 (b) の反応物の濃度と時間の関係

$$-\frac{\mathrm{d}[\mathrm{A}]}{\mathrm{d}t} = \frac{\mathrm{d}[\mathrm{B}]}{\mathrm{d}t} = k_1\ [\mathrm{A}] \tag{7.29}$$

で表される．式 (7.29) を変形して

$$\frac{1}{[\mathrm{A}]}\,\mathrm{d}[\mathrm{A}] = -k_1\,\mathrm{d}t \tag{7.30}$$

となる．両辺を積分して

$$\ln[\mathrm{A}] = -k_1 t + c \tag{7.31}$$

となる．ここで，c は積分定数である．式 (7.31) において $t = 0$ を代入すると，$c = \ln[\mathrm{A}]_0$ と求まる．よって

$$\ln\frac{[\mathrm{A}]}{[\mathrm{A}]_0} = -k_1 t \tag{7.32}$$

$$[\mathrm{A}] = [\mathrm{A}]_0\,\mathrm{e}^{-k_1 t} \tag{7.33}$$

となる．したがって，$\ln\frac{[\mathrm{A}]}{[\mathrm{A}]_0}$ を t に対してプロットすると原点を通る直線が得られる．この直線の傾きから速度定数 k_1 が求まる．

五酸化二窒素 N_2O_5 の分解反応 (7.25) や希薄な水酸化ナトリウム溶液中での過酸化水素の分解などは 1 次反応の例である．また，不安定核種の崩壊反応 (例えば，式 (7.8) の ${}^{14}_{6}\mathrm{C} \to {}^{14}_{7}\mathrm{N} + \mathrm{e}^-$) も 1 次反応である．

【例題 7.1】 $2N_2O_5$ (気体) $\to$ $4NO_2$ (気体) $+ O_2$ (気体) の分解反応は，328 K で $k_1 = 1.7 \times 10^{-3}\ \mathrm{s}^{-1}$ という速度定数をもった 1 次反応である．N_2O_5 を 328 K で 200 秒加熱したとき，何%の試料が分解するか．

解 式 (7.33) に k_1 と t を代入すると $[\mathrm{A}]/[\mathrm{A}]_0$ が求まる． **答．** 50.66 %

1 次反応の特徴を表すもう 1 つの重要な指標は**半減期**である．半減期とは反応物の濃度が最初の値の半分になるまでの時間をいう．すなわち，$[\mathrm{A}] = \frac{1}{2}[\mathrm{A}]_0$ となる時間のことである．半減期を τ とすると，式 (7.32) から

$$\tau = \frac{\ln 2}{k_1} \tag{7.34}$$

が得られる．半減期は速度定数 k_1 のみに関係し，初期濃度 $[\mathrm{A}]_0$ には関係しない．図 7.2 (b) は 1 次反応の反応物の濃度の時間変化を示す．$[\mathrm{A}]_0$ が $\frac{1}{2}[\mathrm{A}]_0$ になる時間，$\frac{1}{2}[\mathrm{A}]_0$ が $\frac{1}{4}[\mathrm{A}]_0$ になる時間，$\frac{1}{4}[\mathrm{A}]_0$ が $\frac{1}{8}[\mathrm{A}]_0$ になる時間は τ となることに注意する．半減期が濃度によらないのは 1 次反応の場合だけである．1 次反応でない場合は半減期は濃度に依存する．

7.3.4 2 次 反 応

$\mathrm{A} \to \mathrm{B} + \mathrm{C}$ および $\mathrm{A} + \mathrm{B} \to \mathrm{C} + \mathrm{D}$ という 2 つの反応を考えよう．**2 次反応**では，反応速度が 1 つの反応物について 2 次であるか ($\mathrm{A} \to \mathrm{B} + \mathrm{C}$)，2 つの反応物についてそれぞれ 1 次であるか ($\mathrm{A} + \mathrm{B} \to \mathrm{C} + \mathrm{D}$) のいずれかである．前者の場合

$$-\frac{\mathrm{d}[\mathrm{A}]}{\mathrm{d}t} = k_2[\mathrm{A}]^2 \tag{7.35}$$

となる．書き換えると

$$\frac{1}{[\mathrm{A}]^2}\,\mathrm{d}[\mathrm{A}] = -k_2\,\mathrm{d}t \tag{7.36}$$

となる．両辺を積分して

$$-\frac{1}{[\mathrm{A}]} = -k_2 t + c \tag{7.37}$$

となる．ここで，c は積分定数である．このとき，A の初期濃度を $[\mathrm{A}]_0$ とすると，$c = -\frac{1}{[\mathrm{A}]_0}$ と求まる．よって

$$\frac{1}{[\mathrm{A}]} = k_2 t + \frac{1}{[\mathrm{A}]_0} \tag{7.38}$$

となる．したがって，$\frac{1}{[\mathrm{A}]}$ を t に対してプロットすると，この直線の傾きから速度定数 k_2 が求まる．このタイプの反応には，二酸化窒素が熱分解して NO と $\mathrm{O_2}$ が生じる反応

$$2\mathrm{NO_2}\ (\text{気体}) \ \to\ 2\mathrm{NO}\ (\text{気体}) + \mathrm{O_2}\ (\text{気体}) \tag{7.39}$$

やヨウ化水素の分解反応

$$2\mathrm{HI} \ \to\ \mathrm{H_2} + \mathrm{I_2} \tag{7.40}$$

などがある．式 (7.38) に $[\mathrm{A}] = \frac{1}{2}[\mathrm{A}]_0$ を入れると半減期

$$\tau = \frac{1}{[\mathrm{A}]_0 k_2} \tag{7.41}$$

が求まる．上式から明らかなように，2 次反応では半減期は速度定数だけでなく初期濃度にも関係する．

$A+B \to C+D$ の場合を考える．この場合は，A (または B) の反応速度が A と B の濃度の 1 次に比例する．すなわち

$$v_R = -\frac{d[A]}{dt} = -\frac{d[B]}{dt} = k_2[A][B] \tag{7.42}$$

となる．書き換えると

$$\frac{1}{[A][B]}\,d[A] = \frac{1}{[A][B]}\,d[B] = -k_2\,dt \tag{7.43}$$

となる．変形して

$$\frac{1}{[A]-[B]}\left(\frac{1}{[A]} - \frac{1}{[B]}\right) d[A] = k_2\,dt \tag{7.44}$$

となる．ここで，$[A]-[B] = [A]_0 - [B]_0$ および $d[A] = d[B]$ を考慮すると

$$\frac{1}{[A]_0-[B]_0}\left(\frac{d\ln[A]}{d[A]} - \frac{d\ln[B]}{d[B]}\right) d[A] = k_2\,dt \tag{7.45}$$

$$\frac{1}{[A]_0-[B]_0}(d\ln[A] - d\ln[B]) = k_2\,dt \tag{7.46}$$

となる．積分すると

$$\frac{1}{[A]_0-[B]_0}\ln\frac{[A]}{[B]} = k_2 t + c \tag{7.47}$$

が得られる．ここで，c は積分定数である．$c = \frac{1}{[A]_0-[B]_0}\ln\frac{[A]_0}{[B]_0}$ と求まる．よって

$$\frac{1}{[A]_0-[B]_0}\ln\frac{[A][B]_0}{[B][A]_0} = k_2 t \tag{7.48}$$

となる．

【例題 7.2】 $A+B \to C+D$ の反応において，A の初期濃度 $[A]_0$ が B の初期濃度 $[B]_0$ に比べはるかに大きいとき ($[A]_0 \gg [B]_0$)，1 次反応と同じような式が得られる．これを証明せよ．

解 式 (7.48) において $[A]_0 \gg [B]_0$ とすると

$$\frac{1}{[A]_0}\ln\frac{[B]_0}{[B]_0-[A]} = k_2 t$$

となる．上式は 1 次反応の式 (7.33) と同じ形となる．このような反応の例としては，酢酸エチルの加水分解

$$CH_3COOC_2H_5 + H_2O \rightleftarrows CH_3COOH + C_2H_5OH$$

がある．この場合，エステルの濃度は水の濃度に比べはるかに低い．この反応は実質エステルの 1 次の速度で進む．

7.4 反応機構

反応速度論の他に化学反応論においてもう1つ重要なことは，反応物がどのような道筋をたどり生成物に変化するのかという**反応機構**である．一般に，反応は反応物から生成物までいくつかの過程を経て進む．その各過程を**素反応**という．例えば

$$2O_3 \ \rightarrow \ 3O_2 \tag{7.49}$$

のオゾンの気相反応は

$$O_3 \underset{k_{-1}}{\overset{k_1}{\rightleftarrows}} O_2 + O \tag{7.50}$$

$$O + O_3 \ \xrightarrow{k_2} \ 2O_2 \tag{7.51}$$

という2つの素反応からなる．素反応は個々の分子反応過程を記述するのに対し，全反応は化学量論を記述する．式(7.50)の反応では，オゾン分子 O_3 が紫外線を吸収してエネルギーを獲得して励起状態となり，その獲得したエネルギーにより2つのO–O結合のうち1個が亀裂しOを生じる．式(7.50)，式(7.51)におけるOのように，1つの過程で生成し，その後の過程で消滅する反応種を**反応中間体**という．反応中間体は全反応式の中には現れない．

ここで，$2O_3$ (気体) $\rightarrow$ $3O_2$ (気体) の反応速度について考えてみよう．第1段階の反応(7.50)は 速い可逆反応である．前向きと逆向きの反応速度はそれぞれ

$$(\text{前向きの反応速度}) = k_1[O_3] \tag{7.52a}$$

$$(\text{逆向きの反応速度}) = k_{-1}[O_2][O] \tag{7.52b}$$

と書くことができる．式(7.50)が平衡過程にあるとすると，前向き，逆向きの反応速度は等しいと考えてよいので

$$k_1[O_3] = k_{-1}[O_2][O] \tag{7.53}$$

である．よって，反応中間体O原子の濃度は

$$[O] = \frac{k_1[O_3]}{k_{-1}[O_2]} \tag{7.54}$$

となる．

次に，律速段階(7.51)の反応速度は，[O]と$[O_3]$に比例するので

$$v_R = -\frac{d[O_3]}{dt} = 2k_2[O][O_3] \tag{7.55}$$

右辺に2が出てくるのは，$2O_3 \rightarrow 3O_2$ の化学量論のためである．式(7.54)を式(7.55)に代入すると

$$v_R = -\frac{d[O_3]}{dt} = 2k_2\frac{k_1[O_3]^2}{k_{-1}[O_2]} \tag{7.56}$$

となる．したがって，観測される速度定数 k は

$$k = 2k_2 \frac{k_1}{k_{-1}} \tag{7.57}$$

となる．

7.5　活性化エネルギーとアレニウスの式

なぜ化学反応が温度に依存するのかを考えよう．ここで，化学反応 $\mathrm{A + BC \to AB + C}$ を考えると，この反応はおそらく

$$\mathrm{A + BC\ \to\ A \cdots B \cdots C\ \to\ AB + C} \tag{7.58}$$

という遷移状態 $\mathrm{A \cdots B \cdots C}$ を経ることになるだろう (図 7.1)．$\mathrm{A \cdots B \cdots C}$ ができるためには，化学種 A と BC が衝突する際の運動エネルギーが必要となる．このエネルギーが $\mathrm{A \cdots B \cdots C}$ のエネルギーに変換される．障壁を乗り越えて反応が進むために必要なエネルギーは，衝突する分子の運動エネルギーから生じなければならない．このエネルギーが，**活性化エネルギー** E_a より大きいと反応が進行する．

反応速度と衝突頻度を比較すると，確かに活性化エネルギーが存在することが理解できる．気体分子運動論によると，気体の平均運動エネルギーは絶対温度に依存する (5 章)．また衝突する頻度は，衝突の分子の濃度，直径，平均速度によって決まるので

$$\text{衝突頻度} = Z[\mathrm{A}][\mathrm{B}] \tag{7.59}$$

と表すことができる．ただし，Z は衝突頻度に関する定数である．ここで注意しなければならないのは，衝突が起こるたびに反応が起こるわけではないということである．反応を引き起こすような衝突が起こる割合 f は

$$f = \mathrm{e}^{-E_\mathrm{a}/RT} \tag{7.60}$$

によって表される．ここで，R は気体定数である (5 章)．f の他にもう 1 つ重要な因子に**立体因子**がある．有意な衝突が起こるためには，衝突する分子の配向が重要になってくる．例えば，遷移状態 $\mathrm{A \cdots B \cdots C}$ が生じるためには，A が B に衝突する必要があり，C にぶつかったのでは，$\mathrm{A \cdots B \cdots C}$ がうまくできないからである．

したがって，反応速度は反応する分子の濃度，衝突頻度 f，立体因子 s の 3 つで決まることになる．すなわち

$$\text{反応速度} = s \times f \times Z[\mathrm{A}][\mathrm{B}] \tag{7.61}$$

である．一方，反応速度 $= k[\mathrm{A}][\mathrm{B}]$ であるから

$$s \times f \times Z[\mathrm{A}][\mathrm{B}] = k[\mathrm{A}][\mathrm{B}] \tag{7.62}$$

$$k = s \times f \times Z = sZ\mathrm{e}^{-E_\mathrm{a}/RT} \tag{7.63}$$

となる．ここで，**頻度因子** $A = sZ$ を用いると

$$k = A\mathrm{e}^{-E_\mathrm{a}/RT} \tag{7.64}$$

となる．式 (7.64) を**アレニウスの式**という．1889 年，アレニウスは速度定数と温度の関係から，この式を提案した．式 (7.64) は

$$\ln k = -\frac{E_\mathrm{a}}{RT} + \ln A \tag{7.65}$$

と書くこともできる．上式から縦軸に速度定数の対数をとり，横軸に温度の逆数をとると，その直線の傾きから活性化エネルギーが求まる．

また，2 つの温度の速度定数を用いて，アレニウスの式から活性化エネルギーを見積ることもできる．温度 T_1, T_2 における速度定数を k_1, k_2 とすると，式 (7.65) から

$$\ln k_1 = \left(\frac{-E_\mathrm{a}}{R}\right)\left(\frac{1}{T_1}\right) + \ln A \tag{7.66a}$$

$$\ln k_2 = \left(\frac{-E_\mathrm{a}}{R}\right)\left(\frac{1}{T_2}\right) + \ln A \tag{7.66b}$$

式 (7.66b) から式 (7.66a) を引くと

$$\ln\left(\frac{k_2}{k_1}\right) = \left(\frac{-E_\mathrm{a}}{R}\right)\left(\frac{1}{T_2} - \frac{1}{T_1}\right) \tag{7.67}$$

となる．したがって，T_1, T_2 における k_1, k_2 から E_a を決定することができる．

【例題 7.3】 ショ糖の加水分解反応の速度定数は，温度が 10°C 上昇すると約 3.5 倍となる．300 K から 310 K まで，10K の温度上昇で速度定数が 3.5 倍となったとすると，E_a の値はいくらになるか．

解　$\ln 3.5 = -\frac{E_\mathrm{a}}{R}\left(\frac{1}{310} - \frac{1}{300}\right)$ より，$E_\mathrm{a} = 96.9\ \mathrm{kJ\ mol^{-1}}$ となる．

7.6 触　媒

7.6.1 触媒とは何か？

反応速度を速めるためには温度や濃度を上げればよいことを学んだ．反応を速めるためのもう 1 つの方法は**触媒**を用いることである．触媒の考え方は錬金術の時代からあったといわれている．触媒は「**反応速度を変えるが平衡には影響しない**」という，今日的な明確な触媒の定義を与えたのはドイツの物理化学者オストワルド (1853–1932) で，20 世紀に入ってからのことである (1902 年)．言うまでもなく，触媒はほとんどの化学工場で反応速度を速めたり，反応温度を下げたり，特定物質の生成を有利にするために用いられている．生体内では何十万種もの化学反応において酵素が触媒として働いている．酵素は常温で極めて効率よく，特定の反応だけを進行させる．

自動車には触媒変換器というものが排気ガスの出口のところに取り付けられ

ている．触媒変換器は自動車のエンジンから出た排気ガス中に存在する大気汚染物質を触媒を用いて CO_2, H_2O, N_2, O_2 に変換する．触媒は反応を速めるだけでなく，特定の物質のみを作り出すという作用もある．例えば，$TiCl_3$ と $Al(C_2H_5)_3$ の混合物からなる触媒 (**チーグラー–ナッタ触媒**) を用いると，特定の立体構造をもつポリプロピレンを選択的に合成できる．このように，今日の世界において触媒はありとあらゆる場所で重要な働きをしている．

7.6.2 触 媒 作 用

触媒反応の例として，酢酸とエタノールから酢酸エチルができるエステル化反応を考えよう．

$$CH_3COOH + C_2H_5OH \underset{k_{-1}}{\overset{k_1}{\rightleftarrows}} CH_3COOC_2H_5 + H_2O \tag{7.68}$$

CH_3COOH と C_2H_5OH を混合すると反応が進み $CH_3COOC_2H_5$ が生成するが，それに伴い逆反応も進む．したがって，一定時間経過後，CH_3COOH, C_2H_5OH, $CH_3COOC_2H_5$ がある一定濃度で存在する平衡状態に到達する．

式 (7.68) の反応に触媒として HCl が加えられた場合

$$CH_3COOH + C_2H_5OH \overset{HCl}{\rightleftarrows} CH_3COOC_2H_5 + H_2O \tag{7.69}$$

となる．式 (7.68) の右向きの反応速度は

$$v_R = \frac{d[CH_3COOH]}{dt} = k_1[CH_3COOH][C_2H_5OH] \tag{7.70}$$

となる．一方，式 (7.69) の反応速度は

$$v_R = \frac{d[CH_3COOH]}{dt} = k_1'[CH_3COOH][C_2H_5OH][HCl] \tag{7.71}$$

となる．ここで，k_1' を**触媒定数**という．式 (7.71) から明らかなように，式 (7.69) の触媒反応では反応速度は加えた塩酸の濃度に比例する．この反応は

$$CH_3COOH + H^+ \rightleftarrows CH_3-\overset{\overset{+}{O}H}{\overset{\|}{C}}-OH \tag{7.72a}$$

$$CH_3-\overset{\overset{+}{O}H}{\overset{\|}{C}}-OH + C_2H_5OH \rightleftarrows CH_3-\underset{\underset{OH}{|}}{\overset{\overset{OH}{|}}{C}}-\overset{\overset{H}{|}}{O^+}-C_2H_5 \tag{7.72b}$$

$$CH_3-\underset{\underset{OH}{|}}{\overset{\overset{OH}{|}}{C}}-\overset{\overset{H}{|}}{O^+}-C_2H_5 \rightleftarrows CH_3-\overset{\overset{+}{O}H}{\overset{\|}{C}}-OC_2H_5 + H_2O \tag{7.72c}$$

$$CH_3-\overset{\overset{+}{O}H}{\overset{\|}{C}}-OC_2H_5 \rightleftarrows CH_3-\overset{\overset{O}{\|}}{C}-O-C_2H_5 + H^+ \tag{7.72d}$$

のように進行する．触媒 HCl は反応の中に入るが，何事もなかったかのように外に出てくる．

触媒は反応速度を変えるが平衡には影響を与えないので，正反応と逆反応の両方を加速する．式 (7.69) の反応において触媒 HCl は，アルコールのエステル化反応も加速するし，エステルの加水分解反応も加速する．

式 (7.64) のアレニウスの式に立ち帰って触媒を考えると，反応速度 k を大きくするためには頻度因子 A を大きくするか，活性化エネルギー E_a を小さくする必要がある．一般に，触媒は活性化エネルギーの低い新しい反応経路を提供する．アレニウスの式を用いて触媒反応についてもう少し考えよう．触媒のない場合の速度定数と活性化エネルギーを k_1, E_{a1} とすると，温度 T では

$$\ln k_1 = \left(\frac{-E_{a_1}}{R}\right)\left(\frac{1}{T}\right) + \ln A \tag{7.73a}$$

となる．一方，触媒のある場合の速度定数と活性化エネルギーを k_2, E_{a2} とすると，T, A が一定のとき

$$\ln k_2 = \left(\frac{-E_{a_2}}{R}\right)\left(\frac{1}{T}\right) + \ln A \tag{7.73b}$$

となる．式 (7.73a)，式 (7.73b) から

$$\ln\left(\frac{k_2}{k_1}\right) = \frac{E_{a_1} - E_{a_2}}{RT} \tag{7.74}$$

が得られる．

【例題 7.4】 $T = 300$ K で反応速度が 1000 倍上がったとすると，活性化エネルギーはどれだけ低下したことになるか．

解 式 (7.74) において，$k_2/k_1 = 1000$, $T = 300$ K, $R = 8.31$ J K^{-1}mol^{-1} を代入すると，$E_{a1} - E_{a2} = 17.2 \times 10^4$ J mol^{-1} となる．

触媒は均一触媒と不均一触媒に分けることができる．**均一触媒**は反応物と同じ相に存在する触媒である．一方，**不均一触媒**は反応物とは異なる相に存在する触媒である．通常，不均一触媒は固体で反応物は気体か液体である．異なる相で反応が起こるので，一般に不均一触媒反応は均一触媒反応よりかなり複雑である．不均一触媒の例としては，アンモニア合成の**ハーバー法** ($N_2 + 3H_2 \rightarrow 2NH_3$) における Fe, K_2O, Al_2O_3，食品工業で重要な C = C 二重結合をもつ化合物への水素化反応

$$\gt C = C \lt \;+\; H_2 \longrightarrow \gt C - C \lt \tag{7.75}$$

における Ni, Pd, Pt などがある．

不均一触媒反応の最初のステップは，多くの場合，固体触媒表面への反応物の**吸着**である．次に，その固体表面で化学反応が進行する．そして，最後に生成物が固体表面から脱離する．

触媒研究とノーベル賞

触媒は錬金術の時代は，“賢者の石”とよばれていた．この“賢者の石”探しは，もちろん現在でも続いている．触媒研究は化学のほとんどの分野において中心的役割を果たしているが，そのことは触媒研究に関係したノーベル賞がいかに多いかをみてもわかる．この約20年間の間にも7つの触媒に関する研究がノーベル賞を受賞している．野依良治，根岸英一，鈴木章による触媒を用いた有機合成化学の研究もそれに相当する．根岸は根岸カップリング，鈴木は鈴木-宮浦カップリングの研究でノーベル賞を受賞しているが，カップリング反応とは2つの化学物質を選択的に結合させる反応をいう．カップリング反応には，熊田-玉尾-コリューカップリング，薗頭カップリングなど日本人の名前のついたカップリング反応が数多くある．触媒を用いた有機合成反応では，この他に2005年にショーヴァン(フランス)もノーベル賞を受賞している．エルトゥル(ドイツ)は2007年，固体表面の化学反応過程の研究でノーベル賞を受賞しているが，彼の研究は化学肥料の合成や自動車の排ガスの浄化の研究など幅広い分野にも関係している．1995年のノーベル賞は，クルッツェン(オランダ)らによる「オゾンの形成と分解に関する大気化学的研究」に与えられた．生化学関係では，1989年にアルトマン(カナダ，アメリカ)とチェック(アメリカ)がRNAの触媒作用の研究で，1997年にボイヤー(アメリカ)らがATPを分解・合成する酵素の研究でノーベル賞に輝いている．化学反応の研究では1999年にズベイル(エジプト，アメリカ)の「化学反応の遷移状態をめぐるフェムト秒分光学を用いた研究」が有名である．この方法では1兆分の1秒の間に起こる反応を追跡できる．このように，触媒研究は幅広い分野で化学研究の中心的役割を担っている．

7.7 酵素反応

7.7.1 酵素とは何か？

私たちは毎日多くの物を食べて生活しているが，食べた食品中のタンパク質は消化管の中でアミノ酸に分解される．この反応は非常に温和な条件で進む．これと同じ反応を実験室で行うとすると，それは大変である．このような反応が生体内でスムーズに進むのは**消化酵素**の働きによる．まさに，**酵素**は触媒の中でもスーパースターといえる．酵素は一般の触媒と比べ，いくつかの特徴をもつ．第一の特徴は，酵素はタンパク質であるという点である．その分子量は約1万から数百万で，大きさや形もさまざまである．酵素はすばらしい働きをするが，タンパク質なので，酸，塩基，熱などに弱い．酵素は極めて高い特異性をもつ．一般の触媒の中にも基質特異性を示すものもたくさんあるが，酵素の特異性は突出したものである．しかも，酵素の触媒としての効率は高い．そのことは酵素が非常に温和な条件で働くということからも明らかであろう．

7.7.2 酵素の構造

酵素の特異性，効率の高さの理由を知るにはその構造の中に仕掛けられたしくみを知らなければならない．酵素は一般に複雑な構造をとっているが，その中に**活性部位**という極めて重要な部位がある (図 7.3)．活性部位は酵素全体からすれば，ごく一部であるが，触媒作用に直接関係した部位である．この活性部位に，酵素によって作用を受ける基質が結合し，**酵素基質複合体**が形成される．基質と基質結合部位は鍵と鍵穴の関係にあり，結合部位に合った基質しか酵素基質複合体をつくることができない．酵素が基質特異性をもつのはそのためである．

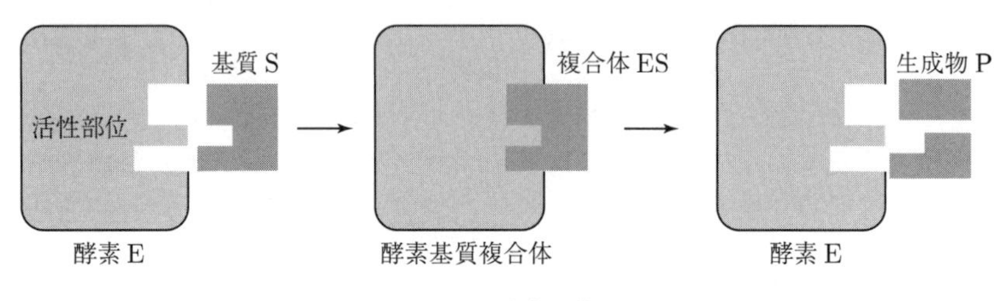

図 7.3 酵素の構造

7.7.3 酵素の反応機構

酵素の反応は酵素 E が基質 S と酵素基質複合体 ES をつくることから始まる．そして，さらに生成物 P がつくられる．この過程は

$$\mathrm{E+S} \underset{k_{-1}}{\overset{k_1}{\rightleftarrows}} \mathrm{ES} \underset{k_{-2}}{\overset{k_2}{\rightleftarrows}} \mathrm{E+P} \tag{7.76}$$

と表すことができる．一般に，E と P から ES ができる逆反応は非常に遅いので，式 (7.76) の反応速度は

$$\frac{\mathrm{d[ES]}}{\mathrm{d}t} = k_1\mathrm{[E][S]} - k_{-1}\mathrm{[ES]} - k_2\mathrm{[ES]} \tag{7.77}$$

となる．酵素反応は一般に非常に速い速度で進み，しかも酵素の濃度は基質の濃度よりはるかに低いので，生成物が生成する速度，すなわち $\frac{\mathrm{d[P]}}{\mathrm{d}t}$ は，基質が反応する速度，$\frac{\mathrm{d[S]}}{\mathrm{d}t}$ にほぼ等しい．したがって

$$\frac{\mathrm{d[P]}}{\mathrm{d}t} \fallingdotseq -\frac{\mathrm{d[S]}}{\mathrm{d}t} \tag{7.78}$$

となる．このことは酵素基質複合体の濃度 [ES] が定常状態にあることを意味する．よって，式 (7.77) の 右辺 $=0$ とおくと，定常状態における ES の濃度

$$\mathrm{[ES]} = \frac{k_1\mathrm{[E][S]}}{k_{-1}+k_2} \tag{7.79}$$

が得られる．ここで，**ミハエリス定数**

$$K_{\rm m} = \frac{k_{-1} + k_2}{k} \tag{7.80}$$

を導入すると

$$[{\rm ES}] = \frac{[{\rm E}][{\rm S}]}{K_{\rm m}} \tag{7.81}$$

となる．式 (7.81) から酵素反応の速度は

$$v_{\rm R} = -\frac{{\rm d}[{\rm S}]}{{\rm d}t} = \frac{{\rm d}[{\rm P}]}{{\rm d}t} = k_2[{\rm ES}] = \frac{k_2[{\rm E}][{\rm S}]}{K_{\rm m}} \tag{7.82}$$

となる．ここで，酵素の全濃度 $[{\rm E}_0]$ を考えると $[{\rm E}_0] = [{\rm E}] + [{\rm ES}]$ だから，式 (7.81) から

$$[{\rm ES}] = \frac{[{\rm E}_0][{\rm S}]}{K_{\rm m} + [{\rm S}]} \tag{7.83}$$

が得られる．式 (7.83) を式 (7.82) に代入して

$$v_{\rm R} = \frac{-{\rm d}[{\rm S}]}{{\rm d}t} = \frac{k_2[{\rm E}_0][{\rm S}]}{K_{\rm m} + [{\rm S}]} \tag{7.84}$$

となる．式 (7.84) を**ミハエリス-メンテンの式**という．上式は酵素反応で最も重要な式で，多くの酵素反応をこの式で記述できる．

ミハエリス (1875-1949) は，1922 年から約 3 年半ほど愛知の県立医学専門学校 (現 名古屋大学医学部) で生化学の教授を務めた，日本に縁のある学者である．

演習問題 7

7.1 非可逆的な 1 次反応だけからなる反応

$$\rm A \xrightarrow{k_1} B \xrightarrow{k_1'} C$$

を考える．A, B, C の時間 t における濃度を x, y, z とすると

$$-\frac{{\rm d}x}{{\rm d}t} = k_1 x, \qquad -\frac{{\rm d}y}{{\rm d}t} = -k_1 x + k_1' y, \qquad \frac{{\rm d}z}{{\rm d}t} = k_1' y$$

となる．このとき

$$z = a\left(1 - \frac{k_1' {\rm e}^{-k_1 t}}{k_1' - k_1} + \frac{k_1 {\rm e}^{-k_1' t}}{k_1' - k_1}\right)$$

となることを示せ．ただし，a は初期濃度である．

7.2 2 次反応における反応物 A の濃度の時間変化をプロットし，1 次反応の場合と比較せよ．

7.3 1 次反応 $2{\rm H_2O_2}$ (液体) $\to$ $2{\rm H_2O}$ (液体) $+ {\rm O_2}$ (気体) の速度定数は，293 K で $k_1 = 1.8 \times 10^{-3}\ {\rm s^{-1}}$ である．このとき，以下の問いに答えよ．

(1) この反応の半減期 τ を求めよ．

(2) H_2O_2 の濃度がその初期値の 12.5%になるのにどれだけの時間を要するか．

(3) H_2O_2 の半減期 τ の 4 倍の時間が経過したときの濃度を 0.0060 M とすると，H_2O_2 の初期濃度はいくらか．

7.4 $C_2H_4Br_2 + 3KI \rightleftarrows C_2H_4 + 2KBr + KI_3$ の場合，2 次の速度式は

$$k_2 t = \frac{1}{3a-b} \ln \frac{b(a-x)}{a(b-x)}$$

となることを証明せよ．ここで，a, b はそれぞれ $C_2H_4Br_2$ と KI の初濃度である．x は時間 t における $C_2H_4Br_2$ の濃度である．

7.5 触媒が大気汚染を引き起こしている例をあげよ．

7.6 酸素は一酸化窒素 NO を触媒としてオゾンに変わる

$$3O_2\ (\text{気体}) \rightarrow 2O_3\ (\text{気体}) \quad (\text{全反応})$$

このとき，この NO がかかわる素反応過程を書け．

7.7 310 K である触媒をある化学反応に加えることにより，活性化エネルギーを 70 kJ mol^{-1} だけ減らすことができた．このとき，反応速度はどれくらい速くなるか．

7.8 次の言葉の意味を調べよ．

(1) 負触媒　　(2) 光触媒　　(3) 対向反応

参考文献

1章

単位に関するもの

日本化学会 編，朽津耕三 著，「化学で使う量の単位と記号」，丸善 (2002).

日本化学会 編，「実験化学講座 1 基礎編 I (第 5 版)」，丸善 (2003)，p.178.

工業技術院計量研究所 (現 産業総合研究所) 監修，「国際文書 第 7 版 (1998) 国際単位系 (SI) 日本語版」，日本規格協会 (1999). ["Bureau International de Poids et Mesures, Le Système International d'Unites (SI)", 7th ed. BIPM, Sèvres (1998)].

実験データの取扱いに関するもの

テイラー, J.R. 著，林茂雄・馬場凉 訳，「計測における誤差解析入門」，東京化学同人 (2000).

日本化学会 編，「実験化学講座 1 基礎編 I (第 5 版)」，丸善 (2003)，p.398.

4章

原島鮮 著，「熱力学・統計力学 改訂版」，培風館 (1978).

岡本正志 (2002), "ジュールによる熱の仕事当量の測定実験", 熱測定 **29(5)**, pp.199-207.

フェルミ, E. 著，加藤正昭 訳，「フェルミ熱力学」，三省堂 (1988).

グライナー, W., 他 著，伊藤伸泰・青木圭子 訳，「熱力学・統計力学」，シュプリンガーフェアラーク (1999).

田崎晴明 著，「熱力学 ― 現代的な視点から (新物理学シリーズ 32)」，培風館 (2000).

清水明 著，「熱力学の基礎」，東京大学出版会 (2007).

6章

木村優・中島理一郎 著，「分析化学の基礎」，裳華房 (1996).

クリスチャン, G.D. 著，土屋正彦・戸田昭三・原口紘炁 監訳，「クリスチャン分析化学 I 基礎編 (原書第 4 版)」，丸善 (1989).

日本分析化学会 編，「分析化学便覧 (改訂第 5 版)」，丸善 (2001).

付録：高校物理の復習

A.1　速度，加速度，ニュートンの運動方程式

質量だけをもち数学的には点とみなされるものを**質点**という．質点の位置は**位置ベクトル** $\boldsymbol{r}$ (x, y, z) で決まる．質点の**速さ** v [m s^{-1}] は単位時間あたりの移動距離

$$v = \frac{x}{t} \tag{A.1}$$

で表される．ここで，x [m] は移動距離，t [s] は経過時間である．

速度は**速さ**と**向き**の両方をもつ量で**ベクトル**で表される．いま，位置ベクトル $\boldsymbol{r}$ が時間とともに変化し，時刻 t で $\boldsymbol{r}$ (t) であったものが，時刻 $t + \Delta t$ では $\boldsymbol{r}(t + \Delta t)$ になったとする．このとき

$$\boldsymbol{v} = \lim_{\Delta t \to 0} \frac{\boldsymbol{r}(t + \Delta t) - \boldsymbol{r}(t)}{\Delta t} \tag{A.2}$$

を**速度**という．言い換えれば，$\boldsymbol{r}$ を t で**微分したもの**が速度である．すなわち

$$\boldsymbol{v} = \frac{\mathrm{d}\boldsymbol{r}}{\mathrm{d}t} \tag{A.3}$$

である．x 方向の 1 次元の運動を考えると

$$v = \frac{\mathrm{d}x}{\mathrm{d}t} \tag{A.4}$$

である．

単位時間あたりの速度の変化を**加速度** $\boldsymbol{a}$ [m s^{-2}] という．速度ベクトル $\boldsymbol{v}$ が時間とともに変化し，時刻 t で $\boldsymbol{v}(t)$ であったものが，時刻 $t + \Delta t$ では $\boldsymbol{v}(t + \Delta t)$ になったとする．このとき

$$\boldsymbol{a} = \lim_{\Delta t \to 0} \frac{\boldsymbol{v}(t + \Delta t) - \boldsymbol{v}(t)}{\Delta t} \tag{A.5}$$

が**加速度**になる．言い換えれば，$\boldsymbol{v}$ を t で**微分したもの**が加速度である．すなわち

$$\boldsymbol{a} = \frac{\mathrm{d}\boldsymbol{v}}{\mathrm{d}t} \tag{A.6}$$

である．x 方向の 1 次元の運動を考えると

$$a = \frac{\mathrm{d}^2 x}{\mathrm{d}t^2} \tag{A.7}$$

である．

質点に加速度が生じるのは，他の物体から力が働くからである．加速度の大きさはこの力の大きさに比例し，その質点の質量 m [kg] に反比例する．加速度は力の方向と同じ方向に生じる．言い換えれば，加速度の向きは力の向きに等しい．これを式で表すと

$$m\boldsymbol{a} = \boldsymbol{F} \tag{A.8}$$

となる．式 (A.8) を**ニュートンの運動方程式**という．ここで，$m = 1$ kg，$a = 1$ m s^{-2} のときの力を 1 N (ニュートン) と定義する．

A.2 運 動 量

運動量 $\boldsymbol{p}$ [kg m s^{-1}] は質量と速度の積 $m\boldsymbol{v}$ で表される．すなわち

$$\boldsymbol{p} = m\boldsymbol{v} \tag{A.9}$$

となる．運動量は運動の激しさを表す．例えば，自転車がゆっくりした速度でコンクリートの壁にぶつかっても壁はびくともしないが，大型トラックが猛烈なスピードで壁にぶつかれば壁は壊れてしまう (図 A.1)．重量や速度を考えれば，トラックの運動量は自転車の運動量の数千倍にもなる．

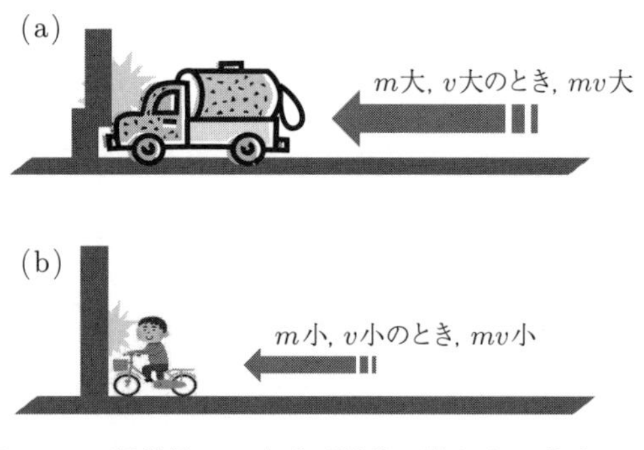

図 A.1 運動量 p の大小 (運動の激しさの大小)
(a) では m も v も大きく，p も大きい．
(b) では m も v も小さく，p も小さい．

A.3 エネルギーと仕事

エネルギーという言葉を聞かない日はないだろう．しかし，これほど実態が浮かばない言葉もない．物理学の言葉としてのエネルギーの定義は「仕事をする能力」であるが，では物理学でいう「**仕事**」とは何だろうか．

仕事量 W [J] とは，外部から力 F [N] を加えて物体を x [m] 移動させるときになされるものである．つまり

$$W = Fx \tag{A.10}$$

と定義される．エネルギーは，このような「仕事」をする能力のことである．エネルギーには大きく分けると 2 種類ある．運動する物体が運動することによってもつことになる**運動エネルギー**，他の物質から引き合う力によってもつことになる**ポテンシャルエネルギー** (**位置エネルギー**) である．

運動している物体であればどんなもの，どんな運動でも，運動エネルギーをもつ．質量 m [kg] の物体が速度 v [m s^{-1}] で運動する場合，運動エネルギー E_{k}[J] は

$$E_{\mathrm{k}} = \frac{1}{2}mv^2 \tag{A.11}$$

で定義される．ポテンシャルエネルギーは 2 つの物質が引き合う力と関係する．例えば，地球が物体を地面方向へ引き付ける力が重力であるが，質量 m [kg] の物体を高さ h [m] まで持ち上げて，何かで支えたとする．このとき，ポテンシャルエネルギー U_{g} [J] は

$$U_{\mathrm{g}} = mgh \tag{A.12}$$

となる．ここで，g は**重力加速度**で，9.8 m s^{-2} ある．このように，高さ h で静止している物体はポテンシャルエネルギー U_{g} をもつ．

一般に，x 座標に沿ってポテンシャルエネルギー U が変化するとき，物質には大きさがポテンシャルエネルギーの微係数 $\frac{\mathrm{d}U}{\mathrm{d}x}$ に相当して，向きはポテンシャルエネルギーを獲得する方向とは逆向きの力が働く．この例では重力 F_{g} [N] がまさにその力であり，その値は

$$F_{\mathrm{g}} = -\frac{\mathrm{d}U_{\mathrm{g}}}{\mathrm{d}h} = -mg \tag{A.13}$$

となる．ここで，マイナス符号は地面から遠ざかる，高さとは逆方向という意味であり，F_{g} は地面に向かう力である．つまり，高さ h のところで物体の支えをとってしまうと，この物体は mg [N] の力で地面に向かって引っ張られる．よって，物体は高さを失いながら，それに伴って $F_{\mathrm{g}}/m = g$ [m s^{-2}] の加速度で速度を得ることになる．時間 t [s] が経過した後，物体は速度 v_{g} [m s^{-1}] $= gt$ を得て，高さが $\Delta h = -\frac{1}{2}gt^2$ 変化する (マイナス符号は失うことを示す) ので，エネルギーの変化として

ポテンシャルエネルギー　$$\Delta U_{\mathrm{g}} = mg\Delta h = -\frac{1}{2}mg^2t^2 \tag{A.14}$$

運動エネルギー　$$\Delta E_{\mathrm{k}} = \frac{1}{2}mv_{\mathrm{g}}^2 = \frac{1}{2}mg^2t^2 \tag{A.15}$$

となる．ゆえに，物体は失ったポテンシャルエネルギーを運動エネルギーとして獲得することになる (図 A.2).

したがって，静止状態で $U_{\mathrm{g}} = mgh$ [J] のエネルギーをもっている物体が，重力 $F_{\mathrm{g}} = -mg$ [N] の力で $\Delta h = \frac{1}{2}gt^2$ [m] の距離を動かすという仕事を t 秒間した結果，物体は $mg\Delta h$ のエネルギーを失うことと引き換えに，速度 $v_{\mathrm{g}} = -gt$

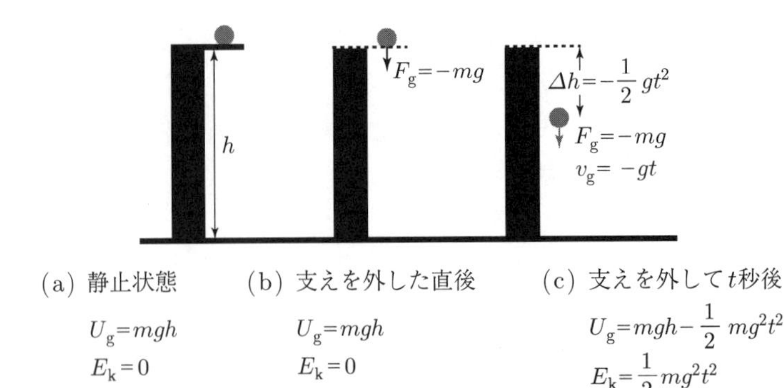

図 A.2　ポテンシャルエネルギーと運動エネルギーの関係

[m s^{-1}] となり，運動エネルギー E_k [J] $= \frac{1}{2}mv_g^2$ を得ることになる．このように，エネルギーが他のエネルギーに変換され，総和が同じになることを**エネルギーの保存則**という．

物体は上の例にあげた，重力による引き合う力だけでなく，**静電気力** (**クーロンの法則**) や**静磁力の力** (**ガウスの法則**)，また物体がバネにつながっている場合は**バネ定数に伴う引き合う力** (**フックの法則**) などによって，ポテンシャルエネルギーを得る．

A.4　万有引力とクーロン力

静止している電荷 q_1 [C] をもつ粒子と電荷 q_2 [C] をもつ粒子の間には，電荷の積に比例し，粒子間の距離 r [m] の 2 乗に反比例した大きさの力 F [N] が働く．この力を**クーロン力**という．

$$F = k\frac{q_1 q_2}{r^2} \tag{A.16}$$

ここで，k は比例定数で $k = -\frac{1}{4\pi\varepsilon_0}$ である．ε_0 は**真空の誘電率** 8.854×10^{-12} F m^{-1} (m^{-3} kg^{-1} s^2 C^2) なので，$k = -8.988 \times 10^9$ m^3 kg s^{-2} C^{-2} である．図 A.3 に示すように，正電荷または負電荷同志の場合は**斥力**，正電荷と負電荷の間には**引力**が働く．この引き合う力から生まれるポテンシャルエネルギー U_c [J] は

$$U_c = k\frac{q_1 q_2}{r} \tag{A.17}$$

となる．式 (A.17) を r で微分すると式 (A.16) となる．

質量 m_1 [kg] と m_2 [kg] をもつ物体の間に働く**万有引力** F_g は

$$F_g = G\frac{m_1 m_2}{r^2} \tag{A.18}$$

となり，式 (A.16) とよく似ている．万有引力は質点間に働く力で，クーロン力と同じように距離の 2 乗に反比例する．ここで，G は**万有引力定数** 6.674×10^{-11} m^3 kg^{-1} s^{-2} である．

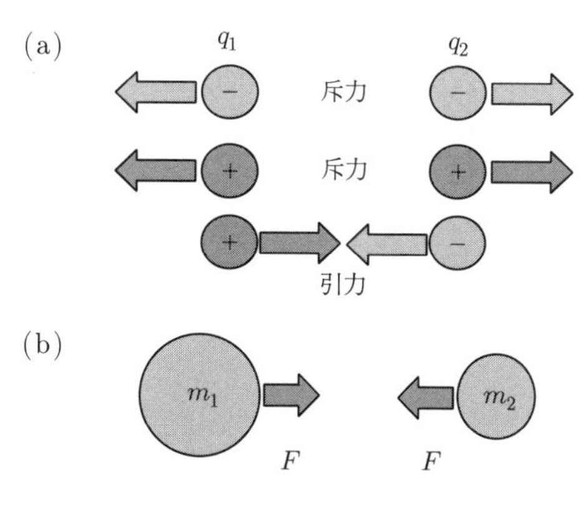

図 A.3　(a) クーロン力，(b) 万有引力

クーロン力と万有引力の違いは，クーロン力は荷電粒子間に働く静電気力(引力または斥力) であり，万有引力は質点間に働く引力であるということである．

索　引

さ 行

た　行

ま　行

や　行

ら　行

■著　者

尾崎幸洋（おざき　ゆきひろ）

1973年　大阪大学理学部化学科卒業
1978年　大阪大学大学院理学研究科無機及び物理化学専攻博士課程修了
現　在　関西学院大学理工学部化学科教授，理学博士

佐藤春実（さとう　はるみ）

1991年　群馬大学工学部繊維高分子工学科卒業
1996年　群馬大学大学院工学研究科生産工学専攻博士課程修了
現　在　神戸大学大学院人間発達環境学研究科人間環境学専攻准教授，博士（工学）

勝本之晶（かつもと　ゆきてる）

1995年　東京農工大学農学部環境・資源学科卒業
2000年　東京農工大学大学院生物システム応用科学研究科博士後期課程修了
現　在　福岡大学理学部化学科准教授，博士（学術）

森田成昭（もりた　しげあき）

1996年　東京農工大学工学部機械システム工学科卒業
2001年　東京農工大学大学院生物システム応用科学研究科博士後期課程修了
現　在　大阪電気通信大学工学部基礎理工学科准教授，博士（学術）

森澤勇介（もりさわ　ゆうすけ）

1998年　関西学院大学理学部化学科卒業
2005年　京都大学大学院理学研究科化学専攻博士後期課程単位認定退学
現　在　近畿大学理工学部理学科化学コース講師，博士（理学）

山本茂樹（やまもと　しげき）

2003年　大阪大学理学部化学科卒業
2009年　大阪大学大学院理学研究科化学専攻博士課程修了
現　在　大阪大学大学院理学研究科化学専攻助教，博士（理学）

2015年 1 月 21 日　初 版 発 行

エッセンシャル化学

著 者 尾 崎 幸 洋
佐 藤 春 実
勝 本 之 晶
森 田 成 昭
森 澤 勇 介
山 本 茂 樹

発行者 山 本 　格

発行所 株式会社 培 風 館
東京都千代田区九段南 4-3-12・郵便番号 102-8260
電 話 (03) 3262-5256 (代表)・振 替 00140-7-44725

D.T.P. アベリー・中央印刷・牧 製本

PRINTED IN JAPAN

ISBN 978-4-563-04620-0 C3043

表 1　SI 基本単位

物理量	単位記号	単位の名称
長さ	m	メートル
質量	kg	キログラム
時間	s	秒
電流	A	アンペア
温度	K	ケルビン
物質量	mol	モル
光度	cd	カンデラ

表 2　代表的な SI 組立単位

物理量	記号	単位の名称	SI 基本単位での表記	他の SI 単位での表記
周波数，振動数	Hz	ヘルツ	s^{-1}	
力	N	ニュートン	$m\ kg\ s^{-2}$	$J\ m^{-1}$
圧力，応力	Pa	パスカル	$m^{-1}\ kg\ s^{-2}$	$N\ m^{-2} = J\ m^{-3}$
エネルギー，仕事，熱量	J	ジュール	$m^2\ kg\ s^{-2}$	N m
電荷，電気量	C	クーロン	sA	
静電容量	F	ファラド	$m^{-2}\ kg^{-1}\ s^4\ A^2$	$C\ V^{-1}$
電気抵抗	Ω	オーム	$m^2\ kg\ s^{-3}\ A^{-2}$	$V\ A^{-1}$
セルシウス温度 *	°C	セルシウス度	K	

* セルシウス温度は他の組立単位と異なり，SI 基本物理量の積または商で表せない．「原点の移動」という例外的な関係によって，SI 基本物理量 (熱力学温度) と結び付けられる．0°C = 273.15 K.

表 3　おもな基礎物理定数

物理量	記号	数値と単位
電子の電荷	e	$1.602\,176\,462 \times 10^{-19}$ C
電子の質量	m_{e}	$9.109\,381\,88 \times 10^{-31}$ kg
陽子の質量	m_{p}	$1.672\,621\,58 \times 10^{-27}$ kg
中性子の質量	m_{n}	$1.674\,927\,16 \times 10^{-27}$ kg
統一原子質量単位	u	$1.660\,538\,73 \times 10^{-27}$ kg
アボガドロ定数	N_{A}	$6.022\,141\,99 \times 10^{23}$ mol^{-1}
セルシウス温度目盛のゼロ点 (0°C)	T_0	273.15 K
標準大気圧 (1 atm)	P_0	101 325 Pa
理想気圧のモル体積 (0°C, 1 atm または 10^5 Pa)	V_0	22.413 996 L mol^{-1} または 22.710 981 L mol^{-1}
気体定数	R	0.082 057 5 atm L mol^{-1} K^{-1}
ファラデー定数	F	$9.648\,534\,15 \times 10^4$ C mol^{-1}
真空中の光速度	c	299 792 458 m s^{-1}
標準重力加速度	g_{n}	9.806 65 m s^{-2}